水利工程规划建设与管理研究

张全胜　张国好　宋亚威◎著

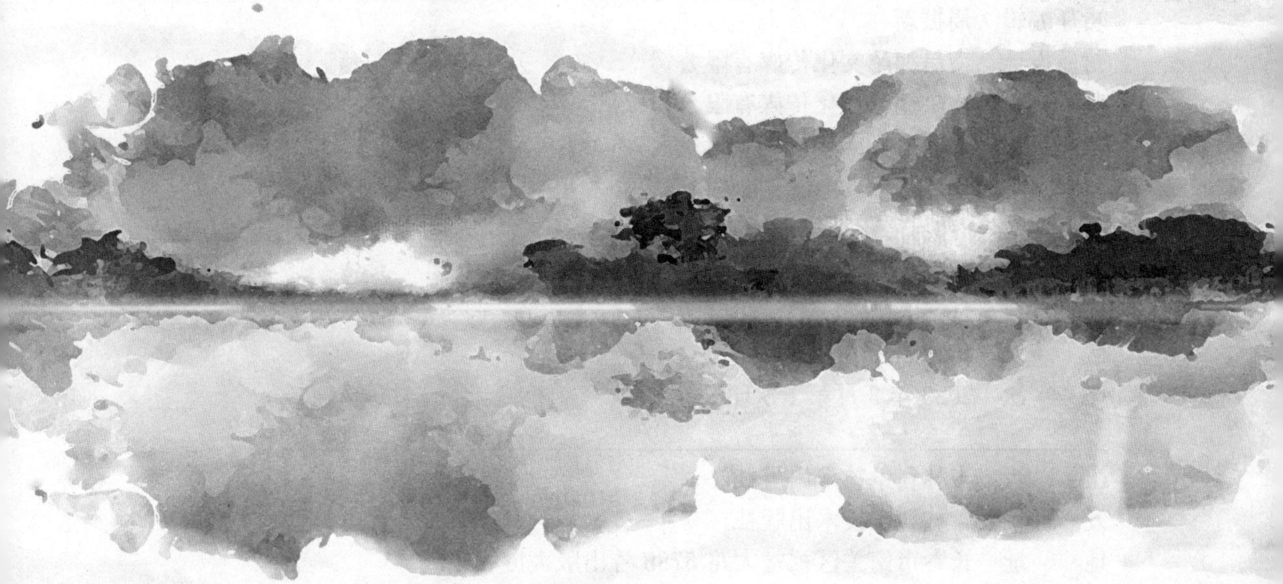

吉林科学技术出版社

图书在版编目（CIP）数据

水利工程规划建设与管理研究 / 张全胜，张国好，宋亚威著. -- 长春 : 吉林科学技术出版社，2022.9

ISBN 978-7-5578-9768-0

Ⅰ. ①水… Ⅱ. ①张… ②张… ③宋… Ⅲ. ①水利工程－水利规划－研究②水利工程管理－研究 Ⅳ. ①TV

中国版本图书馆 CIP 数据核字(2022)第 179478 号

水利工程规划建设与管理研究

著　　张全胜　张国好　宋亚威
出 版 人　宛　霞
责任编辑　周振新
封面设计　南昌德昭文化传媒有限公司
制　　版　南昌德昭文化传媒有限公司
幅面尺寸　185mm×260mm
开　　本　16
字　　数　310 千字
印　　张　14.5
印　　数　1-1500 册
版　　次　2022 年 9 月第 1 版
印　　次　2023 年 3 月第 1 次印刷

出　　版　吉林科学技术出版社
发　　行　吉林科学技术出版社
地　　址　长春市南关区福祉大路 5788 号出版大厦 A 座
邮　　编　130118
发行部电话/传真　0431—81629529　81629530　81629531
81629532　81629533　81629534
储运部电话　0431-86059116
编辑部电话　0431-81629510
印　　刷　三河市嵩川印刷有限公司

书　　号　ISBN 978-7-5578-9768-0
定　　价　105.00 元

《水利工程规划建设与管理研究》编审会

张全胜　张国好　宋亚威
袁成鑫　宋优男　李彩霞
张丽媛　李洪斌　郭小三
李燕芳　蒋志飞　陈　洁

前言

PREFACE

在经济社会发展过程中，水利工程发挥的重要作用是不可替代的。在规划水利工程时，应基于科学发展观对建设的水利工程进行因地制宜的统筹规划，进而使防涝、抗旱能力得到明显提高，水利工程惠及民生的效果得到最好的发挥程度。对水资源开发利用及保护应更加科学合理，以保证经济和社会发展保持可持续性，水利规划能够明显促进水利事业的健康发展。

在水利科学中，水利规划是一个重要分支，经过近年来的发展水利技术日趋规范。水利规划应基于规划范围内的自然经济条件，对水利各方面配置进行综合考虑，并在一定时期内，水资源开发利用、保护及生态建设制定科学合理的方针。水资源科学合理的保护利用是水利规划的基本任务，以避免发生水旱灾害而制定科学规划。结合水利工程建设方针及目标，综合考虑各方面建设要求，分析水利特点及发展情况，制定较为合理的开发方案及有关措施，对水利建设制定全面计划，为水利工程设计规划提供一定的科学指导。

在水利工程规划建设与管理中，应采取有针对性地设计方案，以实现水利工程在农业生产上的需求。设计要求具有的针对性不只是对设计方案进行生搬硬套，应结合建筑物布置及形式等方面进行适当调整。若采取不同的场址，由于存在不同的地形地质条件、建筑物也将具有不同的型式或布置。工程施工后应符合工程建设要求，实现预期目标。水利工程设计方案应达到安全运行需要，在技术上采取的安全措施应设定科学合理。并且水利工程设计应深入把握，在水利工程开展前期工作的各阶段，应对设计深度进行合理控制，并逐渐进行加深。遵循以下原则设计水利工程深度，设计深度要与各阶段要求的工程深度相符；相同时期实施方案不同，设计应随着工程设计深入而逐渐加深，对结果可信度进行比较可发现逐渐提高。在编制项目建议书期间，可初步确定水利工程选址，结合实际投资对水利工程设计深度进行合理控制。随着不断提升对前期的工作要求，编制项目建议书需要将水利工程地址和类型基本选好，对坝深设计也需要提出相应的具体要求。在此基础上，应遵循科学依据进行水利工程设计。水利工程设计应进行必要的论证，以妥善处理采用选定方法的合理理由。诸如规划设计调压井过程中，一定要清楚科学论证调压井设计的依据，并结合依据对建筑物尺寸及布置进 + 行设计。为保证提供更为充分合理地理论依据，可对标准建筑题尺寸及型号的计算进行设定，以满足各项规则，确定方法应结合同类工程实际经验。

本著作共分为六章内容，第一章主要探讨水利工程规划设计相关基础理论；第二章主要探讨水利工程规划设计流程；第三章主要探讨施工水流控制；第四章主要探讨生态水利工程设计；第五章主要探讨农田水利灌溉工程设计；第六章主要探讨水利风景区规划设计。

目录

CONTENTS

第一章　水利工程规划设计相关基础理论

第一节　水利规划设计与可持续性发展实践

一、加强水利规划设计的必要性

水利工程规划设计不仅直接影响水利工程施工质量，还与人们的生活密切相关，必须予以高度重视。科学的水利规划设计有利于保障民生，维护自然环境。在我国经济建设发展过程中，环境问题日益凸显，不仅仅是水资源遭受破坏，极端天气等自然灾害也十分严重，给人们的生活带来了极大的影响。在这种情况下，贯彻落实可持续发展观势在必行，也是我国社会经济发展过程中的重点研究课题。水利规划设计不只是解决水资源开发和利用方面的问题，也强调水资源保护，旨在处理好人与生态环境之间的关系，优化配置各项资源，提高水资源利用率。

二、现阶段水利规划设计中存在的问题

现阶段，我国越来越重视水利工程建设工作，关注水利规划设计，致力于科学技术创新，对环境保护工作愈发重视。若在水利工程建设前，没有进行科学规划设计，则难以保障水利工程施工质量，影响水资源的开发和利用，对生态环境造成严重破坏，这不符合环境保护政策的要求，也不利于水利工程建设的可持续发展。目前在我国水利工程规划设计中，仅关注其经济性，忽略了环境效益，没能有效处理人和生态环境之间的关系。大部分水利工程在完成主体部分后，便未对其进行有效的施工管控，后续工程缺乏科学的监督和管理，以至于后续工程施工质量得不到保障，影响了整体工程效益。除此之外，还有部分水利工程没有综合整治其所在区域的上游、下游水土资源，忽视了城镇用水管理，缺乏有效的防洪措施，主要以农业农村为建设对象，未能将城镇和农村有效结合，实施统筹规划管理，导致水利工程系统不够完善。

三、生态水利工程规划与水文环境的关系

水文环境与生态水利规划之间存在密不可分的关系，在生态水利规划的过程中，要想充分落实生态理念，减少水利工程建设对环境造成的不良影响，规划人员需要全面收集各种信息，水文环境信息是其中的关键性内容。通过对这些信息内容的分析，可以创设出合理的规划方案，提升生态水利工程的建设效果，同时，降低对水文环境造成的不良影响，打造生态型的水利工程项目，这对于我国水利事业的发展具有非常重要的意义。

（一）生态水利规划工作的重要性

生态水利的内涵不具有单一性，它有多种内涵，在不同的时期，对生态水利会产生不同方式的解读，而且不同的领域对生态水利的概念也存在差异。生态水利在我国已经出现了许多年，随着环境问题的突显，水资源的不断紧缺，生态水利逐渐受到人们的重视和广泛的关注，现阶段，生态水利已经成为了我国水利工程重要的发展方向。在生态水利规划过程中，规划工作合理性的提升，可以促进生态理念的有效落实，有效地减少水利工程项目的建设和运行过程中对环境造成的不良影响，尤其是对水文环境来说更是起到了非常重要的保护作用，是打造环境友好型工程的重要途径，也是当前社会给水利工程领域提出的基本要求。环境问题是我国当前面临的一个大问题，我国对环境的治理工作非常的重视，也在呼吁社会各界都要在生产的过程中积极地落实生态理念，同时，国家环境部门也通过法律的方式，对生态建设做出的硬性的规定。正常情况下，水利工程的建设，必然会对当地的水文环境造成影响，通过合理的规划工作，可以把这种影响降到最低，与我国生态保护的理念充分相符。

（二）生态水利规划的原则

生态水利规划相比于一般的水利项目规划要更加的复杂，需要考虑的问题更多，受到生态理念的影响，在项目规划的环节，需要遵循一定的原则，只有在不违背这些原则的情况下，才能充分地发挥出生态理念的重要作用，减少项目建设和运行产生的不良影响。我们可以从以下几个方面来开展规划工作。

1. 整体性规划原则

整体性地规划主要针对的是当地水域，要在规划的环节保证水域的完整性，充分保护当地的水文环境，降低其对水域造成的不良影响，这也是生态水利规划过程中必须要遵循的重要原则。水利工程的作用主要是实现水资源的高效利用，实现蓄水防洪，这种功能的实现，会影响到当地的水循环，对水生态产生非常不良的影响。在生态理念的背景下，这种情况必须要得到有效改善，通过对各种要素的合理规划和各种资源的调配，减少水利项目对水域的分割，保证当地水域的完整性，提升水域的自我调节能力。

2. 环境协调的规划原则

在生态水利规划过程中，生态理念是其中的核心理念，只有把这个重要的理念进行有效的落实，生态水利项目的重要作用才能得到有效发挥。在生态水利规划中，要

对水利项目建设和运行可能对环境产生的不良影响进行预估，在项目规划的同时，制定出相应的环境修复方案，同时，规划人员除了要具备水利工程的专业知识之外，还需要对生态学有一个充分的了解，把水文环境进行深入的分析，结合这些内容，创设出一个合理的生态水利规划方案，在保证水利工程项目质量的同时，提升项目建设的生态性，打造环境友好型的水利项目。

（三）生态水利规划与水文环境之间的关系

通过上文的分析可以得知生态水利规划的重要意义，可以有效降低项目建设对生态造成的不良影响。生态水利规划与水文环境之间存在着非常密切的联系，两者之间相互影响，这种关系主要体现在以下几个方面。

1. 对区域内的动植物产生的影响

动植物是生态系统中的重要内容，在生态水利建设完成以后，当地的流域往往会发生很大的变化，流域的流向以及水流量都会发生不同程度的变动，与之前的流域存在很大的差距。这种项目建设的目的，是站在人类的立场上，实现水资源的高效利用，比如对农田进行灌溉，对农作物的生产非常有利，可以有效提升当地农业的产量。但是在实际的建设过程中，经常会存在河底治理不到位的情况，会发生淤堵，造成水位的上升，对局部的小环境造成不良影响，出现动植物的大量死亡，改变当地的生态系统，造成生态多样性的下降，这种影响非常消极，也是规划过程中需要注意的要点。

2. 生态水利规划对水文环境产生的积极影响

生态水利规划具有一定的综合性，基于这种理念形成的水利项目，除了具备传统水利项目中的各种功能之外，还需要兼具环保的特性，满足当地生态的需求，旨在水利建设的同时，减少对生态系统的影响，保证生态体系的完善性。在实际的设计过程中，需要考虑的问题主要包括水利项目的经济性、生态性、功能性以及安全性，在生态理念的影响下，水利项目产生的收益和社会影响会得到明显提升，对水文环境有非常积极的影响；另外，通过生态水利规划，可以增加生态系统的恢复能力，在我国当前的社会发展中，可持续性理念得到了广泛的应用，生态系统具有非常明显的可持续性。在生态水利规划过程中，会把生态放在首位，通过各种规划方式，来降低项目对生态造成的消极影响，对于一些不可避免产生的环境破坏，会制定出相应的补救措施，所以，这种规划方式的开展，可以实现更加快速的生态恢复，在最短的时间内，使当地的生态恢复原貌。所以，在生态水利规划过程中，引入生态理念，具有非常重要的积极意义，人们要对水文环境规划进行深入的剖析，结合这些内容，实现合理的生态水利规划，打造绿色生态型的水利工程项目。

（四）生态水利规划对水文环境的积极作用

生态水利规划是一项非常重要的工作，这项工作通常都是在水利项目建设之前进行。在规划环节引入生态理念，注重水利项目所在地的环境具有非常重要的意义，也是我国水利工程领域发展的重要体现形式，同时也是社会对水利领域提出的发展要求。其具体的作用主要体现在了以下几个方面。

1. 生态水利规划可以促进水生态循环

现阶段，生态建设是我国各个行业共同的发展方向，由于环境形势的严峻性，生态理念与行业发展的融合，已经成为了一项紧要工作，关系到了行业的发展和人们的生活。作为我国的重点行业，水利工程领域在建设的过程中，也需要积极落实生态理念，把这个重要的理念与水利规划工作相结合，以生态水利规划模式，减少水利工程项目建设以及运行对生态造成的消极影响。通过生态水利规划，可以提升水生态的活力，促进水生态循环，实现水利工程与自然环节的和谐共生，具有非常重要的意义。生态环境具有一定的自我调节能力，但是这种能力有一定的极限性，如果仅仅是小幅度的环境破坏，通过生态环境的生态调节功能，可以逐渐对其进行修复，恢复成原有的面貌，但是如果对生态环境造成的破坏过于严重，超出生态修复的极限，这种破坏就成为了永久性的破坏，无法实现有效的修复，生态领域中的各种动植物都会受到影响。

2. 生态水利规划可以起到对水文环境保护的作用

我国幅员辽阔，物产丰富，但是水资源的储量相对匮乏，而且这些有限的水资源分布非常的不均衡，在我国西部的许多地区都存在缺水的情况，对人们的生活造成了严重的影响，同时，也阻碍了当地经济的发展，通过生态水利规划工作的有效落实，可以在一定程度上缓解这种水资源紧缺的局面，实现对水文环境的保护，以便为人们生活和生产提供稳定的水资源。生态水利规划工作不能存在形式化和盲目性，要真正地认识到这项工作的重要性，把生态理念落到实处，保证生态水利规划的重要作用可以得到充分的发挥。水利部门要对水利项目的建设进行严格的约束，对水利项目的建设区域进行勘察，如果涉及到了水文环境保护工作，就需要严格按照生态水利规划模式，对水利项目进行规划，提升项目建设的生态性，如果在这个过程中出现了违背生态理念的情况，就需要对相关的企业和责任人进行严肃处理，通过这样的方式，保证生态理念的有效落实。另外，水利部门和环境部门要协同开展项目建设工作，对水文环境的保护区域进行划分，在这个区域内，不允许出现任何生态污染的情况，尤其是一些工业企业，切断水生态污染的源头。在生态治理过程中，需要对传统的设备和工艺进行优化更新，采用人工的方式对水体进行净化，恢复水环境的生态功能，提升水环境的自净化能力，可以对外界的不良影响因素更好地进行抵御，保证生态水利规划工作的有效落实。

四、水利工程规划设计与生态平衡

（一）水利工程对生态平衡的影响

水利工程的主要作用有跨区域调水解决水力分配不均现象，如南水北调；建立蓄水库，用于供应城市用水，如北京的密云水库；或蓄水发电，如三峡水库。但不管是发挥哪种作用，都会对生态平衡产生一定的影响，或积极或消极。我们要做的就是充分发挥其积极影响，抑制其消极影响，使水利工程更好地为社会发展服务。

1. 积极影响

（1）如南水北调工程，既解决了100多个城市的生产生活用水，改善了北方地区的生态和环境，实现了经济、社会、环境的可持续发展。同时还可促使受水方加大节水、治污的力度，改善黄淮海地区的生态环境状况。也能很好地缓解因南涝北旱造成的生态环境恶化问题。

（2）蓄水库的建设，既能保证城市的民用和工业用水，又能从根本上消除洪水灾害，增加库区的空气湿度，改善其周围绿色植被的生长，把库区同时变成了景区。蓄水库还能用于水力发电，既节能又环保。

2. 消极影响

（1）对大气的影响

水利工程对生态环境的影响方面，对大气环境的影响最为严重。因为水库蓄水后，随着水面的增加，会引起温度、湿度、风速、降水等气象因素的变化，从而对库区的气候产生影响。如气温会降低 3 ~ 5℃，湿度会增加 10 ~ 15%，降水概率提高 2 成。同时原来的陆地变成水面，还会引起风、雾等气象的变化，使整个区域的气候出现一些较之以前不同的地方。

（2）对水质的影响

水利工程尤其是水库对水质影响较大，其影响既有正面的，也有负面的。在水库建成后，库区的水流速度减缓，复氧过程形成充分，同时水库中的水经过澄清，降低了浑浊度，增加了营养物质的浓度，丰富了水中微生物的生长。但是由于水库建成后水流减慢，加上入库支流河水的稀释自净能力降低，可导致沉积于库底的污染沉淀物质不能及时迁移，久而久之，一些有毒物质就会对水库造成二次污染，降低水库内水体的洁净度。

（3）对生物的影响

修堤筑坝、截流建库会淹没一些陆地，这势必影响到当地的一些陆生动植物的生长环境，尤其是一些稀有动植物。如修建水库施工时，施工人员的出入与物资的搬运都会对植物造成一定程度的破坏，同时水库的建成对周围气候造成了一定影响，改变了一些植被的生长环境，也会造成一些植被的死亡。对动物的影响更为严重，工程的建设会产生噪音，影响到陆生动物和鸟类的繁殖、栖息，使一些动物迁徙或死亡，更有甚者会造成一些物种的灭绝。像三峡库区两岸的猿猴，就比原来少得多，也许不用太多年，“两岸猿声啼不住，轻舟已过万重山”就只是一种意境，而不再是现实了。除了对陆生动植物的影响外，对水生动植物的影响也相当大。水库的建设改变了原有的生态系统，破坏了水生生物的生活环境，尤其对鱼类最为明显。如一些洄游性鱼类，修建水库使它们不能完成产卵、影响了其生活周期。

（4）对地质土壤的影响

水利工程建设如果规划设计不合理，极易发生水库渗漏、坍塌、滑坡等地质灾害。由于蓄水库的水位较高，且长期浸湿土层，并在水压的共同作用下，会使本身的平衡受到一定的影响，发生一些严重的地质灾害。同时水库蓄水后会使周围的地下水水位上升，造成土地的盐碱化、沼泽化，降低土地的利用率，引起植物的大面积死亡。

（二）完善水利工程的规划设计

水利工程的规划设计既要注重工程的社会效益、环境效益、经济效益，还要注重工程的美学效益。因此在规划设计时，要综合开发、合理利用、科学管理，实现其除害兴利、维护生态平衡的目的。变传统水利为生态水利、资源水利，使之更好地服从人们的意志，更好地为人类造福。

1. 体现环保的原则

水利工程的规划设计最主要的是要保持生态平衡不被破坏，保证对生态环境的保护。因此要在尊重各支流河道的基础上，注意周围环境及流域的生态保护。保护周围的植被，并栽植一些绿化树种，如杨树、柳树、国槐等乔木；紫薇、黄杨等灌木；月季、三叶草等花草，形成一个纵横、上下立体式的生态圈。保护陆生动物，给它们营造一个舒适、安全的家。保护水生植物的生长和水生动物的繁育，要设计专门的鱼道，便于洄流性鱼类的产卵和生长。同时，建立科学的管理机制，定期检测水质、气象指标、土壤 ph 值等，及时发现存在的问题，制订出合理的解决方案。真正实现水利发展与生态平衡的和谐统一。

2. 体现美的原则

水利工程不仅要发挥它供水、蓄水、调水、发电等基本功能，还应和美化联系起来，让工程有亮点、有新意，成为一道靓丽的风景线。所以规划设计时，在确保安全性、稳定性的前提下，对工程中的建筑物和布局要进行修饰和调整，使其能与周围的自然环境搭配起来，让人看上去有一种浑然天成的效果，体现出与大自然的和谐美。还可以设计一些附属景点，观景台、垂钓台、凉亭、休闲廊道等，使之成为假日休闲、居家小游的良好去处。同时，周边环境的绿化也是必需的，可采用绿色植被来护堤，既防止了水土流失，又营造了美的氛围，还改善了生态环境。

（三）水利工程规划设计与生态平衡的协调统一

水利工程的建设对生态平衡的影响是不可避免的，关键是如何科学地规划与设计，把这种影响降到最小的范围，来保证水利工程与生态平衡的互补，达到最大程度的协调统一。

1. 生态平衡是水利工程规划设计的前提

生态平衡是在进行水利工程规划设计时需要考虑的首要条件。对于有益的生态平衡，我们在规划设计与建设中要力争使其保持原样，尽可能使工程不对其产生破坏，维持好固有的生物链，保证其能够按照原有的规律发展，而不至于由于建设对其造成毁灭性的伤害；对于不良的生态环境，我们要通过工程对其进行适当的改造，消除负面影响，控制其可能造成的灾害，使其向着为民所用、为民服务的方向发展。

2. 科学规划合理设计改善生态平衡

科学规划、合理设计就是为了改善生态平衡，达到水利建设与生态平衡共存共生，和谐互补。水利工程的规划设计要从一个长远的角度去考虑，不能只顾当前的利益，片面追求一时的经济效益，而忽视了长远的发展。急功近利，以破坏生态平衡为代价，这样必然导致自然环境的恶化，进而影响我们的生活环境，失去生态的平衡，后果不堪设想。所以我们要以科学发展观为指导，本着可持续发展的原则，提高保护生态平衡的认识，科学规划设计水利工程项目，使经济建设与生态平衡能和谐发展、协调统一。

五、水利规划设计与可持续性发展措施

（一）科学理念下的水利规划设计

在进行水利规划设计的时候，应当坚持科学理念，做到以下几点：

第一，要改变传统的水利规划设计理念，突破旧思想的束缚，不可只关注于水利工程的经济效益，还需要考虑其生态效益。要贯彻落实环境保护政策，不以环境为代价来发展经济。水利规划设计人员应有大局观，从长远角度来看待问题，做到统筹兼顾，处理好人与自然环境的关系，顺应自然发展规律。要将可持续性理念融入优化水利规划设计中，提高水资源利用率。

第二，实施综合性考虑指的是要从综合效益角度来进行水利规划设计，不只是关注于水利工程建设，还需要重视水利工程与周围环境的相容性。要考虑水利工程的安全性及其承载能力，并根据水资源运用的实际需求来建设水利工程，避免水利工程对自然环境造成严重破坏。要综合考虑自然因素、社会因素等，以提高水利工程的综合效益，保障水利工程的可靠性。

（二）水利规划设计的可持续性原则

在水利规划设计中，应当遵循一定的可持续性原则，主要有：

第一，遵循水系统分析原则。在进行水利规划设计时，需要充分考虑水系统方面的问题，以南北水调工程为例，对于此类规模较为庞大的水利工程建设，必须先做好水系统分析工作。应当基于调水区、受水区等各方面的实际情况，包括但不限于水资源、水库移民、水价等，综合评估经济效益、社会效益和环境效益，制定完善的管理机制，形成完整的水系统，以提高水资源利用率，促进水利工程的可持续发展。

第二，遵循生态成本总量控制原则。基于可持续发展理念，进行水利规划设计时，应当把控好生态成本总量，避免对生态环境造成过大损伤。

第三，遵循高科技原则。要加大科学技术研究力度，有效结合多种科学技术手段，提升水利规划设计和可持续性研究水平。要建立健全的水利规划设计评价体系，将生态环境可持续发展评估工作，贯彻落实到水利工程项目决策阶段、竣工阶段。在水利工程建设过程中，要根据评估结果做出正确的项目决策，合理规划设计工程项目，保障水利工程施工质量，充分发挥水利工程的生态作用，优化水资源配置。必须保证生态环境可持续发展评估体系的完整性，针对其可能存在的负面影响制定适宜的预防和解决措施。

第二节　水利工程建筑设计实践

一、水利工程建筑设计的基本原则

（一）统筹规划基本原则

众所周知，水利工程涉及诸多要素，是一项工程任务量繁重，体系庞大的建筑工程。为此，在推进建筑设计的过程中，要着眼于长期发展，秉承统筹规划的基本原则，优化水利工程建筑设计。

（二）和谐共生基本原则

从长效发展机制的角度来说，水利工程建筑设计所涉及的各方面内容要保持和谐平衡的发展关系，具体体现在如下几方面：水利工程功能与建筑景观设计的协调性、改造工程与新建工程的协调性、新建工程与区域生态环境的协调性、水利工程建筑与建筑基础管理设施、构造形式以及外观风格体系与地域文化特征的协调性。

（三）突出地域文化特征基本原则

水利工程建筑设计是生态环境与人文环境的有机结合体，是凸显建筑创造者艺术内涵的载体，为此，每个水利工程都应当作为继承传统水利工程艺术，彰显现代水利工程艺术的工具，进而优化调水沿线区域功能，弘扬工程建设历史文化，突出地域文化体系特征。

二、水利工程建筑设计的主体内容

（一）总体布局规划设计

水利建筑的总体设计不仅包括主体建筑物，还涵盖基础配套设施、泵转、堤坝及闸口等。其中，工程配套设施主要包括管理人员生活用房、日常活动场地等。传统的水利工程建筑建设存在整体布局规划混乱、功能区布置不合理等问题。在建筑布局规划的过程中，要确保基础功能区分化的明确性与布局规划的合理性。针对内部交通方面，应尽可能地保证交通运输的安全性与通畅性，且各功能区在确保区域独立的基础上，能够保持信息互通。再者，建筑设计需综合考量区域生态环境特征，增强整体建筑的协调性。

（二）工程建筑材料应用

水利工程建筑整体造型与所采用的主体材料息息相关，具体体现在建筑质感与颜色上。材料选择要综合考量多方面影响因素，如耐用性、延展性与稳定性等，而这也是由建筑区域环境所决定的。对建筑物来说，耐脏性仅针对于外部结构，因此，在外部结构材料选择上，应当优先选择大理石、铝塑板等不易着灰、耐脏且抗冲击能力较强的材料。

三、深度剖析水利工程建筑设计存在的突出性问题

纵观国内水利工程项目规划设计发展概况可知，其中仍存在诸多亟待解决的突出性问题，极大地制约了水利工程建设事业的发展，也在一定程度上限制了区域经济可持续增长。其具体问题如下所述：

（一）总体工程设计缺乏与业主方的深度探究

在水利工程总体规划设计过程中，要充分结合实际需求，完善后续工程建设。在执行工程设计时，不能单纯依赖于设计师所提出的设计方案，还需综合考量多方面影响因素，与涉及工程建设的各组织高效互动，进而更加准确的了解业主的实际需求，突出设计的人性化特征，增强核心市场竞争优势。此外，业主可针对建筑结构布局、居住舒适度与美观性提出合理化建议。总而言之，在水利工程建筑设计过程中，促进业主与设计师的沟通交流是新时期背景下推进行业发展的关键。

（二）成本控制不到位

在建筑结构设计过程中，设计人员不仅要以实用、美观作为设计标准，还应充分考虑建筑物的基本特征与实用价值，根据业主提供的经济预算适当调整设计，尽可能地节约成本，确保建筑设计经济效益最大化。在设计环节，设计人员要秉承经济性原则，加大成本控制投入力度。例如，部分水利工程建筑设计预算较少，为此，可缩减外观设计与装饰方面的成本投入，在保证整体工程建设质量的基础上，最大限度地提升美观性，强化装饰效果。一方面，可保证水利工程建筑物的使用价值，另一方面，可提升建筑物的整体美观性。

（三）建筑美观性与实用性失衡

水利工程建筑设计，应当兼顾整体设计的实用性、美观性与安全性。我们都知道，水利工程项目都是由国家统一出资并组织建设的，因此，在建筑设计过程中，设计人员应立足于科学发展观，避免过分追求外观的华丽，优化资源配置，增大综合利用率，从根源上杜绝资源过度消耗。

四、推进水利工程建筑设计创新发展的具体策略

在开展水利工程建筑设计的过程中，随着经济的繁荣发展与社会文明的进步，对工程建筑设计的整体要求随之提高。在这样的大环境背景下，要秉承与时俱进的基本原则，创新设计理念，优化工程设计手段，进而保障水利工程建设设计的实用性，提高安全稳定性与艺术鉴赏价值，促进区域经济的可持续发展与民生保障工作的运转

（一）优化设计人员综合素质

要想切实创新水利工程建筑设计，需转变设计人员的思维方式，完善专业设计水

平，强化综合素质。设计人员在设计过程中应顺应时代变化趋势，充分考量水利事业的发展现状，并高度融合到专项文化体系中，准确把握整个水利工程建筑设计方向，且积极利用自身的专业理论知识，不断拓宽文化交流范围，从而提升设计水平，为促进水利工程建筑设计行业的可持续发展奠定基础。

（二）创新工程建筑设计手段

只有创新技术才能确保建筑设计的创新，提高实用价值。随着现代科技水平提高与领域拓展，水利工程建筑外观设计与装饰技术实现了本质性突破，能以更直观的方式加以呈现。一方面，可切实提高工作效率，强化生产服务质量；另一方面，可维系生态系统平衡，促进经济建设与生态文明建设协同进步，为全面贯彻落实可持续发展理念创造有利条件。同时，建筑设计要顺应时代发展趋势，高效应用创新技术，如防紫外线、隔离噪音、防眩光技术等，以此优化传统设计，推进水利工程建筑设计的深化变革。最后不仅可突出设计的合理化、标准化与人性化特征，还可提高资源综合利用率，杜绝资源过度消耗，节约成本。

（三）确保建筑设计与生态环境的有机整合

在水利工程建筑设计过程中，要综合考量建筑所在区域的自然环境特征，确保整体建筑设计与自然景观的完美契合，实现人与自然和谐共生的目标。基于此，在具体设计环节，应在提升自身美观性的基础上兼顾与自然生态系统的融合。

第三节　水利工程设计中的地基处理技术分析

一、水利工程设计地基

（一）常见地基类型

在水利工程施工中，常遇地形复杂、种类繁多的状况。在多数水利工程设计施工中，需要对地基进行处理，提高地基的承载力与稳定性。目前，中国常见的地基类型主要有：可液化土层、淤泥质土层、多年冻土等。

1. 可液化土层

当饱和状态下的沙土与粉土受到外力干扰，孔隙水压力将会上升，土层抗剪强度下降，甚至消失，即为可液化土层。若水利工程建在该种土层上，极易为工程建筑埋下质量隐患，工程质量难以保障，严重时，工程坍塌带来的严重问题。对此，必须采用地基处理技术，将可液化土层改造为适合工程建设的土层。

2. 淤泥质土层

淤泥质土层是因土层在静水与流水下沉积，经过物理、化学等的作用，最后，淤泥土层形成未固结的软弱细粒，是一种分布范围较广的特殊岩层，主要包含有两种：淤泥和淤泥质土。淤泥质土层是一种含水量较高，抗剪力强度较弱的一种土层，一旦土层受压较大，会导致水带动土层流动，使土层变形，最终影响地基上建筑工程的安全性。目前，该种淤泥质土层多存在于土坝坝基等长期与水接触之地，稳定性较差。

3. 多年冻土

多年冻土土层多分布于中国北部地区，如：新疆、黑龙江、吉林等地，因长期处于低温地区，形成多年冻土。多年冻土承载力较大，符合水利设计对地基的需求，但是，多年冻土具有流变性。若在冻土上建设水利工程，在使用过程中，气温变化，水流冲击，极易导致冻土解冻，严重时，整个冻土地基崩溃，故在建设工程时，应首先确定其是否具有足够承载力。

（二）选择地基的注意事项

在水利工程建设中，地基施工是重中之重。若地基处理不足，将直接影响工程质量。而在水利工程设计中，对于地基选择需要注意：①若地区地质恶劣，土石防滑结构不牢固，且承压较小，则不宜建设水利工程；②对于区域土质较软，且很难夯实，若建设工程，极易出现坍塌、沉积、变形等隐患，因此不适宜兴修水利工程；③在水利设计时，应选择透水性较好的地基，若透水性不强，地基积水过多，严重时极易导致水利工程坍塌。

二、水利工程设计中地基处理技术

在水利工程的地基处理中，不同地基类型应采用不同的处理技术，以此保障水利工程建设的顺利进行。目前，中国地基处理技术已经趋向成熟，并被广泛应用于工程建设中，常用的地基处理技术有四种。

（一）换填与强夯技术

在水利工程建设中，换填与强夯技术是最常用最简便的地基处理技术，常被用于淤泥质土层等软土层，通过换填土层与外力作用打牢地基，提高地基承载力。若地质含有较薄的淤泥质层，为提高地基承载力，可直接采用换填技术，将淤泥、泥炭等软土挖掘运出场外，填入灰土、砂土、水泥等，提高土层透水性，重新组合软土地基，提高地基强度与承载力。为进一步提高地基质量，采用强夯技术，以外力极大的形式加固地基，提高地基稳定性，为水利工程质量奠定基础。

（二）水泥粉煤灰碎石桩

水泥粉煤灰碎石桩是水利工程地基处理中使用广泛的一种技术。水泥粉煤灰碎石桩主要由水泥、粉煤灰、碎石组成，粘性较强。利用水泥粉煤灰碎石桩、褥垫层等组成复合地基后，工程对地基的压力将会均匀分布到水泥粉煤灰碎石桩、桩间土等，提高地基承载力。水泥粉煤灰碎石桩技术具有成本低，渗水性强等特点，经水解、水化反应后，有效提高水泥粉煤灰碎石桩的抗剪力能力，适用于各种土层，在承压之后，其密度会有所上升，提高其受力能力。

（三）预压技术

预压技术主要包含有以下三种：真空预压技术、堆载预压技术、降水技术。其中，真空预压技术是在即将处理的地基表面铺设塑料薄膜，隔绝地基与外界空气的接触，利用真空泵针抽取地基内的空气与水分，提高土层的密实度，提高地基承载力。在地基处理中，为达到更高效果，可利用塑料排水板代替塑料薄膜，当地基预处理面积较大时，可将地基划分为几块进行处理；堆载预压技术是通过准确计算，在预处理的地基上堆载相应的预压物，提高地基承载力，若预见超软土基，利用轻型机械处理地基，提高地基承载力，避免使用重型机械，直接破坏地基；降水技术是采用先进技术，降低地下水位，提高地基承载力与稳定性。

（四）强透水层防渗处理技术

强透水层防渗处理技术主要是在强透水层清除完毕之后，采用混凝土、粘土等进行回填，利用混凝土、水泥等在地基四周建设防渗墙，以此达到防渗，节约水资源的目的。以某座水库为例，当水库出现渗漏问题，经相关设计人员设计，将渗透通道挖断截渗，并将上游坝坡防渗斜墙延伸至砂层下 1 m，延伸至不透水层下 1 m，与坝体防渗土工膜紧密相连，经过强透水层防渗处理之后，有效提高了其的防渗能力，至今，该水库未出现过渗水现象，水库运行良好，节水能力强。

三、地基设计的注意事项

（一）加强地质勘测

地质勘测的准确性与详细情况是保障地基处理技术设计可行性的关键。若地质勘测不严谨，勘测数据存在错误，当设计依照此数据设计水利工程时，直接导致工程设计与实际工程不符。因此，选择专业性较强的勘测人员对施工区域进行勘测，并上传遥感图片、水文条件、地质条件等详细数据，以此完善地基处理的每一步骤，提高地基处理技术的合理性，提高地基承载力，保障水利工程的设计可行性。

（二）注意特殊地基的勘察

在勘察黄土湿陷性地基时，勘查人员应结合水利工程特点与设计要求，向设计人员提供地层时代与成因，黄土层厚度，湿陷系数、湿陷压力变化系数、变形参数、承载力，有效提高水利工程设计的可行性。在勘察砂土等液化地基时，为减少液化，应采用换土、砂桩挤压等，通过原位测试判断砂土液化，掌握土层层位与厚度，合理选择地基处理技术。

（三）地基设计的要求

在水利工程设计中，地基设计的可行性不仅关系着工程的顺利进行，更关系着其他分工程设计的有效性。在地基设计中，为选择合理的地基处理技术，应注重扩展基础计算，通过前期勘查的地基承载力与变形计算，计算基础底面积，再利用剪切与冲压等计算并确定变阶高度与基础高度；最后确定底板抗弯能力。有效提高地基设计科学性，以此选择更适当的地基处理技术。

第四节　生态理念在水利设计过程中的实践与探讨

由于中国城市化进程日益加快，城市用水量逐渐增多，导致中国很多地区出现了水资源短缺的现象。另外，由于工农业和商业的发展，城市水资源的污染、浪费现象日益严重，给人们的生存和生活带来了不利影响。因此，进行水利设计时，应充分考虑水资源的合理利用和再利用问题，秉持生态理念，从而达到水利工程和生态环境和谐发展的目的。

一、水利设计中的生态理念

“生态理念”涉及的领域和范围非常广，它不但涵盖在人们的日常生活中，也涵盖在工业制造、农业生产中。由于不同的地区有不同的地理特点和气候特点，因此，在践行“生态理念”时，也应表现出差异性，即结合当地的实际情况制定合理的生态保护措施。水利工程建设对生态环境有重要的影响。如果水利设计不合理，一方面会造成水资源的浪费，另一方面还会导致水污染现象更加严重，因此，设计时应融入生态理念，使水利工程尽可能地减少对生态环境的破坏。在这个过程中，不仅可以解决水资源匮乏的难题，还可以将生态理念深入人心，从而在各个领域实现生态环境保护。

二、生态理念在水利设计中的常见问题

（一）主管部门的水文资料有待完善

就现阶段来看，中国水利主管部门的水文资料尚不完善，而水文资料在水利设计中发挥着重要的作用，它是设计的数据基础，有助于推动水利行业的发展。水文资料不完善在很大程度上阻碍了水利行业的发展，也在很大程度上阻碍了中国城市的建设。目前，中国水利部门的水文数据缺乏逻辑性，只是随意堆积在一起，而且缺少生态理念的融入，导致在实际施工过程中常出现破坏当地生态环境的现象。

（二）设计人员的生态理念有待提高

中国多数水利设计人员在设计时更加注重项目的实用效果，缺少生态意识，不注重水利建设对生态环境造成的破坏。有些设计人员虽然知道保护生态环境的重要性，但鉴于企业的经济效益，没有将生态理念融入设计中，导致水利工程对环境的破坏愈发严重。事实上，长期下去会降低水利工程的使用价值，甚至影响企业的形象，既不利于企业的发展，也不利于中国环境的保护。因此，增强设计人员的生态意识尤为迫切。

三、生态理念在水利设计中的应用

中国主张走可持续发展道路，因此，水利工程项目也应以可持续发展为指导方向，在发展经济效益的同时，将生态理念融入设计中，以保持社会和生态环境的和谐发展。

水利设计要体现生态理念，需要综合考虑工程建设对周围环境的影响，既包括对周围植被的影响，又包括对生物多样性的影响和资源利用的影响，只有切实将生态理念贯彻到设计中，才能更好地发挥水利工程项目的作用。将生态理念充分融入水利工程设计中，能够有效避免在后期施工及水利设施运行中，对水资源造成不必要的浪费和污染以及对周边生态环境的影响。生态理念在水利过程设计中的应用主要体现在以下方面。

（一）提高水文工作的作用

要提高水文工作的作用，需要做好水文设计中的每一个环节，尤其是设计初期阶段，该阶段对后续工作有重要的影响，只有将各类水文资料都准备齐全，才能为后期工作提供可靠的依据，从而实现水资源的合理利用。在水利工程设计中融入生态理念，是为了实现对水资源的保护，其前提条件是拥有全面、准确、真实的相关资料作为设计参考，因此，水文工作的全面与否直接影响后续设计工作的进行。水利设计工作不是一个单位的工作，更不是一个部门的工作，设计应由设计单位和水文工作部门共同完成。近年来，科学技术发展迅猛，要适应社会的发展需求，水文工作也应及时更新相应设备和设施，积极引进先进的技术，确保水文资料的完整性，实现资料的自动化，从而保证为水利工程设计提供全面、准确、详细的相关资料信息，保证生态理念在工程设计中得到充分发挥。

（二）加强相关人员培训

由于不同地区的地理特点和气候环境等不相同，因此，水利工程非常复杂，设计时，要考虑的因素有很多，如水资源的分配，对周围生态环境的影响等。如此复杂的工程对设计人员的要求非常高，因此，水利单位应定期对设计人员进行培训，进而提高其综合素质。为了有效保证水利工程能够安全、高效地运行，保证生态理念在设计过程中充分发挥作用，水利工程设计人员的专业素质非常重要，针对这一问题，工程设计部门要制定合理有效的培训计划，为员工提供对外学习和交流的平台与机会，使设计人员及时了解先进的生态设计理念，并将其应用到水利设计中去，从而实现水资源的保护与再利用。

（三）加强堤岸设计与河道改造对生态理念的应用

在水利工程设计中，堤岸设计是一个重要环节，应在堤岸设计中充分应用生态理念。由于中国境内水资源及自然环境的多样性，多数水利工程均会涉及河道改造问题，在对河道进行改造设计时，应考虑河道的改造对周围环境的影响，改造方法的选择应秉持对周围环境破坏力度小的原则，同时改造方法应确保河道的质量与安全。不仅是对堤岸的保护，包括对河道进行清淤，都应遵循生态原则，这样可以有效保证河道能够安全、高效地运行，以此实现河道改造设计与生态环境和谐发展的目标。

（四）采用新型材料和技术保护生态环境

在世界各国都在强调环境保护问题的背景下，当今市场上各种环保材料和技术层出不穷，对于水利工程，要践行生态理念，积极引用新型材料和技术，以减少生态环境被破坏的可能性。例如，水闸技术，包括翻板闸、钢坝闸等新技术，操作简便、结构简单，被广泛应用在水利工程中；植草专用砖、石笼等堤岸保护新型材料也得到了广泛的应用。

第五节 水利工程设计中关于环境保护的思考

水利工程建设过程中要注重融入相应的环境保护意识，确保水利工程发挥出生态环境保护作用。当前形势下，国家和政府注重生态环境保护，水利工程设计注重环境保护符合中国法规和政令规定，能够更好完善服务于业主，推进该行业高端领域发展的进程，提升环保设计领域的工作效能，极大提升设计成果的实效。本文具体阐述了水利设施运行对环境影响的监测和环境影响，并提出相应的环境保护工作策略。

一、水利工程设计中环境保护的必要性和效益

（一）符合中国法规和政令规定

水利工程设计中，有相关法律法规对其环保工作做了明确要求，随着社会各个行业和领域的不断发展，在进行水利工程设计中需要更加重视起环保工作。

（二）完善服务于业主，推进该行业高端领域发展进程

社会主义市场不断发展，随着市场竞争机制的日益变化，在进行水利工程设计中需要有效结合环保工作规划作出相应的设计，从而更好地提高行业的市场竞争力。

（三）提升环保设计领域的工作效能

水利工程设计中，借助环保工作理念进行设计，可以有效结合实际的环境和资源以及生态等方面的因素进行设计，这对于发挥环境保护作用也有很好的促进作用，在后续的评价考核工作中，也能够及时根据需要作出相应的调整和改动，有效节约时间，提高能效。

（四）极大提升了设计成果的实效

进行水利工程设计，需要把握整个水利工程的后续使用，要结合生态环境保护和环境控制以及相关的生态理念进行规划设计，可以有效提高整个水利工程的设计生产效能。

二、水利工程建设对自然环境的影响

（一）水利工程施工对土壤环境的影响

水利工程建设过程中会对周围的环境和土壤造成一定影响，一方面通过建设水利工程可以将水体截留在坝体内部，可以保护农田免遭暴雨、洪水等危害，并通过这种

水利工程来控制整个自然地表水分，有效发挥出蓄水和调节的作用。但是整个水利工程在实际的使用中，可能会造成周边环境的土壤肥力降低，导致这个地下水位抬升，出现土壤浸渍等情况，很容易造成土壤的盐碱化、沼泽化等。

（二）水利工程对周围环境的影响

水利工程在实际的建设和使用中能够对周边环境发挥出环境调节作用，通过相应的水库和水流的调节，有效做出调节。一般来说，水体的水质和水温对周边环境和局部气候的影响显而易见。大型的水库通过蓄水和调节水流能够影响整个四周环境和气候。当然，大型的水库工程会由于水体大量集中，可能会导致局部地区的地质结构有所变化，如果一个地方长期在水体作用下，可能会诱发地震，对周边环境和周边居民的生命和财产安全带来严重威胁。

（三）水文情势影响

水利工程建设对周边环境和气候产生影响，与此同时，水利工程建设会通过自身的调节影响到地方的自然水文状况和水文气象，通过拦截和调蓄天然径流，有效改变局部地区或区域小气候环境。比如在一些大江大河上修建坝堤，能够有效减缓水流速度。在实际的水利工程发挥作用后整个水体深度会增加，导致自净能力会下降，当实际的体积增加之后，整个水体温度会产生相应的变化，影响水库中的生物和水体浓度等方面，最终会影响到水库中鱼类的生长，当整个水体体积提高之后，会造成四周环境发生变化，地下水位上涨，整个水体对环境及周边土壤都会造成影响。

三、水利设施运行对环境影响的监测和环境影响预测评估

在水利工程建设设计之前，其建设施工部门要积极结合环境保护和规划以及环境监测与环境影响形势作出相应的调查和研究，并制定好环境影响报告书或登记表的编制工作，按照地区环境保护部门的规章制度对整个水利工程的建设情况作出理性分析，并配合环境保护部门作出检验和验收，整个水利工程在实际的检验过程中，建设部门也需要作出相应的检验，并要求相关的政府部门作出评价和检验。

水利工程在实际的施工管理过程中，整个管理区域内要做好严格的外部管控工作，并作出围挡和封闭处理，以保持水土的完整性，确保地区环境的影响程度降到最低。当然在实际的建设管理过程中，可以设置专门的环境监察人员进行巡查，结合实际的建设情况有效巡查周边的环境变化，发生问题及时反馈。当然在水库的下游区域内要做出严格的规划控制，结合实际的水库建设设置相应的生态绿色护坡，从而更好保护和维持周边生态环境，为后续环境改善打好基础。

四、强化生态环境保护理念，提高水利工程设计水平

（一）加强环境专业与非环境专业之间的沟通

（1）与规划专业的沟通。水利工程规划建设过程中，应该积极结合环境保护工作和工程建设情况与规划设计专业做好良好的沟通，尤其要结合实际的环境保护工作

和下游生态环境变化及相应的用水需要，做出相应的调整，加强与规划专业的沟通，能够为整个规划项目提供依据。

（2）与水工专业的沟通。结合水利工程规划建设，要结合环境保护工作，有针对性的勘察地址和相应的建设线路，确保整个环境保护工作有序开展。进行水利工程规划中，要结合项目建设需要，有针对性的安排和规划下方环境的保护工作，有针对性地做出相应的设备调整和规划建设。

（3）与施工专业的沟通。水利工程规划建设中，要加强与施工专业的沟通，从实际的环境保护出发，确保整个施工建设工作能够更好地发挥出节能环保作用，有效的优化和做出相应的优化设计。

（4）与建筑专业的沟通。水利工程设计中，要结合实际的美学理念对工程进行建设设计。

（5）与移民专业的沟通。水利工程设计要加强与移民专业的沟通，结合实际的环境保护工作，积极做好移民地区的安置和居民生活垃圾及废水的处理工作。

（6）与概算专业的沟通。从实际的建设设计出发，加强与概算专业沟通，从而更好保障工程概算中包含地对保护环境的投资。

（二）加强设计单位与环评单位之间的沟通

水利工程建设设计中，要加强与环境评价机构间的沟通，设计单位要主动参与到环境保护工作评价的相应会议中，并有意识地参与到相应环境审批工作中，结合实际的环境社会和施工建设工作，双方应该有序的建立沟通机制，确保项目工程在实际的施工中有效的进行调整和优化，从而降低由于环境摩擦导致的设计变更，更好地提高设计效率和质量。

（三）加强设计单位与建设单位之间的沟通

设计过程中，需要结合实际的施工建设工作作出相应的调整，所以就需要加强与施工建设单位间的沟通联系。一般来说，不同的机构对环境保护的认识有所差异，在实际的设计中，要结合环境和景点以及生态环境的不同需要，结合实际的建设规划利益作出相应的建设规划调整。所以涉设计机构可以通过交流沟通或者是提议的方式来加强施工建设单位对环境保护工作的认识，从而在实际的施工中加强环境保护工作认识，确保整个环境保护工作质量越来越高。

（四）加强设计单位与技术评审专家之间的沟通

水利工程在实际的建设施工中，应该积极结合实际的设计工作加强与技术评定专家间的沟通交流，在进行沟通中有意识的融入环境保护工作，提高技术评审专家团队对环境保护工作的认识。设计机构要明确掌握实际的工程勘测工作要求，严格落实环境保护工作，有效调整和提出相应的修改方案，确保整个设计工作符合环境保护的具体要求和规定。

第六节　基于水土保持理念的水利工程设计

水利工程在中国经济发展中占据重要的位置和比重，水利工程通过自然界的地下水和地表水资源的调配和控制，达到消除灾害的目的。往往水利工程的规模都比较大，且工期较长，在具体施工过程中很容易对当地的生态环境造成破坏。随着水利工程的发展和社会对生态环境保护的重视，可持续性发展和水土保持的理念相继被提出并得到广泛的应用，中国的水利工程有效的贯彻理念并实际应用到具体的施工项目当中去，对环境的保护和减少水土的流失具有重要的意义。

一、水土保持理念的概念和目的

水土保持理念的提出和完善，逐渐地被广泛地应用到中国水利工程中去，对水土起到一定程度上的保护作用，使得水土流失现象减少并有效地保护了生态环境，为人们生活和生产提供良好的环境。在水利工程设计之前应事先明确水土保持理念的原则和目的，根据项目所在地的工程环境和水土分布状况进行调查和研究，针对施工期间能够发生的危险和紧急情况制定科学正确的指导方针，做好科学预案，根据不同情况下水土流失的类型，区别对待制定针对性的方案。在水利工程中，为了保证施工过程中的生态环境的平衡不被破坏，水土保持理念的应用，不仅可以促进中国可持续发展的要求，同时还能对成本进行有效的控制。

一般来说水土保持理念提出和应用的主要目的是根据中国水土保持的区划更好地进行考察和确定，在此基础上根据不同的水土流失情况提出与之相匹配的开发利用方案。此外，还包括制定保持水土的主要措施和治理水土流失的重点项目和地区，以及合理治理水土流失的方法和步骤。

二、水利工程水土流失的特点

（一）点状水利工程水土流失特点

水库、水利枢纽等水利工程一般具有工序复杂、工程体量大、工程工期长等特点，属于水利工程点状类型，因为工期比较长，容易遭受到极端天气如台风、暴雨等自然灾害的侵害，容易诱发水土流失现象的发生。大多数水利工程的修建都是在交通条件不是很充足的地区进行，在施工前，都需要进行比较长时间的准备工作，为施工准备修建一些进入场地的道路和整平场地等，在这个过程中由于施工条件的限制导致施工难度都会比较大，因此在施工准备阶段必须做好预防水土流失的工作，以免破坏生态环境。点状类型水利工程的建设涉及到多方面的影响，包括淹没区和移民安置区的设立，大面积的土地被占据，这些土地使用会造成水土流失的隐患，生态植被面临被破坏的风险。

（二）线状水利工程的水土流失特点

线状水利工程常见的有输水工程渠道、灌溉工程等，该类工程一般施工路线长，往往延绵几十公里至数百公里，由于路线铺设较长，施工经过的地区的自然情况必然要复杂多变，不同的地貌施工环境也不尽相同，对于施工需要的取料场、弃渣场等也要严格要求，对容易造成线状水利工程施工区域水土流失的现象应严格把控。

三、水土保持理念在水利工程中的应用

（一）水土流失预测工作的开展

水利工程施工单位前期开展工作的准备中，应制定详细规划，这样可以有效的预测该地区的水土流失情况，能够将水土保持的理念及时的落实到具体工作中去。鉴于水利工程体量比较大，在施工之前要进行地基和排水系统的开挖工作，这样会对水土流失产生促进作用。这就需要在施工前期要全面了解及掌握开挖工作对水土流失的破坏程度，根据资料和勘查结果制定科学可行的施工方案，尽可能地减少了水土流失的概率，也对成本的节约有利。

（二）水土保持理念的实施方案

对不同的施工区域和土质进行的水利工程应区别对待，但最终的目的都是要保持水土平衡不遭到破坏。针对一些疏松土质要利用生物和工程技术进行土质改良工作。尽可能地减少外来土质的利用，根据工程学的利用，合理安排和设计边坡和河道的稳固措施。

（三）生态环境保护

随着社会经济的不断发展，人们对生活品质的不断追求，这其中包括对绿色生态环境的要求变得越来越高了。水利工程的施工过程中要充分考量对生态环境的影响，并引起足够的重视，这也是促进水土保持理念的贯彻和实施。影响水土流失有很多因素，极端环境的影响是不可避免的，只能从主观内因上尽可能地避免水土流失情况的发生，进而提高施工水平。相关水利施工人员应该对施工区域具体的施工环境有一定的科学认识，指导和规划植被合理的种植，做好详细的规划方案，尽可能地避免过度浪费施工用地的使用。在施工过程中，对施工人员应严格教育和监督，规范操作方法和流程，在工程结束后利用合理资源进行压实保护，清理杂物减少对环境的破坏和污染。

四、水利工程优化设计应用

（一）弃渣场的水土防护工作

在水利工程施工中进行基坑和沟渠的开挖所排出的废土和废渣，在对其防护过程中，要采取措施进行科学防护和治理。首先，合理安排和安置废弃渣土等，使其占用地面的面积在保障堆放安全的前提下尽可能的优化，将废渣和废土进行摊铺和标平，科学合理地制定工程规划，合理使用适合的种植物将废渣土进行覆盖，避免水土流失

现象的发生，有效降低水土流失的概率。相关工作人员应当做好调研和科学计算，对废渣土的斜坡进行合理的放坡，采取土工等措施对坡面进行稳固和保护，有计划和有目的的保障生态的平衡。

（二）生态水利工程的设计应用

水利工程在近些年来得到了大力发展，水土保持理念的应用和生态环境意识的加强，在水利工程建设中发挥着重要的作用和功效，充分地将水流域生态和水资源的调控统一起来。在建设中主要面临着两个方向的问题：①中国水资源丰富，在水利工程中会面临着不同的流域和生态系统，往往不能照搬以往经历和经验，没有参考的工程实例，不能将生态水土保持理念完全的执行到工程施工当中去。②生态学和建筑学的出发点不同，有时会造成交叉及冲突，会出现分歧，建筑施工队伍往往为赶工期和争效益，对生态环境保护方面考虑不到，更严重者以破坏生态环境为代价。这就要求施工企业要加强施工设计人员和施工作业人员共同的生态环境保护意识，从顶层设计到下层建筑都要贯彻好生态保护环境观念，实现可持续性的发展。

第七节　水利工程移民规划设计

水利水电工程移民是指因水利水电工程建设用地需要，必须离开原居住地迁移到新居住地定居谋生人口和需要进行生产安置的农业人口(《水利水电工程移民术语》)。这一定义的前半句话对工程移民身份产生的原因进行了解释，即是因“水利水电工程”而产生的移民；后半句话界定了对移民的影响包括生产和生活两个方面，即因工程建设对原住民生活环境和生产设施带来影响，而这一影响要达到必须离开的程度，才被确认为工程移民，对移民的处理必须采取到“新居住地定居”的方式来解决。最后，定义的主体落脚到“和”字前后的谋生人口和农业人口，通过查阅相关资料可知，农业人口是指居住在农村或集镇，从事农业生产，以农业收入为主要生活来源的人口。将农业人口和谋生人口并列，说明以农业谋生和以其他行业谋生在概念界定上是平行关系。

一、城乡二元的水利工程移民规划逻辑

（一）水利工程移民的城乡分异

工程移民是由工程建设所引起的非自愿人口迁移及其社会经济系统恢复重建活动。自新中国成立以来，我国由各类工程建设带来的移民总数已达 4500 万人，涉及水利、交通、城建、农业、林业、环保、能源、航空等部门，其中水利水电工程建设涉及的移民人数众多，如：黄河小浪底工程移民人数 20 万、三峡工程移民 124 万以及南水北调中线工程移民 33 万人。这些工程不仅移民的数量巨大，而且移民搬迁的时间跨度较长，移民工作极为复杂。

从空间分布来看，我国水利资源分布呈南方优于北方、中西部优于东部的空间态

势，大量的水利水电工程都分布在中西部地区。

从城镇化率的分布情况来看，水利工程移民的范围以中西部乡村地区为主，主要搬迁对象是农村人口。综上所述，我国以乡村为主的空间分布特征会对工程移民规划产生主要影响。因此，在保证工程建设顺利推进的同时，重点解决农村移民问题是移民规划主要工作思路。在长期以来的以城乡二元结构为特征社会组织管理模式下，移民问题、农村问题和工程建设之间的协调平衡是工程建设的重点。

（二）水利工程移民的规划体系

作为工程移民中的重要环节，工程移民规划是移民安置实施的基础，是科学实施移民安置的依据。工程移民规划经过数十年的发展，逐步建立起了较为完善的规划编制体系和内容体系。包括《水利水电工程建设征地移民安置规划大纲编制导则》《水利水电工程建设征地移民安置规划设计规范》《水利水电工程建设农村移民安置规划设计规范》，以及涵盖实物调查、监督评估、工程验收和后期扶持等相关内容。从工程移民规划的内容上来看，建立从确定工程移民的影响范围到工程移民实施阶段在内的工作内容体系。

通过分析工程移民规划编制体系和内容体系，可以发现两个体系在内容上是对应的，即编制体系为内容体系提供工作依据，内容体系指导移民工作的开展，实现了对工程移民工作的全覆盖。特别是针对农村地区移民的相关规划设计规范，规定了农村移民安置规划的流程和标准，为农村移民规划工作的展开奠定了基础。但是，移民工作的特殊性决定了移民安置规划的多重属性，现行的工作逻辑是通过构建完善的移民规划体系，在保证移民工作顺利开展的前提下，尽可能地以工程推进为主要目标。而对移民尤其是农村移民的实际问题，并不能完全做到根据社会经济发展的实际情况而适时调整，这就势必会产生问题。

二、现行农村移民规划的内容检析

（一）农村移民发展权益的缺失

水利工程是为解决水利资源时空分布不均的工程措施，具有明显的公益属性，这种公益性工程是以牺牲部分人利益为代价，实现水利资源的时空调配，显示出了社会主义集中力量办大事的优势。而农村移民作为利益牺牲者，为了整体利益放弃了自身部分权益，在移民规划中没有得到足够重视。国务院 2006 年颁布的《大中型水利水电工程建设征地补偿和移民安置条例》中明确规定，征地补偿和移民安置资金的对象包括土地补偿费、安置补助费，迁建或者复建补偿费，个人财产补偿费和搬迁费，库底清理费，淹没区文物保护费和国家规定的其他费用。从资金的补偿对象可以看出，其补偿是以工程建设对移民产生的影响为出发点，对移民现有生产生活环境等物质层面重新安置所需的资金进行补偿，而忽略了工程对移民其他权益带来的负面影响，尤其是生存环境改变对发展权益的影响。

农村移民的发展权益可以从两个方面进行分析。首先是工程建设对原有环境的改变，使得移民不仅失去了原有的物质生产资料和生活环境，而且对于移民而言，伴随着水利工程淹没的还有自己世代生活的家园、原有较为稳定的乡村社会组织结构。这些移民心理层面的负面影响，无法通过简单的移民生产生活环境重建，而移民对于新生活环境的适应程度同样值得引起足够的关注。

另一方面，移民无法享受到水利工程建设对原有生存环境改善带来的正效应。以三峡工程坝区为例，三峡工程正常蓄水之后，形成"高峡平湖"的世界级景观，搬迁离开故土的移民是无法享受到这一景观和旅游业发展带来的经济效益。移民为服从更大层面的发展权益调配，协调空间资源配置，放弃了工程可能产生的正效应，而只得到了远离故土、重新安家的负效应，这些内容是现行的移民安置规划中没有涉及的。

（二）农村移民的身份固化

《大中型水利水电工程建设征地补偿和移民安置条例》规定："农村移民安置应当坚持以农业生产安置为主，合理规划农村移民安置点，有条件的地方，可以结合小城镇建设进行"。《水利水电工程建设农村移民安置规划设计规范》中明确规定："农村移民生产安置应以农业安置为主，有条件的地方可采用农业与非农业安置相结合的方式进行安置"。也就是说，对农村移民的安置方式，相关规定明确要以农业生产安置为主，这其中隐含着很深的城乡二元体制背景。

一方面是对城乡之间人口流动的限制。新中国成立以来，为了在尽可能短的时间内，建立起足以自给自足的现代工业体系，我国实行了统购统销的计划经济政策和人民公社的社会组织形式。在这样的社会背景下，各地的人口和社会资源在很大程度上得到了集聚，为了国家的经济社会建设作出了很大的贡献。伴随着这一政策的是，对社会资源自由流通的极大限制，要求人们在生产生活得到基本保障的前提下，按照计划进行流动。

另一方面是对农业生产的高度依赖。在农业生产水平和市场发育程度处于较低状态的情况下，为了维持社会的长久稳定，必须保证个人拥有必要的生产资料，也就是土地。通过加大对农业生产的投入，保证粮食供应，实现对稳定的诉求。

水利工程的农村移民安置正是遵循这样的思路，移民的安置方式选择以受到工程影响之前原有的生产方式为依据，在环境容量容许的情况下，尽量选择就近安置的方式。这样就可以保证农村移民在搬迁之后，仍然拥有足够的人均耕地，而且在很大程度上，依然继续从事农业生产活动，对于保证农村移民的稳定发挥着积极作用。这同时也实现了对农村移民身份的固化，移民搬迁以前是农民、从事农业生产的，搬迁完成之后依旧是农民、继续从事农业生产。

阶层固化不利于社会阶层之间的人口流动，社会缺乏公平的竞争、选拔和退出机制，对社会是潜在的风险。农村移民身份的固化意味着移民将有更大的概率被束缚在土地上，移民只能继续从事生产效率较低的农业生产，要实现身份的改变需要花费更多的努力，对农村移民而言是很大的不利因素。

（三）移民安置点规划中的静态思维

移民安置点规划包含确定移民安置规划人口、移民安置环境容量、安置方式和安置点的选择等内容。移民安置环境容量是移民安置区能接纳的移民人口数量，其分析遵循着以农业为基础，本区域优先考虑的原则。在分析方法上，第一产业容量分析根据规划目标和安置标准，在安置区的相关农业规划和经济社会预测的基础上，分析土地资源能供养和接纳人口、移民数量。第二产业和第三产业移民安置容量，在已有项目和拟开发项目的基础上，分析可安置的移民数量。

作为移民安置的基础性工作，环境容量分析是确定安置区接纳移民能力的重要保障，现有的分析方法很好地考虑了以农业生产为主的安置方式，但对其他安置方式的考虑较为欠缺。在相当条件下，一个地区的农业资源尤其是可耕地面积是较为确定的，在进行生产用地土地开发整理之后，增加的耕地面积也是明确的。

因此，第一产业可安置的人口总体而言是明确的，并在农业生产相对独立的情况下成立。以农业为主导的生产组织和城乡二元的社会组织可以通过明确的农业生产安置完成安置任务。但事实上，随社会经济的发展，乡村地区的第二产业、第三产业发展逐渐在改变着原有的结构。现有的容量分析以现状的产业基础和拟开发的项目作为依据，缺乏对产业发展的统筹考虑。其后果为实施过程中，为了项目而项目的短视行为，对国家的投资造成浪费和移民的发展带来负面影响。

在确定安置环境容量的基础上，搬迁安置方式分为就近安置和远迁安置，具体形式有集中居民点安置、分散安置以及进城安置。安置点的选择在保证环境容量许可的前提下，地方政府的建议、移民和安置区的意愿作为主要参考。

这样的安置方式虽然考虑到了实施过程中的操作性，对各相关利益主体的意愿进行了兼顾，但是缺乏区域城镇体系指导。这样以安置点为出发点的安置方式，没有将安置点的长期发展作为规划目标，对安置点的产业、居住环境、文化建设和邻里空间等内容缺少必要的考虑。对周边城镇、村庄的空间、产业、交通、文化特色等发展要素缺少系统考虑，对安置点的长远发展缺少谋划布局。

三、城乡融合发展对水利工程移民的影响

改革开放以来，人口的自由流动和社会经济结构的调整，对原有农村移民安置规划的社会背景带来极大的改变。

（一）城乡二元的安置理念有待调整

城乡二元结构的制度基础发生改变。改革开放以前，通过统购统销、人民公社和户口制度“三位一体”对人口城乡之间的流动加以限制。改革开放以后，实行计划和市场相结合的方式，鼓励人口向城镇集聚的城镇化战略。不再强调将人口限制在原地原籍的属地化管理，而实行城乡双轨制在保证城市获得劳动力的同时，确保社会的整体稳定。对脱胎在计划经济背景下的农村移民规划而言，就近农业安置的思路符合原有的社会现状，但对社会制度发生的变化响应不足。

一方面，随着城镇化的推进，人口存在着从农村到城镇集聚的过程，农村移民安置中的就近安置、后靠安置、本镇本县安置所隐含地对人口自由流动的限制，不符合城镇化趋势。另一方面，在农村移民安置点选址过程中，将城镇和乡村以安置为主、

分开考虑、双重标准的安置方式，与基于城乡一体化背景下，对城乡空间进行统筹规划、合理布局的理念不相符。

（二）农业为主的安置方式不合时宜

现行的农村移民安置规划遵循的是“农业安置农业”的思路，以移民安置环境容量为基础，对农村移民进行农业安置。随着改革开放以来国家经济结构的不断调整，农业在国民经济中所占比重不断下降，大量的劳动力从土地的束缚中被解放出来，从事第二和第三产业，农业也朝着高标准、专业化、合作化的方向发展。水利工程主要分布的中西部地区是我国劳务输出的主要地区，大量的农村劳动力进入东部沿海地区从事非农产业，在这样的背景下，继续按照人口指标，测算生产用地配置和临时用地复垦等生产安置配套设施，与移民的现实需求不符。另一方面，我国传统的农业耕作方式是以小农经济为特色的家庭生产，生产分散、效率较低，难以适应现代农业的发展趋势。以个体为单位的农业生产安置方式，延续的是传统的农业发展思路，与社会经济现实脱轨。

（三）移民的多元化空间需求难以兼顾

我国的农业生产在改革开放以前是以粮食种植为主，对耕作的精细度要求相对较高，农民的居民点与农业生产地之间的距离较近，随着农业耕作技术、种植管理技术的提高，农业生产需要的劳动时间相对减少，劳动强度也大大降低，农民的居住地与农业生产地之间的距离相对变远。这样一来，总体用工量的相对降低，使得农民对村庄的农业生产需求降低、生活需求变大，传统的农业耕作半径发生改变，对村庄的生活功能需求增加。现行农村移民安置规划中，安置点的规模尺度测算没有考虑跟周边发展环境相协调，根据农业生产的类型，确定合适的安置点规模；选址缺少对区域社会经济发展背景的研究，对移民的生活需求研究不够；规划内容仅停留在水电路等基础设施方面，生活所需的公共服务设施配套不足。

四、水利工程移民规划的反思与应变

（一）鼓励多元主体的移民安置参与机制

水利工程是关系到国计民生的大型基础设施，具有很明显的公益属性，一般由中央财政直接投资兴建。各级政府和项目法人在工程建设、运营管理过程中扮演着主导者的角色，通过对移民进行一定的补偿，让移民让渡部分自身权利，推动工程建设。移民安置规划编制单位从业主利益出发，根据业主提出的建设目标，按照相应的设计规范和建设程序，为移民工作的开展提供专业服务。

在此基础上，应鼓励将移民的被动搬迁变为主动参与，实现移民对水利工程的长期利益分享。在移民安置方案制定阶段，充分尊重以村委会为单位的移民的意见，在政府提供多元化的安置方案选择基础上，满足移民的不同需求；在工程收益机制方面，通过对农村移民资产的置换等多种形式的探索，引导移民进行城镇化转移，建立长期收益机制。对于移民安置规划编制单位而言，要转变业主服务者的身份设定，建立利益协调方的身份定位，成为沟通业主、移民之间关系的纽带。水利工程的公益性决定了移民工作不同于一般的商业行为的社会属性，规划编制机构要立足于各方利益诉求，从国家投资、社会管理和移民的稳定和谐、长期发展两个方面出发，在移民工作中发挥更为积极有效的作用。

（二）构建城乡融合的移民安置制度基础

构建城乡融合的移民安置制度，应该在逐步破除城乡二元体制的同时，调整农村移民安置规划。首先在移民安置工作中要建立区域城乡一体化发展的安置思路，水利工程建设是对现有的空间利用格局进行调整。工程本身的社会经济效益对区域发展而言是一大调整，工程建设对区域城乡土地资源的利用方式进行了改变，因此农村移民安置应跳出传统的“移民思维”，就移民论移民、就农村论农村，而从区域整体发展环境出发，做出相应安置处理。其次，建立健全农村移民社会保障机制，为移民的生产生活提供可靠保障，解决移民的后顾之忧。在大规模城镇化背景下，出现了大量农村人口往城镇集聚的趋势，对于“失地失房”的农村移民而言，与其他农民相比，除了会有城市生活难以融入的问题之外，而且还有失去农村生活基础的顾虑。因此，可以考虑将对农村移民的安置方式与城乡居民基本生活保障制度相结合，消除城乡居民保障制度的双轨制带来的城乡壁垒，为农村移民在城乡之间的自由流动减少后顾之忧。

（三）倡导市场主导的移民安置调配机制

市场主导的调配机制是指通过市场方式对补偿标准、移民就业与创业等方面做出安排，采取多样化的安置方式。在这一过程中，要明确政府的职责边界，即政府要有所为有所不为，政府的主要责任在于对移民安置活动的规则制定和监督规则的执行，为移民的安置提供公共产品，协调区域社会经济发展，为移民安置提供前提和保障。而像移民安置标准与方式、移民后期扶持中的就业与创业，这些需要通过更为灵活处理方式解决的问题，更有利于通过市场手段来解决。

第八节　三维设计方法在水利工程设计中的应用

三维设计是水利工程设计中的重要环节，施工方案的设计水平将会大大影响水利工程的施工质量和施工效率。水利设施的作用非常大，能提高水体资源的利用率，缓解干旱、洪涝等灾害带来的损失，利用水的动能还能发电，缓解国家电网的发电压力。在水利工程设计中应用三维设计方法能提高工程设计的效率和准确性，提高工程质量。

一、三维设计的应用意义

（一）三维设计手段先进

三维设计方式是目前较为先进的设计方法，能根据工程的特点和使用场景，进行直观、准确的三维设计，更容易表现出工程设计师的设计理念，提高工程设计的效率和准确性。以往的水利工程设计需要设计师多次前往施工场地，对现场环境进行勘测，记录数据，绘制二维图纸进行工程设计。在二维设计图纸和施工图纸的转换中发生任何失误都将表现在最后的设施状态上，可能会引发严重的施工问题，影响设施的使用。现代的三维设计方法能直接展示出虚拟的水利设施三维模型，设施的尺寸、形态、颜色、功能等因素都能直观的表现，由于是计算机进行数据的处理和计算，设计出现问题的概率非常低，三维模型转换成施工图纸的过程更加准确迅速，设计师的设计意图也能更清晰的反映到图纸上，有利于在施工中及时进行调整，建设出使用寿命长、作用广泛的水利设施。

（二）提高工程设计水平

三维设计技术能提升水利工程设计水平，提高设施的设计完成性，发挥设施更大的作用。水利工程设计需要专业的团队团结协作，共同努力完成设计任务。团队中的信息共享十分重要，每个参与者可能都有不同的想法，如果不按照一定的规则进行想法的统一，团队就无法称之为团队，只是一群不同想法的人的集合。三维设计技术能根据大家独特的设计创意，模拟出最合适的三维模型，把大家的想法和谐统一地融合在三维模型中。使用计算机进行创意的收集和统一不会产生信息内容的变化，能保证信息的准确性和完整性，同时缩短信息传递的时间，提高水利工程的设计效率。

（三）保证工程质量

三维设计技术通过计算机收集工程的各项参数信息，建立立体的三维模型，能做到在没有实体的情况下进行设施的功耗、功率、运行状况等信息的模拟，大大减少重大工程出现问题的概率。传统的工程施工中从设计到施工几乎都是靠人工完成，难免会出现失误。工程设计师的一点设计失误有可能导致整个设施瘫痪，无法正常投入使用，造成巨大的经济损失。使用三维技术就能避免这一情况的发生，把设计方案输入计算机中，计算机根据使用年限自动进行设施的使用模拟，最大程度展现出设计方案中可能会出现的问题，方便设计师及时进行设计方案修改。很多设施问题短时间内不会有任何表现，一旦某个特殊因素触发极有可能导致设施出现问题，问题出现时设施的负责团队可能已经解散，设施的维护就成了巨大的问题。

二、在水利工程中应用三维设计的重要性

（一）促进水利工程建设

三维设计方法有很高的实用性，在水利工程中运用三维设计方法能大幅提高设施的设计水平和建设速度，提高设计质量，促进中国水利建设事业的发展。相比传统的水利施工设计，通过计算机的模拟计算取代了人工设计和计算，设计出来的方案更具有代表性，能广泛地被人们接受，符合人类的设计审美。无论是专门进行设计行业的设计师还是其他领域的工作者，都能在三维设计模型中感受到三维设计方法的强大力量，计算机通过通俗易懂的图形画面准确地向人们展示出设计师的设计理念和设计模型。放在以前设计师使用手工绘制的方式绘制设计图，根本无法这么直观地展示出设

计师的设计理念，更不用说仅依靠设计图虚拟出完整的设施模型。在水利工程中使用三维设计方式进行建设对国家的基础设施建设工程发展有很大的意义。

（二）合理配置资源

运用三维设计方法能促进资源的合理配置，对缩短水利工程建设时间、降低水利工程建设费用、提高水利工程建设质量有很大的帮助。使用三维设计的方式进行水利工程的设计工作能提高设计效率，降低设计中错误和失误的出现频率，控制各种资源的利用情况，最大化水利设施的资源利用率，节能减排，降低建设成本。将三维设计理念与中国的水利工程设计相结合，能提高设施的建设水平，计算机进行的建设过程控制比人用肉眼观察要精准的多，建设过程中不容易出现失误，设施的总体建设质量大幅提高，节约了很多能源。

（三）提高水利工程设计水平

一个工程的设计水平，很大程度上取决于该工程的设计团队，也受到时间、资源、经济情况的影响。设计师团队的任务是在有限的时间内设计出能满足需要的设施设计图，不仅要能完成相应的功能，还要有一定的设计美学，符合中国的设计审美，并能长期保持相应的功能，不容易受到自然灾害的破坏。所以设计师团队的任务非常重大，一旦设施在设计上出现严重问题，设计师需要负全部责任，毕竟是国家设施的建设，个人无法承担这么大的责任，因此设计师必须要保证设计的准确性。三维设计技术的出现，能帮助设计团队解决很多问题，建立虚拟的设施模型进行使用寿命模拟，能最大限度地发现设计中存在的问题并及时解决，防止在现实的设计中出现问题，提高水利工程的设计水平。

（四）改善人民生活

水利工程是一项利国利民的工程，一方面控制了当地的自然环境变化，降低了自然灾害的破坏性，防止水土流失现象的发生；另一方面当地人们的生活安全得到了有力的保障，人民的生活水平得到了提升，社会关系更加和谐稳定。使用三维设计技术设计的水利设施具有更好的资源控制能力，对水资源的利用程度也更好，居民的用水问题得到了有效的解决，利用水的动能进行水力发电还能缓解国家电网的发电压力，大幅提高了人民的生活幸福感，人们的生活水平得到显著提高。

三、三维设计在水利工程中的应用

（一）图纸设计

利用三维设计的方法可以进行水利工程的图纸设计，利用相应的软件输入相应的信息和建设要求即可设计出符合要求的设计图纸。在建设现场进行基础信息的收集，如设施占地面积预估、河道的流量信息采集、设施的计划发电量等，输入到软件中，再进行设施结构的设计，结合设施的设计计划初步模拟出几个设计模型。设计人员对设计方案进行可行性分析，确定最终的设计方案，然后通过计算机导出设计图纸，为接下来的施工做好准备工作。

（二）零件设计

这一部分的设计需要对工程中的各个零件部分进行设计，根据总体的设计图纸选择零件的设计方案。零件的设计需要注意零件的结构不能太复杂，否则会影响零件的制造速度和使用寿命。零件设计时需要注意安装过程不能太复杂，否则会给零件安装带来问题。零件的设计方案出来后使用三维设计软件导出零件制造图纸，交由工厂进行零件制造。

（三）装配设计

为了方便水利工程的装配工作，需要按照相应的装配顺序进行装配，防止装配错误产生。从底层开始按照一定的次序逐层装配，这样不仅能减少装配工作的任务量，提升装配效率，在进行错误修改的时候也更加方便。具体装配方案可以用三维设计软件进行设计，在三维设计软件中建立相应的零件模型，模拟装配过程，从中选择更简易的装配方案。零件模型导入可以用相关的工具进行零件模型复制，完成零件模型的快速导入。在装配过程中按照装配关系对零件进行条件约束，调整零件的角度、位置等信息。装配时检查零件组合的错误和问题，进行相应的调整，完善装配细节。

（四）模拟与计算

在水利工程的设计过程中，可以使用三维设计的方法对设计方案进行模拟，预估未来可能出现的设计问题，并及时做出调整和修改。三维设计软件可以对水利设施的使用情况进行模拟，如水力发电的发电量模拟，对水资源的利用情况，在使用年限内可能会出现的设施问题等，及时的发现设计中存在的问题，并做出调整。

第二章　水利工程规划设计流程

第一节　可行性研究设计阶段勘测设计

一、综合说明

（一）前期工作概况

简述工程的地理位置和所在河流规划成果及审批意见；可行性研究工作的依据、目的和过程。

（二）工程建设必要性

简述工程区内水利现状及中长期发展规划等，简述工程建设必要性。

（三）工程建设条件

简述工程的自然地理条件、水文气象、泥沙、地形地质、征地移民、环境影响、交通条件等主要情况。

（四）工程规划

简述本工程在水利建设中的任务和作用、工程规模、综合利用要求及效益。

（五）工程建设方案

简述工程坝址、渠系建筑物，枢纽布置、坝型和主要建筑物型式，金属结构，对外交通、施工导流、筑坝材料和工期，建设征地移民安置初步方案，投资估算及经济评价指标。

（六）结论及工作建议

从工程建设必要性、工程建设条件及技术可行性、工程效益及经济指标等方面，提出工程可行性研究结论意见。

根据工程可行性研究工作情况，提出今后工作建议。

二、工程建设必要性

（一）主要设计内容

1. 水利现状及综合利用任务调查；

2. 供水灌溉范围；

3. 建设必要性论证；

4. 工程开发任务确定。

（二）水利现状和发展规划分析

水利工程和城镇农业用水现状调查，分析本工程在国民经济和水毁发展规划中的作用，水利发展规划对本工程的要求，工程区城镇供水和农业供水现状。

（三）供水和灌溉范围

结合水利现状和规划成果，分析确定丰家桥水库工程的供水和灌溉范围。

（四）水库建设必要性论证

概述工程所在地区水利建设现状及其近、远期发展规划对工程建设的要求，阐明工程在地区国民经济和社会发展规划及区域规划中的地位与作用，供、受水区水资源供需平衡及水质情况，对城镇供水和灌溉的要求。充分论证本工程的建设必要性。

（五）工程开发任务

根据当地水资源规划、地区社会经济发展需求以及上述调查分析成果，提出丰家桥水库工程开发任务。

（六）主要设计成果

可研报告中本工程建设必要性篇。

三、水文

（一）基本资料搜集

收集流域内的水文站、雨量站及气象站的基本资料。

（二）基本资料复核

可靠、准确、全面的水文基本资料是水文分析计算的基础，为保证本工程水文设计成果的质量，对基本资料的完整性、可靠性、准确性进行复核检查，是本阶段水文工作的重点之一。

主要对的基本资料进行水位、流量的复核。复核工作包括：

（1）水文站历年测验情况一览表；

（2）水文站控制流域集水面积、水尺有无搬迁、水准基面等的复查；

（3）水文站水位资料的复查；主要复查水位资料有无严重缺、漏、伪造及年头年尾是否衔接及水位受顶托情况。

（4）水文站流量资料的复查；主要复查测流情况，浮标系数及计算流量时采用借用断面的合理性。

（5）对水文站资料的一致性进行复查；主要复查工程上游有否蓄、引水及分、滞洪工程、水量平衡。

（6）提出复核意见及结论。

（三）流域自然地理情况及特征值分析

（1）量算集水面积、描述河道特征、断面特征。

（2）流域内干、支流人类活动情况初步调查分析。

（四）收集气象资料

（1）坝区气象要素统计分析

主要根据气象站气象资料对各种地面气象要素如降水、蒸发、气温、水温、相对湿度、风向风速等进行统计。

① 多年平均气温（多年平均、平均最高、平均最低、极端最高、极端最低）；

② 相对湿度（平均相对湿度、最小相对湿度）；

③ 分级降水日数（日降水量≥ 0.1、5、10、25、50、100mm）；

④ 风向风速（平均风速、最大风速及相应风向、最多风向、大风日数）；

⑤ 水温；

⑥ 地温。

（2）流域降水量统计分析

（3）流域蒸发量分析计算

① 水面蒸发量；

② 陆面蒸发量。

（五）径流分析计算

主要根据水文站设计依据站的实测资料，并考虑流域的降水特性，采用按设计依据站面积线性内插或面积放大的方法，来推求丰家桥水库多年平均径流水深和多年平均来水量、坝址的径流系列。对径流系列进行代表性和合理性分析，并对推求的坝址径流系列进行频率计算。

（1）设计站年、月（代表年日）平均流量统计计算

（2）径流系列代表性分析

① 计算绘制差积曲线；

② 长短系列统计参数对比分析；

③ 本流域与邻近流域、本流域不同区间长系列径流模数对比分析。

（3）设计径流分析计算

① 坝十年径流频率计算（水文年、日历年）；

② 坝址全系列月（代表年日）径流；

③ 坝址丰、平、枯典型代表年选择；

④ 坝址径流年内分配；

⑤ 径流特性分析。

（4）枯水径流统计分析

① 设计站历年各月最小流量统计和插补延长；

② 设计站枯水期平均流量统计；

③坝十年最小流量、枯水期平均流量频率计算。

（5）径流成果合理性检查

径流成果地区对比检查。

（六）洪水分析计算

对利州区水文设计依据站实测洪水过程的峰型、持续时间、年最大洪峰出现时间等进行统计分析。

对丰家桥水库坝址河段进行历史洪水的调查，收集有关文献资料进行考证，估算历史洪水重现期。

根据已有及延长的洪水洪峰系列，加入历史洪水进行洪峰频率计算，按面积比按指数内插推求得丰家桥水库坝址的设计洪水成果，同时对面积比指数进行分析。并对洪水系列的代表性及成果的合理性进行分析。选择典型洪水过程线，按峰、量同频率控制放大，推求得设计洪水过程线。

根据设计依据站的洪水特性，结合拟定的施工时段，采用定期选样、跨期使用，统计计算各施工时段的设计值，按面积比推求丰家桥水库坝址施工设计洪水。

分析确定选用的设计依据站及洪水系列。

（1）洪水特性与成因分析

① 洪水成因、峰现时间、洪水过程特性、峰型及大洪水个例分析；

② 流域暴雨特性分析。

（2）历史洪水复核

① 库区（干流）及坝段洪水水面线调查；

② 各主要站历史洪水调查及采用成果复核分析；

③ 各主要站调查洪水重现期确定。

（3）设计站洪峰统计计算

（4）洪水系列代表性分析

① 系列组成情况对比分析；

② 年最大流量系列分析；

③ 洪水统计参数稳定性分析。

（5）坝址设计洪水

① 设计站洪峰频率计算；

② 坝址设计洪水参数确定；

③ 坝址设计洪水成果合理性检查；
④ 设计参数比较；
⑤ 地区综合比较；
⑥ 稀遇频率设计值与相邻水库设计成果对比检查、协调；
（6）上游梯级水库调蓄影响
根据规划报告，本流域无其它水库。
（7）分期洪水计算
① 设计站历年各月最大流量统计与插补；
② 洪水年内分布规律分析及分期的研究；
③ 各分期洪水系列统计及频率计算；
④ 分期洪水成果合理性分析。
（8）水情测报系统初步规划
① 水情测报系统建设必要性初步论证；
② 水文自动测报基本系统的初步规划。

（七）河流泥沙

水库流域内无实测泥沙资料，根据《四川省水文手册》，对泥沙悬移质资料进行统计，缺测部分根据水沙关系插补延长。对泥沙特征值统计、泥沙来源、泥沙的年际、年内变化进行分析。提取水样进行泥沙悬移质颗粒级配分析与矿物成分分析，并进行泥沙推移质分析计算。

入库沙量目前暂按天然情况考虑，根据水库投产时序研究的进展，再适时调整。

（1）泥沙基本资料收集、整理、复核
① 了解各水文站泥沙测验及整编方法，并评价资料的可靠性；
② 收集依据水文站悬移质泥沙测验资料；
③ 统计计算各水文站的水沙特征值，并分析河流输沙特性。
（2）流域产沙分析
整理分析各水文站泥沙测验资料，从流域地质、地貌、植被、降水、暴雨分布，以及人类活动影响等方面，分析论述流域泥沙来源及其分布，分析来沙量历年变化趋势。
（3）悬移质
① 水文站泥沙资料相关性分析及插补延长；
② 坝址悬移质输沙量及含沙量计算；
③ 悬移质颗粒级配分析；
④ 水沙代表系列选择。
结合水沙资料情况及水库泥沙冲淤计算需要，分析选择入库水沙代表年，将代表系列根据水沙过程划分时段，计算时段平均流量、平均含沙量。
（4）推移质
坝址推移质输沙量，拟采用推移质输沙率公式计算。

（八）计算绘制水位流量关系曲线

丰家桥水库坝址附近无实测水位流量关系资料，水位流量关系曲线采用比降法推求，水力要素由实测大断面计算，应尽早在坝处建立专用水位站进行水位观测并施测枯水流量。在坝进行大断面测量及水面线测量，并进行历史洪水水位调查和测量。根据坝址处收集的水文资料与水位资料的相关情况，分析确定设计断面的水位流量关系。

本阶段主要按设计断面的水力要素推求。

（1）坝址水位流量关系曲线推求。

（2）坝址水位流量关系曲线合理性检查。

四、工程地质

（一）勘察工作任务

可行性研究阶段地质勘察在项目建议书选定的方案的基础上进行，其勘察目的主要是为选定坝址、推荐基本坝型、枢纽布置和引水线路方案进行地质论证。其主要任务是：

（1）调查区域地质构造和地震活动情况，为工程区的区域构造稳定性做出评价。

（2）进行库区地质调查，论证水库的建库条件，并对影响方案选择的库区主要工程地质问题和环境地质问题做出初步评价。

（3）初步查明坝址区和其它建筑物区的工程地质条件，对有关的主要工程地质问题做出初步评价。

（4）对初选的移民迁建新址进行地质调查，初步评价新址区的整体稳定性和适宜性。

（5）进行天然建筑材料初查，重点对筑坝材料进行详查。

（二）区域地质勘察

（1）勘察内容

① 了解工程区区域构造背景，确定所属大地构造单元及地震动参数，分析其构造形迹特征及对工程的影响；

② 调查工程区分布的主要断层，查明其性状、规律，分析断层的活动性；

③ 收集区域历史地震活动资料，进行地震安全性评价。

工程区地震烈度较高，根据规定，大中型水库、水电站及位于城市市区或上游的Ⅰ级挡水建筑及堤防工程必须进行地震安全性评价。

④ 进行水库诱发地震的潜在危险性分析，预测水库诱发地震的可能性、部位和最大震级烈度。

（2）勘察方法与要求

① 搜集分析坝址周围 300km 范围（远场区）的 1:20 万区测地层岩性和表层及深部构造、地震活动资料，确定Ⅱ、Ⅲ组构造单元和地震区划分。

进行 1:20 万区域地质调查复核，编制工程部位的大地构造分区图、地震危险分区图、历史地震分布图、新构造分区图，地震烈度区划图、地震动峰值加速度图等图件。

② 调查工程区周围 40km 范围内（近场区）区域性断裂及其活动性。

③ 进行工程区周围 8km 范围内的 1:5 万专门性构造地质测绘，判断对建筑物、水库有影响的断层。编制 1:5 万地质构造纲要图。

④ 进行场地地震动参数测定，在初步了解覆盖层的钻孔内，对不同覆盖层进行剪切波测试。

⑤ 为了解工程区及外围断裂的活动情况，拟在断裂带上取样进行断层测年工作，初拟采用 ESR 法和 14C 法测年，计划取样 4 件，取样断层 2 条。

（三）水库区勘察

（1）勘察内容

① 调查库盆基岩的岩相岩性及不良地质体分布；

② 初步查明水库区的渗漏条件。重点分析库周单薄分水岭、低邻谷、强透水岩层、断层破碎带等产生渗漏的可能性，并对其严重程度作出初步评价；

③ 调查库岸稳定条件，调查滑坡、泥石流、崩塌等工程地质问题，初步评价水库区特别是近坝库区的不良地质体的稳定性；调查水库固体径流来源区情况，预测水库塌岸情况；

④ 调查可能产生浸没与塌陷区地质条件，预测水库浸没与塌陷区的范围；

⑤ 调查影响水库建设的其它环境地质问题，如水库浸没，水库诱发地震的可能性。

（2）勘察方法、工作量

① 资料收集

收集本区 1/5 万或 1/20 万水文地质图幅及文字说明；收集气象、地表水系及地表水文资料等。

② 地形图测量

法收集到 1:10000 地形图的情况下，需进行地形图测量。

③ 1:10000 地质测绘

进行 1:10000 地质测绘。

④ 坑槽探：揭露岩性分界线及覆盖层边界，初步了解覆盖层厚度与物质组成。

⑤ 物探：采用地震波或 EH4 测试手段调查近坝库岸堆积体或库区影响重大堆积体的厚度。

⑥ 试验：取岩样、土样及代表性水样进行常规试验。

通过以上工作，对水库库岸稳定、泥石流、水库浸没及水库渗漏等问题进行初步评价，提出可研阶段勘察工作的重点。

（四）坝址区勘察

（1）勘测内容

① 初步查明覆盖层厚度及物质结构与基岩埋藏深度及风化特征，初步评价以覆盖层或基岩作为坝基持力层可能存在的主要工程地质问题；

② 初步查明地层岩性及其分布，初查夹层的性状、厚度和分布情况；

③ 初步查明岩体风化带、卸荷带的分布规律和厚度，调查与建筑物有关的不良地质体等分布范围和规模，初步评价坝基、坝肩山体的稳定性；

④ 初步查明坝址覆盖层与基岩的渗透性及水文地质条件，分析判断可能产生渗漏的地段及其严重程度；

⑤ 初步查明主要断层，特别是缓倾角、顺河断层和主要裂隙带的分布、产状、组合、规模、性质及充填情况。

（2）勘测方法、工作量

坝址区 1:2000 地形图测量及地质绘测工作。考虑到施工布置等，地形图测制范围基本包括库首及坝址下游一定范围，并进行地质测绘工作。

初拟上、下 2 个坝址，每个比较坝址布置 1 条代表勘探线。

钻孔：初步查明河段覆盖层深度、物质组成及下伏基岩岩体风化深度、完整性、透水性。坝址共布置 3 个河心孔，钻孔深度按进入微新岩体控制，钻孔均需进行压水试验。

平硐：在可能推荐坝址两岸各布 1 个平硐，以查明坝址两岸覆盖层深度、岩性结构、强风化及卸荷岩体的分布情况。

物探：坝址分别于河床内沿坝轴线及顺河布置地震勘探剖面各 1 条，以查明河床覆盖层深度；平硐内进行地震波测试，综合判断岩体完整性、风化、卸荷深度；钻孔内进行单孔声波测试，综合探测岩体风化、波速值等。

试验：各坝址均需取样进行室内物理力学试验、岩石矿物鉴定及化学成分分析，其中室内试验按 2 种岩性考虑，各种岩性 6 组，共 24 组。水质分析 3 组。

（五）渠系线路勘察

通过规划报告地质资料分析，根据供灌水情况，渠系线路最短为研究对象。

（1）勘测内容

① 调查渠系线路沿线地形地貌和物理地质现象及其分布；

② 调查工程区地层岩性，重点调查松散、软弱、膨胀可溶及含放射性矿物与有害气体等工程地质性质不良岩层的分布；

③ 调查主要水文地质条件；

④ 调查渠系线路沿线崩塌、滑坡、泥石流、渗透水及易崩解、易熔岩土层的分布及其对稳定和渗漏的影响；

⑤ 进行岩石物理力学性质试验，初步评价主要工程地质问题，必要时提出线路调整的建议。

（2）勘测方法、工作量

方法以地质测绘为主，辅以适当的物探、坑槽探工作对线路宏观地质条件进行判断。取样进行岩石矿物鉴定及化学成分分析各 6 组，岩石室内试验 12 组。勘探期间需取代表性水样 4 组进行水质分析。

（六）天然建筑材料勘察

可研阶段工作内容主要是进行 1:10000 地质测绘，初选几个石料场及土料场，调查人工砂石骨料、天然砂砾料及围堰用土料的质量、储量及开采运输条件；并对料源取有代表性岩样进行岩块强度试验、碱活性试验及岩矿化学成分分析，编制料场分布图。

五、工程任务与规模

（一）主要设计内容

（1）工程特征水位的初步选择。

（2）初选灌区开发方式，确定灌区范围，选定灌溉方式。

（3）拟定设计水平年，选定设计保证率。

（4）确定供水范围，供水对象。

（5）选定供水工程总体规划。

（二）地区社会经济发展状况、工程开发任务

收集工程影响地区的社会经济现状和水利发展规划资料；收集水利工程资料，主要包括有：现有、在建和拟建的各类水利工程的地区分布、供灌能力以及待建工程的投资、年运行费等。确定本工程的主要水文及水能参数和成果；收集近年来社会经济情况，人口、土地、矿产、水资源等资料，工农业、交通运输业的现状及发展规划，主要国民经济指标，水资源和能源的开发和供应状况等资料。阐述经济发展和城镇供水及灌溉对丰家桥水库的要求，论述本工程的开发任务。

（三）洪水调节计算

（1）计算的目的

洪水调节计算的主要目的是提供泄洪建筑物的设计规模，选择洪水起调水位，并确定水库库容及相应洪水标准对应水位。

（2）基本资料

① 各建筑物设计和校核洪水标准采用水工专业提供的资料；

② 泄洪建筑物尺寸、高程及其泄流曲线采用水工专业提供的资料；

③ 各种频率的洪峰流量及设计洪水过程线；

④ 水工、金结对闸门开启的要求；

⑤ 其它资料

（3）计算的原则

①对各种频率的设计洪水过程线，经调洪后的最大下泄流量，不得大于本次洪水过程最大流量；

②对各种频率的洪水过程线的调洪计算，必须采用统一的调洪规则；

③各建筑物设计和校核洪水的调洪计算，不考虑洪水预报。

（4）计算方法

洪水调度主要是为了自身的度汛安全，因此调洪计算时可采用敞泄方式。

（四）正常蓄水位初选

根据水库供水利用要求、坝址以及库区地形地质情况、库区淹没损失、灌溉和供水过程线等因素进行正常蓄水位的初选，可考虑 3~4 个方案；

（1）分析计算丰家桥水库不同正常蓄水位对调节来水量的影响情况；

（2）计算不同正常蓄水位方案工程量及投资的变化，并进行技术经济比较；

（3）综合比较后初选择正常蓄水位。

六、工程选址、工程布置及建筑物

（一）设计标准及基本资料

（1）工程等级

根据水库工程规模论证，确定丰家桥水库正常蓄水位，其库容为 1087 万 m^3；确定工程设计灌溉面积。根据水利部 SL252-2000《水利工程等级划分及洪水标准》的规定，本工程等别为Ⅲ等中型工程。

主要建筑物级别：大坝、泄洪建筑物等为 3 级建筑物。

（2）洪水设计标准

根据中华人民共和国国家标准《防洪标准》GB50201-94 并结合工程特点，确定各主要建筑物的设计标准如下：

面板堆石坝方案：挡水、泄水建筑物按 100 年一遇洪水设计，1000 年一遇洪水校核；相应下游消能防冲建筑物按 30 年一遇洪水设计；

（3）地震设防烈度

由 1990 年的 1:400 万《中国地震烈度区划图》，本工程地震设防烈度为Ⅶ度，可不进行抗震分析。

（4）设计基本资料

1）各设计频率洪水成果、气象要素统计成果、天然情况坝址水位流量关系曲线及成果表、泥沙资料；

2）坝区地形图，地质平面图及地质剖面图；工程枢纽区地层组成及其力学参数建议值，地质构造等地质资料；

3）天然建筑材料分布、储量及性能；

4）水库特征水位、引用流量成果等；

5）水利工程设计现行有关规程、规范。

（二）指导思想和技术线路

指导思想：采用先进设计理论、三维设计等新技术及新工艺使设计成果达到先进水平。通过大量的方案比选和论证，科学选择工程场址、主要建筑物形式和工程布置方案，实现较优的经济效益和社会效益。

技术线路：在可供比选的坝址上，结合地形、地质条件，初拟坝型和总体布置方案，经不同坝型和不同总体布置多方案的技术经济比较后，初选坝址。在初选定的坝址，进一步论证不同坝型和总体布置，初步选定坝型提出满足可研深度的各主要建筑物形式和总体布置代表方案。

（三）主要任务

（1）主要任务

确定工程等别及主要建筑物级别、相应的洪水标准和地震设防烈度；初选坝址；初拟工程枢纽布置和主要建筑物的形式和主要尺寸，对复杂的技术问题进行重点研究，分项提出工程量。

（2）关键技术工作

1）面板堆石坝方案：研究坝址区地形地质条件、河床覆盖层深度对建均质坝的适应性；研究岸边溢洪道的泄洪消能与岸坡保护的适应性。

2）渠系建筑物：根据渠系线路沿线的地形、地质条件，结合已有水利工程布置等因素选定渠系建筑物线路，并研究倒虹吸管设计等。

（四）坝址选择

坝址比较将结合稳定、应力、变形及渗流等计算分析，参考类似工程经验，分别对初拟坝址初选枢纽布置的主要建筑物，进行结构布置设计，在基本可行的设计方案基础上，从地形、地质、工程布置、建材、施工条件、技术难度、工程量、工期与投资、工程效益和运行条件等方面，对两个坝址进行综合比较，选出本分阶段推荐的坝址。

（五）坝型选择

在可研设计阶段，根据对初选坝址地形、地质条件的适应性，拟定面板堆石坝、均质坝等坝型进行研究。拟定坝轴线和主要建筑物型式，进行总体建筑物布置、结构设计和基础处理设计，进行渗流稳定、应力和应变计算分析、泄洪消能水力学计算，从地形、地质、泄洪消能、抗震性能、施工条件、建材、坝体工程量、工期和投资等方面进行综合经济技术分析评价，选出适宜的坝型。

（六）工程总体布置方案研究

（1）工程总体布置的原则与思路

1）丰家桥水库是一座以农业灌溉和农村人畜饮水功能的中型水利工程。供水和灌溉范围是工程总体布置得关键。应重点研究供水管道和渠系建筑物布置。

2）泄洪消能建筑物对面板堆石坝方案的枢纽布置，泄洪消能建筑物主要应以泄洪隧洞泄洪。

（2）总体布置方案比选内容

根据工程开发任务和综合利用要求及地形地质条件，初步比较拟定总体布置及主要建筑物型式。主要比选内容：

① 工程总体布置方案比选；

② 挡水建筑物型式比选；

③ 泄水建筑物型式比选；

④ 输水线路及输水建筑物型式比选。

（3）总体布置方案的选择

可研阶段针对拟定的坝址、坝型，根据坝址区的地形、地质条件，结合水库正常蓄水位、供水灌溉范围和工程规模的选择进行总体布置方案研究，合理选择输水、泄水、施工导流设施等建筑物位置，并论证泄水建筑物型式及消能方式。综合分析比较各总体布置方案的输水条件、泄洪消能条件、施工导流条件、工期、交通条件、工程安全可靠性、投资及运行条件，提出坝址总体布置代表方案，并对代表方案进行技术、经济比较，选出本阶段推荐方案。

（七）主要建筑物设计

（1）拦河坝设计

1）结合水库特征水位选择、调洪演算、坝顶超高计算及泄洪建筑物规模的研究，确定合理的坝顶高程。

2）坝型选择根据坝址地形地质条件，结合泄洪及枢纽布置，进一步优选确定坝轴线位置。

3）根据各料场材料的性能，结合坝体防渗和应力应变要求，初步确定各料场材料在大坝内的分区应用。

4）根据坝体各种筑坝材料的性质和坝址区地质情况，参考相似工程经验，通过坝坡稳定分析、坝体应力应变分析和渗流分析，合理拟定断面尺寸、堆料分区、坝体及基础防渗结构连接、大坝与两岸岸坡及溢洪道的连接型式等。

5）基础处理设计

① 根据大坝形式和河床覆盖的特性及相关计算成果，参考类似工程经验，初步研究混凝土面板堆石坝开挖面及基础处理方案。

② 根据坝基及两岸岩体渗透特性，拟定坝基及两岸岩体防渗帷幕的厚度及范围；根据两岸岩体的情况确定其作为大坝基础的处理方式。

6）渗流分析

配合坝体及坝基防渗结构设计和坝坡稳定计算，进行渗流分析，获得各种结构型式和各种工况下浸润线、等势线分布图、渗流量、渗透比降等成果，初选坝体及坝基防渗设计方案。

7）坝坡稳定分析

根据坝体结构型式和渗流分析成果，结合地质、试验资料，对坝体填筑材料和地基覆盖层的物理力学指标进行研究分析后，提出合理的坝坡稳定计算参数。根据沿坝轴线地形地质情况选取 2 ~ 4 个坝体横剖面进行坝坡稳定分析计算。

8）应力和变形计算

结合大坝布置，堆石料分区，坝体结构型式比较，选取坝体最大横剖面和左、右岸的 2 个横剖面进行二维应力应变计算，配合堆石坝结构形式比较研究各方案坝体及坝基在施工期和运行期的应力及变形状态。对选定坝址及坝体结构形式，进行初步静、动力应力、应变计算分析，初步验证坝体结构在各工况下的可靠性。

（2）泄洪建筑物设计

1）泄洪建筑物方案拟定

根据选定坝址区的地形、地质条件、施工导流和枢纽建筑物的综合布置要求，分不同坝型方案进行多方案比较，初步优选枢纽泄洪建筑物设计方案。

进行多方案的调洪演算，进行限泄、起调水位变化等调洪敏感分析，初步确定泄洪建筑物规模和泄量分配。

2）泄水建筑物设计

① 根据坝址区的地形、地质条件，结合枢纽总布置、泄洪运行情况及中、后期施工导流的需要，初拟泄洪洞规模和布置形式。

② 结合水力学计算，初拟泄洪洞断面尺寸及进、出口结构形式、出口体形和消能型式；初拟泄洪洞衬砌型式、支护措施。

③ 初步分析泄洪洞进、出口边坡稳定性和处理措施。

3）下游河道及岸坡消能防冲保护设计

根据枢纽下游河道及两岸岸坡的地形、地质条件，结合枢纽泄洪方案的拟定和泄水建筑物消能防冲型式的选择，初步研究枢纽下游河道及两岸岸坡的防冲刷、防雾化影响的处理和保护措施，并估算其工程量。

4）水力模型试验

坝址区河道狭窄，坝身泄量较小，下游水垫较深，具有良好的消能条件，本阶段进行推荐坝址的枢纽水工模型试验主要目的是：研究总体布置方案，泄量及泄流量分配、流态。孔口布置方式，消能方式。

（3）提交的主要成果

1）推荐方案总体布置及主要建筑物布置图

2）坝址各方案总体布置及主要建筑物布置图

3）可行研究报告 —— 工程总体布置及建筑物篇

第二节　初步设计阶段勘测设计

一、综合说明

（一）概述

简述丰家桥水库地理位置、兴建缘由、可行性研究报告的主要结论及审查意见、勘测设计工作过程以及与有关部门和地方政府达成的协议。

（二）工程任务和建设必要性

简述丰家桥水库所在地区的经济发展及河流开发概况、本工程在流域治理开发中的地位和作用，说明受水地区水利系统现状和发展状况以及本水库在系统中的作用；简述工程建设必要性。

（三）水文、泥沙

简述丰家桥水库所在地区的自然概况，包括地理位置、流域水系、地形等情况，气象、水文、泥沙、水质及地下水的资料情况，说明各项主要特征值及分析成果。

（四）工程地质

简述区域地质及构造稳定性评价意见，水库区主要工程地质条件及评价意见，坝区地质概况、各比较坝址和坝线主要工程地质问题及比较意见，选定坝址及枢纽布置方案的工程地质条件及评价意见，岩土物理力学性质和参数，天然建筑材料勘察的主要成果及评价意见。

（五）工程规模

简述工程规模、水利动能和泥沙计算成果、各项特征值的确定、调度运用原则和运行方式、综合利用效益以及各项技术经济指标。

（六）工程布置及主要建筑物

简述枢纽工程的规模、等级、标准；简述工程各场址、坝址、厂址的综合比较因素和综合比较结论；简述选定场址、坝址、厂址的位置、轴线和总体布置方案的比较及结论；简述选定主要建筑物的布置、形式和主要尺寸、运行和泄洪方式及基础处理措施等。

（七）机电及金属结构

简述主要设备的选型和布置、金属结构选型和布置、采暖及通风的主要设备和布置等。

（八）消防设计

简述工程消防设计方案和主要设施。

（九）施工组织设计

简述施工条件、对外交通、施工导流方案、料源选择与料场开采规划、主体工程施工方法、场内交通运输、主要施工工厂设施、施工总布置及施工用地规划、施工进度安排及施工资源供应等。

（十）建设征地和移民安置

简述建设征地所涉及地区的社会经济情况、资源状况和发展规划。简述水库淹没影响处理标准、建设征地范围及实物指标、移民安置规划设计方案、城镇迁建规划方案、专项设施复建规划设计方案。简述库底清理技术要求和措施。简述建设征地和移民安置补偿费用概算。

（十一）环境保护设计和水土保持设计

简述环境影响报告书、水土保持方案报告书的主要结论和主管部门的审批意见。

简述环境保护和水土保持设计的主要依据和针对不利影响采取的主要措施。简述环境保护措施和水土保持措施工程投资概算。

二、工程任务和建设必要性

（一）规划概述

概述本工程所在区水资源规划成果及审查主要结论及开发利用现状，概述本工程可行性研究阶段成果及审查主要结论。

（二）开发任务

（1）根据流域综合利用规划和河段水利规划，结合本工程的实际情况，在可行性研究和调查研究的基础上，提出相关地区防洪、供水、灌溉、发电、旅游和环境保护等现状、相关灾害情况，分析研究各项综合利用对本工程的要求。

（2）协调各部门的要求，分析工程在各方面可能达到的目标。提出工程开发任务及主次顺序。

（3）说明工程所具有的作用和效益。

（三）供水和灌溉范围

（1）概述水利发展规划中有关本工程供灌水范围的相关内容，本水库地理位置、工程规模等，提出可能的供水和灌区范围。

（2）分析确定本工程供水和灌溉的设计水平年及设计保证率等基本依据。

（3）概述本工程所在地区及可能供水和灌溉范围的社会经济情况，该地区在全国国民经济发展中的地位、优势，土地、矿产、水资源、能源等资源情况，工农业、交通运输业的现状，水资源和能源的开发和供应状况。

（4）分析可能供水和灌溉范围的水利现状和发展情况，根据国家长远规划及地区经济发展规划，分析地区供水和灌溉发展趋势，供水和灌溉区蓄水预测。

（5）概述可能供水和灌溉范围的水利现状及存在问题，水资源构成特点及开发程度、开发条件，分析需求特性。

（6）结合丰家桥水库的规模和地区水利特性，分析其在各可能供水和灌溉范围中可以发挥的作用。论证提出供水和灌溉范围。

（四）工程建设必要性

（1）分析论证供水和灌溉范围内的地区水利现状、供受水区水资源平衡状况。说明其它综合利用对本工程的需求。

（2）概述地区水资源情况，结合水利发展规划，从水资源合理利用的角度论证水库建设的必要性。概述水资源综合规划，说明本工程的综合利用效益，说明工程在所在河段、区域综合规划或专业规划中的地位和作用。

（3）说明建设征地、移民、环境保护等方面对本工程建设的影响。

（4）概述本工程的建设条件和经济指标，分析本工程建设的技术经济合理性。

（5）分析本工程的建设对地区经济社会发展的促进作用。

（6）综合分析本工程的社会、环境、经济效益，论证本工程的建设必要性。

三、水文

（一）流域概况

简述流域自然地理概况、流域和河流特性，说明工程上、下游水利和水土保持措施等人类活动影响。

（二）气象

简述流域内及邻近地区气象台站分布与观测资料情况。

根据可行性研究报告编制以后新增加的气象资料，复核流域及工程附近主要气象要素特征值。主要根据新都桥气象站资料对各种地面气象要素，如降水、蒸发、气温、水温、相对湿度、风向风速等进行补充统计。

（三）水文基本资料

（1）简述流域内水文站分布及主要测站的测验情况。

（2）水文资料整编及资料复核情况。

① 说明可行性研究报告编制以后，新增加资料的整编和复核情况；在可研基础上进一步补充收集流域内的水文站、雨量站及气象站的基本资料。

② 水文资料复核

收集的基本资料进行水位、流量的复核。对水文站资料的一致性、可靠性、代表性进行复查；提出复核意见及结论。

（四）径流

主要根据设计依据站的实测资料，并考虑流域的降水特性，采用按设计依据站面积线性内插或面积放大的方法，来推求丰家桥水库坝址的径流系列。根据水文资料延长径流系列，并进行代表性和合理性分析，并对推求的坝址径流系列进行频率计算。

（五）洪水

（1）简述暴雨洪水特性

（2）复核历史洪水，对丰家桥水库坝址河段进行历史洪水的调查，收集有关文献资料进行考证，估算历史洪水重现期。

（3）设计洪水

补充对设计依据站实测洪水过程的峰型、持续时间、年最大洪峰出现时间等进行统计分析。

对丰家桥水库坝址河段进行历史洪水的调查，收集有关文献资料进行考证，估算历史洪水重现期。

根据已有及延长的洪水系列，考虑历史洪水进行洪峰频率计算，按面积比或采用上下游测站的设计值按指数内插推求得坝址的设计洪水成果，同时对面积比指数进行分析，与可行性阶段成果进行比较。并对洪水系列的代表性及成果的合理性进行分析。选择典型洪水过程线，按峰、量同频率控制放大，推求得设计洪水过程线。

根据设计依据站的洪水特性，结合拟定的施工时段，采用定期选样、跨期使用，统计计算各施工时段的设计值，按面积比或上下游测站设计值按指数内插复核坝址施工设计洪水。

根据本流域暴雨洪水特性、洪水年内分布规律并结合施工要求，进一步分析洪水分期的合理性，并对分期设计洪水成果进行复核。

（六）泥沙

复核泥沙特征值，进一步分析泥沙来源、泥沙的年际、年内变化情况。进一步复核泥沙推移质分析计算成果。

通过流域输沙模数、产生特性等综合分析各种方法计算成果的合理性，提供推荐成果。

说明增加资料后的悬移质、推移质和输沙量计算成果，复核泥沙特征值及颗粒级配。

根据设计需要，提出坝址悬移质泥沙矿物成分分析成果。

（七）设计断面水位流量关系

根据可行性研究后补充的实测资料对设计断面的水位流量关系曲线进行复核检验，并提出成果。

（八）水文泥沙测验站网及水情自动测报系统

为保证本工程施工、运行的安全及优化调度，建设水情自动测报系统是必要的。初步设计阶段应结合流域建设情况，进一步论证站网布设的范围。对水情自动测报系统进行深入研究，复核概算投资。

四、工程地质

（一）概述

概述本工程概况、勘察过程及可行性研究阶段勘察的主要工程地质问题及结论；简述与工程地质有关的可行性研究报告审查意见；说明本阶段工作的技术路线、工作内容和工作量。在丰家桥水库可研阶段的基础上开展初步设计阶段的地质勘察，查明水库区、坝址区、输水线路区的工程地质和水文地质条件，为选定坝址坝型、坝线和工程总体布置提供地质依据，并对选定坝址的各建筑物的工程地质条件、主要工程地质问题论证和评价，提供建筑物设计所需地质资料和相关物理力学参数。进行天然建筑材料详查和试验测试工作。

（1）查明水库区水文地质、工程地质条件，对水库渗漏、库岸稳定、浸没和固体径流等问题进行评价，预测蓄水后可能引起的环境地质问题。

（2）查明坝址区、引水线路和其它建筑物的工程地质条件并进行评价，为选定坝线、坝型和其它建筑物的位置和地基处理方案提供地质资料和建议。其它建筑物区的工程地质条件，对有关的主要工程地质问题做出初步评价。

（3）查明导流工程的工程地质条件。

（4）查明放水干渠渠线的工程地质条件，为渠系建筑物的地基处理方案提供地质资料和建议。

（5）对库区移民迁建新址进行勘察，进一步评价新址区的整体稳定性和适宜性。

（6）进行天然建筑材料详查。

（二）区域构造稳定性

（1）区域地质

说明工程所在区域的地质概况。

（2）区域构造稳定性

进一步查明区域地质条件，论述可行性研究阶段的研究成果及其结论。对于本阶段在区域构造稳定性、地震活动性方面有新增资料的，评价坝址区构造稳定性，应对区域构造稳定性作进一步的论述和复核。

（三）水库区勘察

根据目前了解的地质情况，初步估量可研阶段需开展的工作有以下三个方面：

（1）渗漏地段勘察

根据目前了解的资料分析，水库向邻谷渗漏可能性不大，可能存在绕坝渗漏问题，本阶段主要在前阶段基础上进行两岸帷幕端头确定，此项工作以地质测绘、地质结构分析为主，结合坝区两岸钻孔进行。

（2）不良地质体勘察

通过对库岸边坡的岩性与结构、主要地质结构、岩体风化、卸荷与岩土体特性，已变形边坡的类型、性质、规模，边坡地下水的赋存特点和水流活动情况调查，对库岸边坡进行工程地质分类，并对其稳定性和可能变形破坏或塌岸作出评价和预测，提出治理措施和建议。

勘察对象为近坝库岸边坡和居民较集中区，方法以地表调查、坑槽探为主。具体为：

① 地形测量：在可研阶段工作基础上，针对人口密集区及大型松散堆积分布区，本水库初步考虑1个点进行1:2000地形图测量。

② 地质测绘：上述勘察点地质测绘工作。

③ 钻孔：查明堆积体规模、物质组成情况、滑动面位置以及滑动面物质成分。在每个勘察点布置1～2条控制性断面，每断面布置2～3个钻孔，钻孔进入基岩一定深度。

④ 竖井：用于调查堆积体的厚度与物质组成、取样。

（3）其余地质问题勘察

包括水库浸没、固体径流、诱发地震等不布置实物勘探量，侧重收集资料和平面地质校测与分析工作。

（四）坝址区勘察

（1）勘测内容

根据可阶段选定坝址，进行坝型比选，主要内容如下：

① 查明河床及两岸覆盖层的物质成分、分布厚度、空间展布特征、渗透特性与承载特性。

② 查明岩体的风化分带和卸荷带厚度及其性状。

③ 查明岩体的分布特性、完整程度及其物理力学性质。对刚性坝基，应查明软弱岩层、软弱夹层，特别是缓倾角软弱层带、缓倾角节理裂隙及其他不利结构面的分布位置、性质、产状、宽度、延伸长度、充填物性状和组合关系等。

④ 查明断层破碎带、裂隙密集带的分布位置、性状、产状、宽度、充填物性状和透水性等，对刚性坝基，注意其对坝基坝肩稳定的影响。

⑤ 查明岩体的透水性分带、地下水位埋藏深度。

⑥ 查明边坡的稳定状况，注意坝肩的稳定性、泄流冲刷及开挖对坝基与边坡稳定的影响。

⑦ 查明导流工程地质条件并进行评价。

通过以上勘察，应对坝基岩土体承载力、抗滑稳定条件、渗透性和变形稳定性等作出评价，为最终确定坝线、坝型、建基面高程、防渗帷幕线和不良地质问题处理方案提出地质建议。

（2）勘测方法、工作量

对选定的坝址进行 1:500 的地形测量和相应地质测绘工作；根据设计拟定的可研阶段枢纽布置方案，在可研阶段勘探基础上，结合枢纽布置，调整和补充坝址区钻孔、平硐。

（五）输水线路勘察

（1）勘测内容

在可研阶段工作基础上，查明输水线路沿线的地形地貌、物理地质现象、地层岩性，地质构造及水文地质条件，查明有害气体或放射性元素的赋存情况。

（2）勘测方法、工作量

方法是通过钻探及地质测绘、物探等勘察资料的分析，对相应的工程地质问题进行评价。

（六）天然建筑材料勘察

本项工作主要进行 1:10000 地质测绘，初选几个石料场及土料场，调查人工砂石骨料、天然砂砾料及围堰用土料的质量、储量及开采运输条件；并对料源取有代表性岩样进行岩块强度试验、碱活性试验及岩矿化学成分分析，编制料场分布图。初步设计阶段主要工作是在可研阶段选定料场基础上，选定 2 个石料场、1 个土料场进行比较，达到详查精度，并进行相应的岩体力学试验，编制相关平面、剖面图。施工期主要是收集相关地质资料，对料场质量进行复核。

五、工程任务和规模

补充收集社会经济情况，人口、土地、矿产、水资源等资料，工农业、交通运输业的现状及发展规划，主要国民经济指标和在全国国民经济发展中的地位、优势和方向，水资源和能源的开发和供应状况等资料。进一步阐述充气功能是经济发展对丰家桥水库的要求，进一步论述本工程的开发任务。

概述的供水和灌溉需水要求、水利工程等方面的现状和发展规划，进一步论述本水库的供水和灌溉范围。

（一）水利动能计算

（1）径流调节

分析确定本工程设计保证率；选择设计代表年，概述径流参数；说明各部门用水需求总量、过程及其用水保证率，说明库容曲线、下游水位流量关系等。

分析本水库径流调节计算工作的特点及相应方法，分析径流调节计算时段，说明本水库径流补偿调节方式、兴利与防洪共用库容的合理应用、汛后回蓄方案等。

1）采用的基本资料

① 径流资料采用长系列月平均流量；

② 水位、面积和库容曲线采用可研阶段的成果；

③ 坝址水位流量关系曲线；

④ 其它资料。

2）计算方案

考虑丰家桥水库单独运行。

3）计算的方法

应进一步复核丰家桥水库的径流调节计算成果。采用供定需的方法。

4）计算成果

设计保证率：根据规范，电力系统中水电容量比重的不同，结合水利工程的现状以及发展规划，复核力丰家桥水库的供水和灌溉设计保证率。

（2）洪水调节计算

简述大坝等建筑物的防洪标准，概述洪水特性。

提出泄洪建筑物规模选择的原则，对泄洪建筑物规模进行经济比较。提出洪水调度规则及相应泄流能力要求，确定各种泄洪设施的泄洪方式，提出各种洪水标准时水库最高洪水位及相应最大下泄流量。

1）计算目的

初步设计阶段洪水调节计算的目的，主要是选择泄洪建筑物的规模，选择洪水起调水位，并确定各种标准的水库的防洪库容及相应洪水标准对应水位。因此在初步设计阶段将配合水工专业进行泄洪建筑物的经济比选，确定经济合理的泄洪建筑物，并进行调洪计算确定相应标准的特征水位。

2）基本资料

① 各建筑物设计和校核洪水标准采用水工专业提供的资料；

② 泄洪建筑物尺寸、高程及其泄流曲线采用水工专业提供的资料；

③ 各种频率的洪峰流量及设计洪水过程线；

④ 水工、金结对闸门开启的要求；

⑤ 其它资料。

3）基本原则

对各种频率的设计洪水过程线，经调洪后的最大下泄流量，不得大于本次洪水过程最大流量。

对各频率的洪水过程线的调洪计算，必须采用统一的调洪规则；各建筑物设计和校核洪水的调洪计算，不考虑洪水预报。

4）计算方法

静库容曲线进行调洪计算。

（二）正常蓄水位

（1）说明项目建议书阶段、可行性研究阶段正常蓄水位初选成果及其审查意见等。

（2）分析本工程正常蓄水位选择的主要影响因素，如综合利用对水库水位、水量和运行等方面的要求，具有制约性的重要环境影响因素，重要淹没影响对象的位置、控制高程和影响程度，调节库容需求，筑坝技术等。分析确定正常蓄水位方案比选范围，拟定正常蓄水位比选方案。

（3）分析拟定各比选方案其它特征参数。提出各方案的能量指标和综合效益、工程量和工程投资。

（4）分析各比选方案在工程建设技术条件、水库淹没实物指标及移民安置难度、环境影响、动能指标、工程经济性等有关方面的差异。通过综合技术经济比较，选定正常蓄水位。

根据水库综合利用要求、坝址以及库区地形地质情况、库区淹没损失等因素进行正常蓄水位的选择。在可研阶段的基础上，进一步拟定正常蓄水位方案，可考虑3～4个方案。分析计算不同正常蓄水位方案的能量指标变化情况。

① 分析计算水库不同正常蓄水位对能量指标的影响情况；

② 计算不同正常蓄水位方案工程量及投资的变化，并按年费用最小法进行技术经济比较；

③ 综合比较后选择正常蓄水位。

（三）汛期防洪限制水位和汛期运行水位

（1）分析说明工程因为为了减少水库淹没损失、工程布置等要求，水库汛期限制水位运行的必要性。

（2）拟定汛期运行水位方案及相应的洪水、泥沙等调度规则，提出相应的水利计算成果及工程投资。

（3）综合技术经济比较，确定汛期运行水位方案。

减少水库淹没。说明可能涉及的重要淹没对象的位置、控制高程；说明各汛期运行水位方案对重要淹没对象的影响程度，提出水库淹没处理方案及其费用。

（四）死水位选择

死水位的选择，可拟 3 ~ 4 个方案。根据水库库容特性、综合利用要求以及效益、水库淤沙高程对死水位的要求。综合比较后确定死水位。

（五）灌溉

根据灌区水土资源平衡条件，结合水源开发方式具体划定灌区范围，在灌区范围内根据土地利用规划成果具体确定灌溉面积。根据灌区水土资源条件、产业结构、作物组成及经济效益分析确定灌溉设计保证率。根据灌区范围、开发方式、水利土壤改良分区以及灌溉制度对灌区的水源工程、灌排渠系等总体布置进行方案比较，选定本工程总体布置方案。

（六）供水

按照城市规划以及城建部门的意见分析确定不同水平年的工业用水、城镇用水、生活用水的定额、保证率以及水量。考虑水量、水质的保证程度、管理条件、工程费用及运行费用进行输水工程方案比选，选定输水工程。

（七）水库运行方式

根据水库调节性能，结合供水和灌溉需水的要求综合拟定水库运行方式。

六、工程布置及建筑物

（一）设计依据及基本资料

（1）工程等别和设计安全标准

① 复核确定工程等别、建筑物级别及洪水设计标准、抗震设计标准。

② 列出各主要建筑物及主要结构设计采用的设计安全标准及其依据等。

（2）设计依据

① 引述可行性研究报告主要结论及其审查意见。

② 列出采用的主要规程规范、技术标准及文件。

（3）基本资料

① 列出依据的水文、气象、泥沙、水库特性、工程特征水位及动能指标等参数。

② 列出依据的建筑物地基特性及物理力学参数设计采用值、建筑材料特性等参数。

③ 列出依据的主要机电设备、金属结构设备的型式及有关的设计参数。

④ 说明防洪、水土保持和环境保护等综合利用有关的要求和提供的条件。

（二）坝址比选

根据可行性研究阶段的审查意见和本阶段地质勘探工作成果，在此基础上，从水资源利用、地形地质、总体布置、施工导流、施工条件、建筑材料、工程量、施工工期、环境影响、移民安置、工程投资、工程效益和运行条件等方面，进行各坝址方案的技术经济综合比较论证，选定坝址。

（三）坝型、坝轴线和枢纽布置比选

（1）坝型、坝轴线比选

对选定坝址，开展坝型、坝轴线的研究，根据地形地质、枢纽布置、坝型适应性、泄洪消能、防冲护岸、工程量、施工导流、施工条件、施工工期、建筑材料、工程投资和运行条件等因素，经技术经济综合比较论证，选定坝型、坝轴线。

（2）工程总体布置比选

对选定的坝型、坝轴线，就各种可行的工程总体布置方案，从水资源利用、地形地质条件、建筑物布置、水力学条件、工程量、施工导流、施工条件、施工工期、施工占地、工程投资和运行条件等方面，结合必要的试验研究成果，综合比较论证后选定总体布置方案。

（四）挡水建筑物

（1）结构布置和材料设计要求

① 说明挡水建筑物的布置，选定挡水建筑物的结构型式、顶部高程、断面尺寸、与岸坡或其它建筑物的连接方式，坝顶布置、重力坝分段分区、坝内廊道、土石坝分区及防渗、反滤、护坡、排水结构的形式和主要尺寸等。

② 提出各建筑物工程量和材料质量要求，坝体分区混凝土强度等级、抗掺和抗冻等指标、混凝土容重其它施工技术要求等。

（2）基础处理

根据建筑物地基（包括边坡）的地质条件和稳定、渗透、强度、变形等特性，提出坝基和坝肩的开挖深度及防渗、排水、加固等处理措施。

（3）设计计算和试验研究

说明挡水建筑物（包括地基、岸坡和坝肩）的稳定、应力、变形、渗流及渗透稳定等的计算和试验研究条件、荷载及其组合、计算方法和计算成果。

（五）泄水消能建筑物

（1）方案比选

说明泄水消能建筑物设计的基本原则和基本要求，各比较方案的地形、地质、泥沙、工程布置、单宽流量、水流流速、流态、消能防冲、工程量、施工、投资和运行等条件，以及排漂、排冰、排沙等要求，经综合分析比较，选定泄水消能建筑物的形式和布置方案。

（2）建筑物布置

① 对选定的泄水消能建筑物布置方案，根据地形、地质、泥沙、工程布置、单宽流量、水流流速、流态、消能防冲、施工、投资和运行等条件，确定引水渠、取水口、堰顶高程、过流断面、消能方式、上下游防护等工程结构型式和主要尺寸。

② 提出防空蚀、防冲刷、防冻等工程措施。

（3）基础处理

根据泄水消能建筑物地基（或围岩）的地质条件，提出开挖、衬护、防渗、排水

和加固等基础处理及围岩支护措施。

（4）设计计算和试验研究

① 说明泄水消能建筑物泄流能力、水流流态、水面线、消能、上下游水力衔接、泄水排沙、下游冲淤及其影响等水力条件，说明计算条件、方法和成果。说明水力学模型试验条件及其试验研究成果，并与计算成果比较，研究确定泄水组合和运行方式。

② 说明泄水消能建筑物稳定、应力、变形等计算条件、荷载及其组合、计算方法和计算成果。

（六）安全监测

（1）说明枢纽工程安全监测设计的原则、目的和基本要求。

（2）根据枢纽总体布置及各建筑物类型、功能的设计计算成果，研究确定安全监测的范围、监测部位、监测项目和监测设施的布置，确定主要监测设备及数据采集仪器的种类、规格、数量、自动化监测规划。

（七）生产生活区布置与环境美化处理

（1）生产生活区布置

① 选定生产区、办公区、生活区及房屋建筑位置，拟定各建筑物区的布置和内外交通、各建筑物的分类用途、各种房屋的建筑标准和结构型式；

② 选择生活水源、卫生设施、排水地点、污水处理方式及通信照明方式；

③ 提出选定方案的房屋建筑物的总平面布置和工程量。

（2）环境美化规划

提出环境绿化规划及主体工程建筑艺术处理的规划方案。

七、机电及金属结构

（1）泄水建筑物的闸门及启闭设备

① 选定闸门的结构型式、数量、孔口尺寸、设计水头等主要参数；

② 确定闸门、启闭机的布置方案；

③ 说明闸门操作运行方式、充水平压方式、通气措施；制造、运输、安装、检修及存放条件，提出防止冰冻、淤堵、空蚀、磨损、振动等措施；

④ 选定启闭机型式、容量、扬程、数量等主要参数，说明操作运行条件，提出启闭机的动力保证措施和安全保护措施。选定启闭机检修场所的布置方案及其主要设备的配置。

（2）输水建筑物的闸阀及启闭设备

① 选定闸阀结构型式、数量、孔口尺寸、设计水头等主要参数；

② 确定闸阀的布置方案；

③ 说明闸阀操作运行方式、充水平压方式、通气措施；制造、运输、安装、检修及存放条件，提出防止冰冻、淤堵、磨损、振动等的措施。

（3）其它水利建筑物的金属结构设备

① 选定其它水利建筑物金属结构设备的布置方案、型式、容量、数量、主要尺寸及参数；

② 说明操作运行方式、制造、运输、安装检修等条件。

（6）对于技术复杂或采用新门（机）型、新技术的金属结构设备，其关键技术和设备应提供试验成果及分析论证结论，根据需要，提出专题论证报告。

（7）提出金属结构设备的防腐蚀方案。

八、消防设计

（一）工程概况和消防总体设计方案

（1）工程概况

简述工程概况、环境温度、湿度、风速、风向等气象条件；简述工程布置和建筑物分区。

（2）消防总体设计方案

分析工程火灾危险部位及危险程度，提出消防设计依据和设计原则。阐述工程消防系统的功能、公用消防设施、消防水源、电源、消防车道、安全出口和建筑物消防设施配置等总体设计方案。

（二）工程消防设计

（1）生产厂房火灾危险性分类及耐火等级

确定各主要生产场所火灾危险性分类及耐火等级。

（2）主要场所和主要机电设备的消防设计

① 分项提出各主要生产场所、主要机电设备的消防设计及主要消防设施配置；

② 对有特殊要求的生产场所，提出送风、换气量、防烟、排烟等设计要求。

（3）消防给水设计

选定消防水源、供水设施、消防给水量和水压力、主要设备及其布置。

（4）消防电气

① 选定消防用电源；

② 确定各主要生产场所火灾事故照明、疏散标志的配置；

③ 明确火灾监测自动控制和报警系统的配置方案及主要设备。

九、施工组织设计

（一）施工条件

（1）工程条件

① 概述工程地理位置、工程任务和规模；

② 概述选定方案工程布置及建筑物组成、型式、主要尺寸和工程量；

③ 概述对外交通运输条件，上、下游可资利用的场地面积和利用条件；

④ 说明施工期间通航、下游供水、防洪、环境保护、水土保持、劳动安全及其他特殊要求；

⑤ 说明主要天然建筑材料及工程施工所需主要外来材料的来源和供应条件，当地水源、电源的情况，当地可能提供修配、加工的能力，劳动力及生活物资供应的情况。

（2）自然条件

① 概述一般洪、枯水季节的时段及洪水特征，各种频率的流量和洪量，水位与流量（库容）关系，冬季冰凌情况及开河特性，施工区支沟各频率洪水、泥石流，以及上下游水利工程对本工程施工的影响；

② 概述地形、地质条件以及气温、水温、地温、降水、湿度、蒸发、冰冻、风向风速、日照和雾的特性。

（3）施工特点

① 说明项目法人对工程施工筹建及准备、工期等的要求；

② 说明工程主要施工特点及重大施工技术问题。

（二）施工导流

（1）导流方式

选定导流方式，提出导流时段的划分，说明导流分期及防洪度汛等安排。

施工导流方式是施工导流设计的重要内容，应全面比较拟定。

施工导流方式选择原则：

① 适应河流水文特性和地形、地质条件。

② 工程施工期短、发挥工程效益快。

③ 工程施工安全、灵活、方便。

④ 结合利用永久建筑物，减少导流工程量和投资。

⑤ 河道截流、坝体度汛、封堵、蓄水和供水等前、后期导流在施工期各个环节能合理衔接。

在初步设计阶段，应结合审查意见和坝型深入研究导流方式的可能性及根据新拟定的频率，结合风险决策，考虑采用其他围堰结构类型，调整枯水导流时段，并妥善作好后期导流、度汛及导流隧洞封堵措施的分析论证和设计工作。

（2）导流标准

确定导流建筑物级别，选定各期施工导流的洪水标准和流量；选定坝体拦洪度汛的洪水标准和流量。

根据规范要求结合工程实际情况以及预可行性研究阶段的审查意见，施工部分的洪水设计标准论证时应考虑上游梯级水库调蓄的影响。

（3）导流方案及导流程序

① 论述导流方案比选设计原则，说明各导流方案布置特点及导流程序，经技术经济综合比较选定导流方案；

② 提出选定方案的施工导流程序，以及各期导流建筑物布置及截流、防洪度汛、下闸蓄水等措施；

③ 提出水力计算的主要成果，并附选定方案导流水力学模型试验成果。

④ 导流时段：可行性研究阶段结合工程进度安排，水文资料和风险度分析，考虑调整枯水期导流时段。

（4）导流建筑物设计

对导流挡水、泄水建筑物形式和布置进行方案比较，提出选定方案的建筑物型式、结构布置、稳定分析及应力分析、工程量的主要成果；研究导流建筑物与永久工程结合的可能性，并提出结合方式及具体措施。

1）导流明渠设计

① 导流明渠的线路选择

a、应避开严重的滑坡、崩塌体及较大断层构造带等不利地质条件。

b、宜充分利用缓坡、台地、垭口以减少开挖工程量。

② 导流隧洞进出口位置、高程及底坡

导流明渠进出口位置，应距上、下游围堰堰脚适当距离，避免因进出口回流淘刷围堰坡脚。渠内水流应平稳顺畅，避免回流、涡流等对建筑物的危害，力求不冲不淤。

明渠进出口底板高程和渠道纵坡根据水利学计算确定，并考虑截流时水流的分流条件。

2）围堰设计

① 围堰型式选择原则

a、安全可靠，能满足稳定、抗滑、抗冲的要求。

b、结构简单，施工方便，易于拆除并能充分利用当地材料及开挖渣料。

c、堰基易于处理，堰体易于与岸坡或已有建筑物连接。

d、在预定的施工期内修筑到需要的断面及高程。

e、具有良好的技术经济指标。

f、土石围堰能充分利用当地材料，地基适应性强，造价低，施工方便，在满足运用要求的前提下，应优先选用。

② 研究重点

若采用过水围堰，应重点对下列问题进行分析、比较：

a、上游采用土石过水围堰的可行性分析；

b、上游采用碾压混凝土过水围堰经济断面分析并与土石过水围堰比较；

c、如可能，分析上游围堰与坝体结合的可能性；

d、下游着重研究土石过水围堰的结构形式及防渗、护面措施；

e、对推荐方案进行稳定分析（包括渗流稳定分析）和水力学计算，土石过水围堰稳定分析采用水规总院推荐的水利工程土石坝设计软件包计算。混凝土围堰或碾压混凝土围堰稳定分析应分别进行抗滑、抗倾以及深层滑动分析和堰体应力分析。

③ 围堰高程和断面型式

围堰高程应结合导流明渠布置和导流明渠断面尺寸确定，根据导流时段所对应的导流量综合分析经技术经济比较后确定。

（5）导流工程施工

① 论述挡水建筑物的施工程序、施工方法、施工进度及混凝土骨料、填筑料的料源；论述围堰拆除技术措施；

② 论述泄水建筑物的开挖、衬砌或锚喷等项目的施工程序、施工方法、施工布置、施工进度及所需主要机械设备。

（6）截流

截流设计方案必须安全稳定、可靠，以保证截流的成功。初步设计阶段可根据地形地貌采用单戗立堵截流方式，在此前提下：

选定截流时段

① 根据施工的总进度和截流抛投强度选择截流时段、标准和流量；

② 经方案比较，提出选定方案的施工布置、施工程序、施工方法、备料计划和所需主要机械设备。

③ 确定戗堤宽、高及轴线位置；

④ 研究龙口宽度及护底的范围和措施；

⑤ 计算截流工程量以及机械设备配备；

⑥ 截流抛投料的抗冲稳定及其种类、分区、规格和数量确定。

（7）基坑排水

提出基坑抽水量（包括初期排水、经常排水），选择排水方式和所需设备。同时在导流工程投资中，基坑排水费所占比重较大，应结合不同防渗措施进行综合分析，使总费用最小。因此需要确定：

① 初期排水量

初期排水量由围堰闭气后基坑的积水量、排水过程中围堰及基础渗水量、堰身及基坑覆盖层中的含水量，以及可能的降水量等四部分组成。其中可能的降水量可采用排水时段的多年平均降水量计算。

② 经常排水量

经常性排水应分别计算围堰和基础在设计水头的渗流量、覆盖层中的含水量、排水时降水量及施工弃水量，再据此确定最大排水强度。

③ 确定排水设备台数、型号及电源容量。

（8）下闸蓄水

选择封堵时段、下闸流量和封堵方案，论述导流泄水建筑物封堵设计（包括结构布置、工程量）；分析施工条件，提出封堵施工措施，拟定施工进度；

（9）度汛措施

研究确定汛期坝体度汛方式和保护措施，保证坝体安全度汛。

（三）料源选择与料场开采

（1）料源选择

分析说明混凝土骨料（天然和人工料）、石料、土料等各料场的分布、储量、质量、开采运输及加工条件、开采获得率和工程开挖料利用规划，结合混凝土和填筑料的设计和试验研究成果，考虑拦洪蓄水、冰冻和环境保护、占地补偿等影响以及施工方法、施工强度、施工进度等条件，通过技术经济比较选定料源。

① 石料场

初步设计阶段应对上阶段坝区料场规划进行重点研究，同时应勘测其他可能的石料场料源，最终选定本工程料源。

② 土料场

本阶段结合运输条件，分别在坝址选取一个碎石土料场作为坝区围堰使用。

（2）料场开采规划

说明料场开采规划原则，对选定料源的各料场提出综合平衡的开采规划，包括提出各料场的料物开采范围、开采程序、开采方法、运输、堆存、设备选择、废料处理、环境保护等设计，并分析论证开采强度。说明料场开采涉及的高边坡设计级别、稳定分析计算成果、支护处理措施及工程量。

根据本工程料场要求开采的毛料量，可研阶段推荐的料场可以满足设计要求，仅需在料场规划范围内开采。

初步设计阶段重点研究：

① 对料场公路的布置，石料的运输方式进行比较分析论证；

② 料场开采方式；

③ 料场边坡支护，环境保护措施；

④ 料场开采施工机械设备的选择；

⑤ 开采石料的堆存和防护。

（四）主体工程施工

（1）挡水建筑物施工

1）说明土石方开挖及边坡支护的施工程序、施工方法、施工机械配置、施工布置、施工进度及开挖强度，提出开挖有用料的施工方法、堆存地点和运输方案；对爆破有控制要求的开挖施工，提出爆破安全控制标准和防护措施；

2）说明基础处理及渗流控制工程（灌浆、排水、断层破碎带处理等）的施工通道布置、施工程序、施工方法、施工工艺、施工机械设备、施工布置及施工进度；

3）说明混凝土（包括碾压混凝土）各期的施工程序、施工方法、施工布置、施工进度及所需准备工作，确定混凝土拌和出料高程、运输方案、设备配置、浇筑强度，提出各期机械设备选择与技术要求、各种施工缝和结构缝的处理和灌浆、以及分期蓄水的要求和措施；

4）提出混凝土温度控制设计基本资料，坝体各部位和季节的温度控制标准、措施与要求、基础部位或与老混凝土结合的温度控制措施、灌浆期坝体降温、混凝土表面保护及防止裂缝措施；

5）说明土石坝的备料（包括土料加工处理方案）、上坝运输及道路布置、运输强度和设计标准、填筑碾压及拦洪蓄水的施工程序、施工方法、施工工艺、施工设备配置、施工布置、施工进度及拦洪度汛措施，必要时附填筑碾压试验结果；

6）说明土石坝各期的料物开采（包括土料加工处理）、运输、填筑的平衡和开挖弃渣利用以及施工强度和进度安排；

7）说明土石坝防渗体施工方法、施工工艺、施工机械配置、施工布置、施工进度及强度；

8）提出主要施工辅助设施布置方案及工程量。

9）重点研究内容：

① 坝基开挖

a、施工道路布置应与混凝土坝入仓公路结合考虑；

b、坝肩狭窄河谷高陡岩体开挖施工程序及开挖方法研究；

c、开挖设备的选择；

d、弃渣利用的研究；

e、开挖工期施工研究。

② 基础处理

a、研究坝基不良地段处理施工措施；

b、研究灌浆的施工布置及施工工艺；

c、研究坝基固结灌浆和垫层混凝土浇筑互相干扰的解决措施。

（2）输水工程施工

1）说明输水渠道工程的开挖，混凝土浇筑和基础处理的施工程序、施工方法施工进度和主要施工辅助设施工程量；开挖渣料运输方案及使用的弃渣场；对泄水建筑物应特别着重论述有关高速水流部位的专门要求和技术措施；

2）说明管道运输、安装和混凝土回填、固结与接触灌浆、钢管排水等的施工程序、施工方法、施工工艺、施工进度和主要施工辅助设施工程量。

3）重点研究内容：

① 施工支洞的布置，结合引水隧洞洞线的地形、地质条件，合理的布置施工支洞，尽量使施工支洞的长度最短，工程量最小，各个施工支洞控制主洞的长度合理；

② 引水隧洞工程施工方法及主要技术措施，并应用网络分析研究其总体施工程序；

③ 压力钢管，闸门等金属结构的安装方法；

④ 引水隧洞工程施工机械设备选择；

⑤ 引水隧洞工程施工新技术和新工艺的应用；

⑥ 通风及施工环境；

⑦ 施工排水措施；

⑧ 洞室开挖弃渣利用。

（3）金属结构安装

1）提出主要金属结构及埋件的施工程序、施工方法，安装进度、分期投入运行和度汛对安装施工的要求；

2）提出主要金属结构的存放、拼装（包括制作加工）、运输、吊装等措施，说明与土建工程协作配合的要求。

（5）安全监测工程

说明主要安全监测项目的安装方法、安装进度，以及与土建工程衔接和协调的要求。

（五）施工交通运输

（1）对外交通运输

① 调查核实原有对外水陆交通情况，包括线路状况、运输能力、近期拟建的交通设施、计划运营时间和水陆联运条件等资料；

② 提出本工程对外运输总量、逐年运输量、平均昼夜运输强度以及重大部件的运输要求；

③ 比较选定对外交通运输方案，必要时进行专题研究。提出选定方案主要工程（公路、铁路和水运）及其主要设施（转运站、桥涵、隧道、码头、渡口等）的设计标准、布置方案、主要工程量。

（2）场内交通运输

① 提出场内主要交通干线的运输量和运输强度；

② 选定场内交通主要线路的规划、布置和标准；

③ 提出场内主要交通干线与重要交通设施（大中桥梁、隧道等）的布置方案、工程量。

④ 重点研究内容：

a、研究坝址下游左右岸的公路和交通洞的布置；

b、深入研究各施工工作面及施工企业的联系；

c、公路边弃碴场挡碴墙设计与公路挡墙设计结合；

d、深入研究布置生活区公路网。

（六）施工工厂设施

（1）砂石加工系统

1）概述混凝土骨料、掺和料等品种、质量要求和需要量；

2）说明砂石加工系统的原料来源及其特性；

3）选定加工系统的总体布置、生产规模、工艺流程及主要设备；提出加工系统工艺布置设计、建筑面积、占地面积、工程量和建厂计划安排。

4）重点研究内容：

① 结合坝区石料场位置、弃渣利用情况及混凝土工厂位置，调整砂石加工厂规划，重点研究坝区设厂的可行性与经济性。

② 砂石加工厂规划

重点研究坝区左右岸砂石加工工厂的规划。

③ 工厂规模、工作制、毛料及成品料储运方案确定

确定坝区砂石加工厂生产总量和各车间生产能力。确定各种骨料的储运规模，平衡好各粒径石料级配。选定毛料、成品料储运方案。工作制为：筛分及中细碎二班制 14h，制砂三班制 20h，粗碎与料场开采同步。规模确定除考虑混凝土骨料外，还需考虑其它因素等。

④ 生产工艺、平面布置

合理选择石料破碎级数和破碎工艺，确定系统工艺为闭环还是开环，平衡好骨料级配和筛分车间负荷，选定制砂工艺。布置上尽可能利用地形，使各车间顺坡布置，以减少运行费用。

⑤ 废水回收处理设施

确定废水处理车间的规模、工艺及布置。

⑥ 主要机械设备选定

破碎机、筛分机、制砂机、洗泥机、洗砂机选定，运输及给料设备选择。

⑦ 确定工程量、风、水、电耗量以及建筑占地面积和人员等

（2）混凝土生产系统

1）概述工程混凝土总量、分期浇筑强度及不同品种混凝土需要量；

2）选定混凝土生产系统总体布置、生产规模及主要设备，提出工艺布置设计、建筑面积、占地面积和工程量，提出建厂计划安排和分期投产措施；

3）重点研究内容：

① 混凝土工厂规划

进一步研究、比较混凝土工厂规划，重点研究坝区左右岸设置混凝土工厂的经济性和合理性。

② 工厂规模、工作制度及运输方案确定

确定坝区混凝土工厂生产总量、设计生产能力、各种材料储存规模及厂址。工作制度为月工作 25 日，三班制 20h。混凝土运输以汽车为主，结合其它方法。

③ 生产工艺、平面布置确定

确定骨料、水泥、粉煤灰的来源，储运工艺与能力。布置上尽量利用自然高差，注意基础的稳定可靠。

④ 主要机械设备选定

确定拌和楼型号及水泥、粉煤灰罐型号。确定骨料、水泥、粉煤灰运输设备。

⑤ 风、水、电耗量、工程量、建筑面积及人员确定

（3）混凝土预冷（或预热）系统

1）概述工程预冷（或预热）混凝土总量、分期浇筑强度，不同品种预冷（热）混凝土的浇筑强度、需要量和出机口温度要求，以及大体积混凝土通水冷却的要求。

2）选定混凝土预冷（或预热）系统的生产规模、工艺流程、制冷（或供热）容量及主要设备；结合混凝土生产系统，提出工艺布置设计、建筑面积、占地面积和工程量；提出建厂计划安排和分期投产措施。

（4）压缩空气、供水、供电和通信系统

1）确定工程分区压缩空气高峰负荷，选定供气方式，提出压缩空气系统规划；确定压缩空气站的规模和布置；提出建筑面积、占地面积、工程量及主要设备、器材；

2）确定工程分区高峰用水量及提出供水系统规划；选定分区供水安排及水源；选定供水系统的生产规模、取水方式、水处理工艺、工艺布置及厂址；提出建筑面积、占地面积、工程量及主要设备、器材；

3）确定施工高峰用电负荷和分区用电负荷，提出供电系统规划；选定施工用电电源、电压等级及输变电方案；确定工地发电厂（包括备用电源）及变电站的规模和布置位置，提出建筑面积、占地面积、工程量及主要设备、器材；

4）选择对外通信方式；提出通信系统线路等规划及主要设备；

5）重点研究内容：

① 压缩空气系统

a、主要确定分区高峰负荷、压缩空气系统规划、空压站规模及站址。大坝枢纽施工区、料场采区为主要负荷高峰区。研究坝址左岸设一空压站，各料场分设一空压站、确定各空压站规模。

b、选定压缩机、确定主要材料用量、工程量、建筑占地面积和人员。

② 施工给水

进一步调查坝址附近水源情况，尽可能选择较好水源。

a、施工现场调查，进一步落实水源情况，选定水源。

b、施工给水规划、各取水站规模、站址确定

用水高峰负荷集中在坝区、料场采区，坝区采用集中供水。生活区用水尽可能选择较好水源。

c、水厂处理工艺，场内配水网络确定

确定水厂规模、水处理工艺，结合总布置确定各级抽水站、沉淀、净化、储水池和供水管线的布置和主要设备。

d、水泵选型

确定设备型号、主要材料用量、工程量、建筑占地面积和人员等。

③ 施工用电

a、确定施工电源、电压等级、输变电方案。

b、确定施工用电规模、变电站容量等。

计算各分区负荷，确定施工用电规模及变电站容量。确定自备电容量。

c、场内配电规划及布置

确定厂坝区变电站站址及容量、电压等级等。

d、变电设备选定

确定设备型号、主要材料、工程量、占地面积等。

④ 施工通讯

原则确定场内、场外通讯方式、规模。场内、外均以有线通讯为主，辅以无线通讯。

（5）综合加工及机械修配厂

① 说明工程施工期所需主要施工机械设备、运输设备、主要材料加工、金属结构制安等的种类及数量；

② 提出综合加工厂及机械修配厂（包括钢管加工厂、大型设备和金属结构拼装厂、木材加工厂、钢筋加工厂、混凝土构件预制厂、机械修配厂、汽车修配及车辆保养场等）的规模、建筑面积、占地面积、工程量等主要技术指标及主要设备。

（6）附表

列出施工工厂设施项目、生产规模、主要机械设备一览表。

（七）施工总布置

（1）说明施工总布置的规划原则；

（2）确定选定方案的分区布置，包括施工工厂、生活设施、交通运输等，提出施工总布置图和临时设施建筑分区布置一览表；

（3）说明工程土石方平衡及开挖料利用规划，以及堆（存、转）弃渣场规划，提出场地平整土石方工程量；

（4）确定主要施工场地（包括渣场）的防洪标准及排水系统规划，提出渣场防护的工程措施及主要工程量；

（5）说明施工用地分区规划和分期用地计划，提出用地范围图；研究施工用地再利用的可能性。针对工程实际情况，采取分散与集中相结合的原则，对厂、坝区和引水隧洞区可利用场地进行合理分区布置，以方便生活和施工。

（6）布置条件

丰家桥水库坝址位于横山场上游约300m处，该河段河床坡度较缓，呈不对称的“V”型，坝址左岸下游的坡地较平缓，可提供较为集中的场地布置施工辅助企业，并利用搬迁居民的房屋作为生活区；大坝右岸上游平台处可布置临时堆料场。

（7）布置原则

1）综合分析枢纽布置特点、施工条件、工程所在地区的社会自然条件，合理确定和统筹规划为施工服务的各项临时设施，处理好施工场地内外的关系，为保证施工质量，加快施工进度，提高经济效益创造条件；

2）主要施工工厂和临时设施的防洪标准按20年一遇的洪水标准设计；

3）主要临建设施均应避开滑坡、软弱夹层等不良地段，并考虑开挖爆破的影响；

4）尽可能少占耕地，注意保护环境；

5)研究场内公路沿线地质、地形条件，合理进行分析布置，减小场内交通的工程量。

（8）施工总布置的研究重点

1）弃渣利用及土石方平衡

设计采用混凝土刚性坝，这为充分利用开挖弃渣提供了条件，先期弃渣，尽量堆置于易取易放渣场，以便后期利用，后期弃渣则着重进行平衡调运工作，充分提高弃渣利用率。初步设计阶段研究的重点是怎样提高弃渣的利用率和弃碴场容量的论证。

2）场地的划分、组成及规模

应与料场、砂石、拌和系统等综合考虑。

3）临建工程与永久设施相结合的可能性

与建筑分院及其它有关部门探讨生活区提前建设并为施工服务的可能性。

4）对外交通的衔接方式及站场位置，主要交通干线及跨河设施，确定场内停车场地、仓储设施位置，场内干线公路及网络。

5）渣场和料场对环境的影响及治理

重点研究渣场的治理和利用。

6）施工废水、废气的处理

研究设置水处理厂的必要性和废气排放措施。

7）结合当前招标施工的形势，探讨生活区标准及计算方法的改进。

（9）料场选择与开采

根据枢纽布置及对骨料质量、数量、强度要求，结合总布置及碴料利用情况，在建筑材料勘查成果基础上对料场进行深入的调查、选择和开采规划工作。

1）料场选择

根据混凝土骨料质量和数量要求及弃渣利用情况，结合混凝土入仓工艺并选定料场。

2）料场规划

根据混凝土骨料质量和数量要求及弃渣利用情况，结合混凝土入仓工艺确定料场开采范围、高程和开采规模。

3）料场开采

确定料场的开采范围、施工方法、开采强度及工作制度、施工设备及人员配备。

十、节能降耗分析

（一）概述

（1）简述工程地理位置、自然条件、工程任务和规模、供水范围、工程投资、综合利用效益以及经济效益评价分析意见。

（2）说明枢纽总体布置、主要建筑物及金属结构设备的主要技术参数。

（3）说明对外交通、施工布置、建筑材料来源、主体工程施工、工厂设施设计、施工总进度、工程所在地能源供应状况等。

（5）简述水库灌溉和供水范围内的水利工程现状、水量需求等。结合水库运行方式和特点，说明本水库在水利工程系统中的地位和作用。重点论述水库在当地及受水地区水利工程中所能发挥作用，对地方经济发展和环境保护的贡献等。

（6）给出主要工程量表和工程主要特性参数表。

（二）编制依据和基础资料

（1）应列出本篇章编制所依据的法律法规、政府部门和行业规章、现行技术标准等。尤其应注意收集和分析采用省级人民政府有关节能规划、减排和能耗指标、减排与节能措施的具体规定。

（2）列出与本篇章节能降耗分析有关的基础性资料。

（三）施工期能耗种类、数量分析和能耗指标

（1）根据工程设计方案、主体建筑物工程量及其施工方法、施工机械化水平、施工工期等，分析说明施工生产过程中主要用能设备、负荷水平、使用台班数，统计

施工生产过程中的能耗种类和数量，给出相应的能源利用效率指标。

（2）根据施工辅助生产系统（包括砂石加工系统、混凝土生产系统、施工交通运输系统、压缩空气系统、供水系统和综合加工系统等）的规模、分析说明主要能耗设备、负荷水平、台班数，统计施工辅助生产系统的能耗种类和数量，给出相应的能源利用效率指标。

（3）分别分析说明主体工程施工用建筑、施工工厂区建筑、建筑材料开采加工区建筑和设备材料仓储建筑等生产性建筑物的规模、建筑物型式、负荷水平，统计生产性建筑物的能耗种类和数量，给出相应的能源利用效率指标。

（4）分析说明施工期各营地（包括施工管理区及工程建设管理区）及其生活配套设施的规模、负荷水平、统计其能耗种类和数量，给出相应的能源利用效率指标。

（5）在上述各项统计，分别给出能源利用效率指标的基础上，综合分析并说明工程施工期能源利用的总体情况，明确施工期的主要耗能设施、设备和项目，确定工程施工期能耗总量和分年度能耗量等综合控制性指标，复核施工期当地能源供应容量和供应总量等。

（四）运行期能耗种类、数量分析和能耗指标

（1）根据工程设计方案，分析说明水库油、气、水等生产辅助系统的主要用能设备，给出生产辅助系统年耗能数量以及相应的能源利用效率指标。

（2）根据水库运行管理需要而配套的办公、生活设施的建设规模、设计标准，说明办公、生活设施的用能情况，给出其年耗能数量以及相应的能源利用效率指标。

（3）综合分析并说明水库运行期能耗情况，主要用能设备和设施，提出水库运行期的耗能控制性指标。

（五）主要节能降耗措施

（1）枢纽布置及主要建筑物设计

叙述枢纽布置方案和主要建筑物设计中，如何考虑节能降耗因素，以及所采取的对策措施。

（2）水库照明系统设计

叙述水库照明系统设计中，贯彻落实照明节能强制性标准的情况，以及所采取的措施及其效果。

（3）水库给排水系统设计

叙述枢纽各建筑物给排水系统的安全经济运行方式和节能措施。

（4）主要施工设备选型及其配套

叙述施工主要用能设备选型及其生产系统的机械设备配套情况，以及所采取的节能降耗措施。

（5）主要施工技术和工艺选择

叙述在主体工程施工中，如何考虑节能降耗因素，对施工技术和工艺进行综合技术经济比较论证，以及所采取的对策措施。

（6）施工辅助生产系统及其施工工厂设计

叙述施工辅助生产系统及其施工工厂设计中，如何考虑节能降耗因素以及所采取的措施。

（7）施工营地、建设管理营地建筑设计

叙述施工营地、建设管理营地建筑及其配套生活设施系统设计中，所采取的节能降耗措施及其效果。

（8）提出施工期建设管理的节能措施建议。

（9）提出运行期管理维护的节能措施建议。

第三节　招标及施工详图设计阶段

（一）水文

（1）水文气象基本资料

补充收集初步设计报告编制以后新增的流域内水文站、雨量站及气象站的基本资料；补充收集工程影响地区的社会经济现状和发展规划资料；补充收集增加的水利工程资料。

（2）水文资料复核

主要对的补充收集的基本资料，特别是新发生的大洪水资料，应及时进行现场调查和必要的测量工作，并对资料进行详细的分析和说明。

（3）气象要素统计

主要根据广元市利州区气象站资料对本工程需要应用的和论证工程合理性有关的气象要素进行补充统计。

（4）径流

主要根据设计依据站的实测资料，根据水文资料延长径流系列，复核推求的坝址径流计算成果。

（5）洪水

根据新增资料尤其是流域内出现特大暴雨和洪水时，应及时收集资料进行设计洪水成果的复核，并复核历史洪水重现期。

补充和复核初步设计阶段审查意见中提出下一阶段工作。

补充提出坝址附近有较大影响的支沟设计洪水成果。

（6）泥沙

在新增资料的情况下，工程设计和施工对泥沙成果有新要求时，对泥沙成果进行补充与复核。

（7）坝址水位流量关系曲线

根据积累的坝处的水文资料，进一步复核初步设计阶段的水位流量关系曲线。

二、工程地质

（一）水库区勘察

（1）配合设计招标；对特殊地质问题进行专题研究。

（2）针对上阶段遗留的问题，结合水库蓄水期的地质调查与补充勘察，对库岸稳定及进行复核与评价。

（二）坝址区勘察

（1）配合设计招标；对特殊地质问题进行专题研究。

（2）对遗留地质问题的补充勘察、施工地质配合与地质资料复核、编录。并作好施工期地质预测与预报。最终提交竣工地质报告。

（三）输水线路勘察

（1）配合设计招标；对特殊地质问题进行专题研究。

（2）施工期重点是进行地质资料复核，并结合开挖地质条件的变化，对相应工程地质问题作出准确的分析和判断，配合各方对施工方案进行及时调整和完善，并就有关地质问题作出及时的预测和预报。必要时进行补充地质勘察工作。

（四）临建工程

根据招标文件，临建工作包括场内公路、业主及施工营地。

（五）勘察工作汇总

招标及技施阶段特殊不良地质问题专题研究。根据具体情况布置，本勘纲未细列，以预留工作量为主。

（六）提交资料的种类和数量

根据情况提交补充勘察报告

①《蓄水前库岸稳定复核专题报告》及附图

②《竣工地质报告》及附图。

三、工程任务、规模和运行特性

（1）概述规划、设计成果、工程任务、地区社会经济，水资源规划以及能源的开发和供应等状况。概述水库供水和灌溉范围内水利工程的现状和发展规划等。

（2）说明径流调节有关资料、提出径流调节计算的原则和方法。

（3）根据工程水工建筑物设计、校核洪水标准，防洪要求，复核泄水建筑物规模等设计成果；复核洪水调节方式，提出施工期洪水调度原则和洪水调节成果。

（4）说明正常蓄水位、死水位、防洪特征水位、输水道尺寸、调节库容等工程特征值的设计成果及审批意见，必要时进行复核。

（5）复核水库运行方式。

四、工程布置及建筑物

（1）核实初步设计报告审批确定的布置方案并进行优化，核实各主要建筑物的合理布局；提出相应的施工详图和文件。

（2）结合新提供的工程地质资料，在初步设计的基础上，对大坝布置及坝型作进一步优化，以确定本设计阶段较优的大坝布置方案；对选定坝型进行体形结构设计及稳定、应力、变形计算；坝基、坝肩开挖支护处理设计、坝顶结构细部设计、岸坡及基础处理（含帷幕灌浆、固结灌浆等）设计、坝体断面设计及筑坝材料要求。

（3）对选定坝型进行相应的观测设计，包括：坝体变形观测，坝基沉陷，坝基、岸坡地质构造部位的位移。渗透压力、渗流量，坝基、坝体、绕坝等渗流量，地震观测设计等。

（4）结合水力学模型试验，对选定泄洪方案进行复核优化，并作相关泄洪建筑物的总体水力设计（含进口段水力设计，泄槽段水力设计及出口消能工段水力设计）；进口段整体稳定性设计（含沿建基面的抗滑稳定性及沿软弱结构面的深层抗滑稳定性）；进口段结构设计（含堰体结构设计、坝墩结构设计、弧门支承牛腿结构设计及工作桥等的结构设计）；进口段及边坡的开挖、支护及基础处理设计；消能防冲建筑物结构设计、出口消能工段的稳定性、开挖支护及基础处理设计，防空蚀设计。

五、机电及金属结构

（一）机电及金属结构

（1）招标阶段：

1）各地门制造招标文件；

2）各启闭机制造招标文件；

3）金属结构安装招标文件；

4）各地门招标计算及招标图；

5）各启闭机招标布置图。

（2）技施阶段：

1）金属结构安装及试运行报告；

2）各闸阀及拉杆锁定设计计算书；

3）各闸阀、拉杆锁定及埋件制造详图；

4）各闸阀、拉杆锁定及埋件及埋件安装详图；

5）各启闭机布置安装图；技术设计报告。

（二）采暖通风

（1）主要设计内容

1）选定并优化设计方案，主要设备及其布置位置选择，完成通风、空调系统图；

2）采暖通风及空调设备招标文件编制。

（2）主要成果

1）采暖、通风及空调各系统设备标文件；

2）采暖、通风及空调各系统透视图或系统图。

（六）施工组织设计

（1）施工条件

深入研究上阶段选定的对外交通运输方案及场内交通布置方案，对场内交通布置方案进一步进行优化。根据业主要求，对场内支线道路进行施工图设计。

根据枢纽布置情况，确定布置重点。

施工场地条件选定。

水文、气象基本资料收集。

确定施工期通航、供水等条件。

根据工程进展情况进一步优化建筑材料来源与供应，以确保工程进度目标的实施。

确定并进一步优化水、电供应。

确定当地可供的加工利用情况。

（2）施工导流

在上阶段研究成果的基础上，根据选定坝型，复核导流及坝体临时挡水标准、施工时段、导流流量、导流度汛方式，复核导流方式、导流建筑物的型式与布置，复核截流方式及下闸蓄水时段、流量。

进行选定导流方案的水力学模型实验；施工图设计，包括水力学计算、结构计算、稳定计算和详细施工图设计等；现场配合；编写施工期各年度汛报告；进一步优化导流建筑物的设计；根据进度计划，确定后期导流设计。

（3）主体工程施工

① 进一步研究和优化大坝施工工艺与施工方法。根据初步设计成果，进行复核并作相应结构设计，对选定施工总布置、总进度、主要建筑物的施工方法和设备作布置及细部设计；分专业分部、分项绘制施工详图并计算相应工程量。

② 进一步优化输水线路布置与施工方法，对输水建筑物进行施工图设计。

③ 进一步优化防渗系统施工方法。施工准备 —— 支洞及灌浆平洞开挖 —— 混凝土衬砌 —— 回填灌浆 —— 固结灌浆 —— 帷幕灌浆 —— 排水孔。帷幕搭接在上、下层帷幕完成后施工。

⑤ 进一步优化各主体工程的施工程序、施工进度，优化组合主要施工机械设备。

⑥ 按业主要求，对大型临时设施（如缆机、缆索、桥梁等）进行施工图设计。

（4）施工总体布置

① 根据招标结果及部分已实施工程项目进一步优化分区布置，并进行实时调整。

② 根据工程实施阶段枢纽布置情况及筹建与准备工程进展情况，实时调整施工总平面布置图。

③ 对砂石加工系统、混凝土拌和系统、施工变电站、施工供水系统等大型临时设

施进行招标设计；按业主要求，对砂石系统、混凝土拌和系统、施工变电站、施工供水系统等大型临时设施进行施工图设计。

④ 详细进行土石方平衡计算，进行渣场防护设计及防护措施的结构设计，根据水文资料，绘制渣场排水、防护设计施工图。

⑤ 根据现场实物指标调查结果，对施工用地进一步优化。

（5）施工总进度

进一步论证枢纽主体工程、对外交通、施工导流与截流、场内交通及其他施工临建工程、施工工厂设施等建筑安装任务及控制进度的条件。

进一步论证施工期的控制性关键项目及进度安排、工程量及工期，进行施工强度、劳动力、机械设备和土石方平衡。

进一步论证施工期工程项目的内容和任务划分以及进度安排。

进一步论证工程施工总进度。

详细计算劳动力平均人数、分年劳动力需要量、最高人数和总劳动量。

绘制施工总进度图。

进一步论证枢纽主体工程施工进度计划协调、施工强度平衡、投入运行日期及总工期。

统计主体工程及主要临建工程量、逐年计划完成主要工程量、逐年最高月强度、逐年劳动力需用量、最高人数、平均高峰人数及总工日数。

（6）安全度汛

研究施工期年度度汛的工程面貌和要求，提出工程施工期间各年度汛报告。

（七）环境保护设计

结合上阶段审定的报告以及环评、水保行政主管部门对报告书的审查意见，进行环境保护措施设计、环境管理与环境监测站网规划。

施工图设计阶段的环境保护工程施工图设计，复核工程量和投资。重点是结合施工现场的实际环境问题，复核和调整环境保护措施，进行环境保护工程施工图设计，复核工程量和投资。

项目实施过程中或即将竣工时，应开展环境影响后评价。主要是对工程建设中产生的环境影响进行跟踪评价，监督环境保护措施的实施，并将影响实际情况与环境影响预测结论进行比较，分析报告书的不足，提出环境保护弥补或补救措施，使工程建设对环境的实际影响降到最低。

第三章　施工水流控制

第一节　施工导流方式与泄水建筑物

健康的河流一般具有向下游供水、灌溉、生态平衡等功能。在河流上修建水利工程建筑物时，往往与航运、筏运、渔业、供水、灌溉或水电站运行等水资源综合利用的要求发生矛盾。为此，施工期间必须采取水流控制技术，进行河道的综合平衡。

水流控制的定义——施工导流。

采取“导、截、拦、蓄、泄”等工程措施来解决施工与水流蓄泄之间的矛盾，避免水流对水利工程建筑物施工的不利影响，把河道水流全部或部分地导向下游或用围堰等拦蓄起来，以保证水利工程建筑物的干地施工和施工期内不影响或尽可能少影响水资源的综合利用。

施工导流设计的主要任务是：周密地分析研究水文、地形、地质、水文地质、枢纽布置及施工条件等基本资料，在保证上述要求的前提下，选定导流标准，划分导流时段，确定导流设计流量；选择导流方案及导流建筑物的型式；确定导流建筑物的布置、构造与尺寸；拟定导流建筑物的修建、拆除和堵塞的施工方法以及截断河床水流、拦洪度汛与基坑排水等措施。

施工水流控制以导流、截流、围堰与基坑排水为主线，以导流设计为目的主要介绍以下内容：

（1）施工导流方式与导流泄水建筑物型式

（2）围堰工程

（3）导流设计流量

（4）导流方案

（5）截流工程

（6）拦洪度汛

（7）封堵蓄水

（8）基坑排水

施工导流的方式大体上可分为三类：即分段围堰法导流、全段围堰法导流和淹没基坑法导流。

一、分段围堰法导流

（一）基本概念

分段围堰法亦称分期围堰法，即用围堰将水利工程建筑物分段、分期维护起来进行施工的方法。

首先河水由左岸的束窄河床宣泄。一般情况下，在修建第一期工程时，为使水电站、船闸早日投入运行，满足初期发电和施工通航的要求，应优先考虑先建造水电站、船闸，并在建筑物内预留底孔或缺口。到第二期工程施工时，河水即经由这些底孔或缺口等下泄。

所谓分段，就是在空间上用围堰将建筑物分为若干段进行施工。

所谓分期，就是从时间上将导流分为若干时期。

导流分期数和围堰分段数可以不同。

段数分得愈多，围堰工程量愈大，施工也愈复杂；

期数分得愈多，工期有可能拖得愈长。

工程实践中，两段两期导流采用得最多。只有在比较宽阔的通航河道上施工、不允许断航或其他特殊情况下，才采用多段多期的导流方法。

（二）束窄河床几个问题

1. 河床束窄度确定原则

采用分段围堰法导流时的关键问题之一，是纵向围堰位置的确定，也就是河床束窄程度的选择。在确定纵向围堰的位置或选择河床束窄程度时，考虑以下原则：

①充分利用河心洲、小岛等有利地形条件；

②纵向围堰尽可能与导墙、隔墙等永久建筑物相结合；

③束窄河床的流速要考虑施工通航、筏运、围堰和河床防冲等的要求，不能超过允许流速；

④各段主体工程的工程量、施工强度要比较均衡；便于布置后期导流泄水建筑物，不致使后期围堰过高或截流落差过大。

2. 束窄河床段的水力计算

河床束窄程度可用面积束窄度（K）表示：

$$K=\frac{A_2}{A_1}\times 100\% \qquad (3\text{-}1)$$

式中　K——河床束窄程度，简称束窄度，%；

A_2——围堰和基坑所占据的过水面积，m^2；

A_1——原河床的过水面积，m^2。

国内外一些工程 K 的取值范围约在 40% ~ 70% 之间。

$$v_c = \frac{Q}{\varepsilon(A_1 - A_2)} \quad (3\text{-}2)$$

式中 v_c —— 束窄段床的平均流速，m/s；

Q—— 导流设计流量，m^3/s；

ε —— 侧收缩系数，单侧收缩时采用 0.95，两侧收缩时采用 0.90。

$$z = \frac{v_c}{2g\varphi^2} - \frac{v_o}{2g} \quad (3\text{-}3)$$

式中 z—— 壅高，m；

v_o—— 行近流速，m/s；

v_c —— 束窄河床的最大平均流速；

g—— 重力加速度，g=9.81m/s二、围堰平面布置与堰顶高程；

ϕ —— 流速系数，随围堰的平面布置形式而定；当其平面布置为矩形时，ϕ=0.75 ~ 0.85；为梯形时，ϕ=0.80 ~ 0.85；有导流墙时，ϕ=0.85 ~ 0.90。

（三）分段围堰法适用条件及实例

分段围堰法导流一般适用于河床宽、流量大、工期较长的工程，尤其适用于通航河流和冰凌严重的河流。这种导流方法的导流费用较低，国内外一些大、中型水利水电工程采用较广。例如，中国湖北葛洲坝和三峡、江西万安、辽宁桓仁、浙江富春江、广西大化等水利枢纽工程都采用这种导流方法。

（四）分段围堰法后期泄水道

1. 底孔导流

底孔是事先在混凝土坝体内修好的临时或永久泄水道，导流时让全部或部分导流流量通过底孔宣泄到下游，保证工程继续施工。

底孔若为临时性的，则在工程接近完工或需要蓄水时加以封堵。这种导流方法在分段分期修建混凝土坝时用得较普遍。

采用临时底孔时，底孔的尺寸、数目和布置，应通过相应的水力学计算决定。

底孔的布置应满足截流、围堰工程及其封堵等的要求。如底坎高程布置较高，截流时落差较大，围堰较高，但封堵时的水头较低，封堵相对容易些。一般底孔的底坎高程应布置在枯水位之下，以保证枯水期泄流。当底孔数目较多时，可以把底孔布置在不同高程，封堵时从高程最低的底孔开始，这样可以减少封堵时所承受的水压力。

临时底孔的断面多采用矩形，为了改善孔周的应力状况，也可采用有圆角的矩形。按水工结构要求，孔口尺寸应尽量小，但若导流流量较大或有其他要求时，也有采用尺寸较大的底孔，如表 3-1 所示。

底孔导流的优点是挡水建筑物上部的施工可以不受水流干扰，有利于均衡连续施工，这对修建高坝特别有利。若坝体内设有永久底孔可以利用时，则更为理想。底孔导流的缺点是：由于坝体内设置了临时底孔，使钢材用量增加；如果封堵质量不好，会削弱坝的整体性，还可能漏水；导流流量往往不大；在导流过程中，底孔有被漂浮物堵塞的危险；封堵时，由于水头较高，安放闸门及止水等工作均较困难。

表 3-1 一些水利水电工程导流底孔尺寸

工程名称	底孔尺寸（宽 × 高，m×m）	工程名称	底孔尺寸（宽 × 高，m×m）
新安江（中国浙江）	10×13	凤滩（中国湖南）	6×10
柘溪（中国湖南）	8×10	伊泰普（巴西）	6.7×22
三峡（中国湖北）	6×8.5	二滩（中国四川）	4×8

2. 坝体缺口导流

在混凝土坝施工过程中，当汛期河水暴涨暴落，其他导流泄水建筑物又不足以宣泄全部流量时，为了不影响施工进度，使大坝在涨水时仍能继续施工，可以在未建成的坝体上预留缺口，以配合其他导流建筑物宣泄洪峰流量；待洪峰过后，上游水位回落，再继续修筑缺口。

预留缺口的宽度和高度取决于导流设计流量、其他泄水建筑物的泄水能力、建筑物的结构特点和施工条件等。

采用底坎高程不同的缺口时，高低缺口单宽泄量相差过大可能引起高缺口向低缺口的侧向泄流。为避免这种压力分布不匀的斜向卷流，需要适当控制高低缺口间的高差，其高差以不超过 4 ~ 6m 为宜。

在修建混凝土坝（特别是大体积混凝土坝）时，由于这种导流方法比较简单，常被采用。

3. 束窄河床和明渠导流

分段围堰法导流，当河水较深或河床覆盖层较厚时，纵向围堰的修筑是十分困难的。若河床一侧的河滩基岩较高且岸坡稳定又不太高陡时，采用束窄河床导流是较为合适的。有的工程将河床适当扩宽，形成导流明渠，就是在第一期围堰围护下先修建导流明渠，河水由缩窄河床宣泄，导流明渠河床侧的边墙常用作第二期的纵向围堰；第二期工程施工时，水流经由导流明渠下泄。

束窄河床导流在国内外一些大、中型水利水电工程中被广泛采用。例如，我国广西的岩滩、陕西的安康、四川的映秀湾、宁夏的大柳树及福建的水口等。目前导流流量最大的明渠为中国三峡工程导流明渠，其轴线长 3410.3m，断面为高低渠相结合的复式断面，最小底宽 350m，设计导流流量为 79000m^3/s，通航流量为 20000 ~ 35000 m^3/s。

设计导流明渠时，必须重视下述问题。

（1）明渠的糙率。它不但关系到渠身尺寸的大小、导流费用的高低，而且关系到整个工程导流能否顺利进行，需要认真对待。特别是在岩层中开挖不加衬砌的明渠，往往对糙率 n 值估计偏低。为确保导流计划的实施，应进行模型试验验证，并严格控制施工质量。

（2）明渠的出口消能。明渠的泄流量较大，而渠宽相对较窄，水流对明渠出口附近河床覆盖层的冲刷威胁很大，为此在明渠的末端设置了消力墩及消力坎等消能设施。

（3）明渠与永久建筑物相结合。这已被很多实际工程所采用，例如，贵州省与广西交界处南盘江上的天生桥二级水电站，布置在右岸的导流明渠，与永久建筑物中的引水明渠、取水口及引水隧洞明管段相结合，使导流工程的费用大为降低。整个导流明渠由三段组成：前段，从导流明渠进口（拦砂坎）至坝轴线，直接利用永久引水明渠，长 212m，平均底宽 65m。为了形成导流明渠进口，拦砂坎只浇闸墩，底板以上的溢流堰安排在后期浇筑；中段，由引水隧洞取水口和明管段组成，长 124m，底宽 50m，为了形成明渠，明管段仅浇筑左边墙和右岸护坡，明管段本身混凝土留至后期施工；后段，专为导流需要而设置的明渠，长 174m，底宽 50 ~ 40m。三段总长 510m。

上述三种后期导流方式，一般只适用于混凝土坝，特别是重力式混凝土坝枢纽。对于土石坝或非重力坝枢纽，若采用分段围堰法导流，常与河床外的隧洞导流、明渠导流等方式相配合。

二、全段围堰法导流

全段围堰法导流，就是在河床主体工程的上下游各建一道断流围堰，使水流经由河床以外的临时泄水道或永久泄水道下泄。主体工程建成或接近建成时，再将临时泄水道封堵。

采用这种导流方式，当在大湖泊出口处修建闸坝时，有可能只筑上游围堰，将施工期间的全部来水拦蓄于湖泊中；另外，在坡降很陡的山区河道上，若泄水道出口的水位低于基坑处河床高程时，也无需修建下游围堰。

全段围堰法导流，其泄水道类型通常有以下几种。

1. 隧洞导流

隧洞导流是在河岸山体中开挖隧洞，在基坑上下游修筑围堰，水流经由隧洞下泄。

导流隧洞的布置，决定于地形、地质、枢纽布置以及水流条件等因素。具体要求和水工隧洞类似。但必须指出，为了提高隧洞单位面积的泄流能力，减小洞径，应注意改善隧洞的过流条件。

平面布置原则：

（1）隧洞进出口应与上下游水流平顺衔接，与河道主流的交角以 300 左右为宜。

（2）有条件时，隧洞最好布置成直线，若有弯道，其转弯半径以大于 5b（洞宽）为宜。

（3）隧洞进出口与上下游围堰之间要有适当距离，一般宜大于 50m，以防隧洞进出口水流冲刷围堰的迎水面。

（4）一般导流临时隧洞，若地质条件良好，可不作专门衬砌。为降低糙率，应推广光面爆破，以提高泄量，降低隧洞造价。

（5）若多条隧洞布置时，两条隧洞轴线间距宜大于 2 倍的径或洞宽。

一般山区河流，河谷狭窄，两岸地形陡峻，山岩坚实，采用隧洞导流较为普遍。但由于隧洞的泄流能力有限，汛期洪水宣泄常需另找出路，如允许基坑淹没或与其它导流建筑物联合泄流。隧洞是造价比较昂贵和施工比较复杂的地下建筑物，所以导流隧洞应尽量与泄洪洞、引水洞、尾水洞、放空洞等永久隧洞相结合。

2. 明渠导流

明渠导流是在河岸上开挖渠道，在基坑上下游修筑围堰，水流经渠道下泄。

导流明渠的布置，一定要保证水流顺畅，泄水安全，施工方便，缩短轴线，减少工程量。

（1）明渠进出口应与上下游水流平顺衔接，与河道主流的交角以 300 左右为宜。

（2）为保证水流畅通，明渠转弯半径应大于 5b（渠底宽度）。

（3）明渠进出口与上下游围堰之间要有适当的距离，一般以 50 ~ 100m 为宜，以防明渠进出口水流冲刷围堰的迎水面。

（4）为减少渠中水流向基坑内入渗，明渠水面到基坑水面之间的最短距离宜大于 2.5 ~ 3.0H（明渠水面到基坑水面的高差，以米计）。

明渠导流，一般适用于岸坡平缓的平原河道。在规划时，应尽量利用有利条件，以取得经济合理的效果。如利用当地老河道，或利用裁弯取直开挖明渠，或与永久建筑物相结合。

3. 涵管导流

涵管导流一般在修筑土坝、堆石坝工程中采用。

涵管通常布置在河岸岩滩上，其位置常在枯水位以上，这样可在枯水期不修围堰或只修小围堰而先将涵管筑好，然后再修上下游全段围堰，将水流导入涵管下泄。

涵管一般是钢筋混凝土结构。当有永久涵管可以利用时，采用涵管导流是合理。

在某些情况下，可在建筑物岩基中开挖沟槽，必要时加以衬砌，然后封上混凝土或钢筋混凝土顶盖，形成涵管，利用这种方法，往往可以获得经济可靠的效果。

涵管的泄水能力较低，一般仅用于导流流量较小的河流上，或只用来担负枯水期的导流任务。

为了防止涵管外壁与坝身防渗体之间的接触渗流，可在涵管外壁每隔一定距离设置截流环，以延长渗径，降低渗透坡降，减少渗流的破坏作用。此外，必须严格控制涵管外壁防渗体填料的压实质量。涵管管身的温度缝或沉陷缝中的止水也必须认真对待。

三、淹没基坑法导流

这是一种辅助导流方法，在全段围堰法和分段围堰法中均可使用。山区河流的特点是洪水期流量大、历时短，而枯水期流量则小，水位暴涨暴落、变幅很大。

例如江西上犹江水电站，坝型为混凝土重力坝，坝身允许过水，其所在河道正常水位时水面仅宽 40m，水深约 6 ~ 8m，当洪水来临时，河宽增加不大，水深却增加到 18m。若按一般导流标准要求来设计导流建筑物，不是挡水围堰修得很高，就是泄水建筑物的尺寸很大，而使用期又不长，这显然是不经济的。

在这种情况下，可以考虑采用淹没基坑的导流方法，即洪水来临时围堰过水，基坑被淹没，河床部分停工，待洪水退落，围堰挡水时再继续施工。这种方法，由于基坑淹没所引起的停工天数不长，施工进度能保证，在河道泥沙含量不大的情况下，导流总费用较节省，一般是合理的。

在实际工作中，由于枢纽布置、建筑物型式以及施工条件的不同，必须进行恰当的组合，灵活应用，才能合理解决一个工程在整个施工期间的导流问题。

底孔和坝体缺口泄流，并不只适用于分段围堰法导流，在全段围堰法后期导流时，也常有采用；同样，隧洞和明渠泄流，并不只适用于全段围堰法导流，在分段围堰法后期导流时，也常有应用。

因此，选择一个工程的导流方式，必须因时因地制宜，绝不能机械套用。

实际工程中所采用的导流方式和泄水建筑物型式，除了上面提到的以外，还有其它多种形式。例如在平原河道河床式电站枢纽中，利用电站厂房导流；在有船闸的枢纽中，利用船闸闸室导流；在小型工程中，如果导流设计流量较小，可以采用穿过基坑架设渡槽的导流方法等。

第二节　围堰工程

围堰是导流工程中的临时挡水建筑物，用来围护基坑，保证水工建筑物能在干地施工。在导流任务完成以后，如果围堰对永久建筑物的运行有妨碍，或没有考虑作为永久建筑物的一部分时，应予以拆除。

水利水电工程施工中经常采用的围堰，按其所使用的材料分，可以分为：土石围堰；草土围堰；钢板桩格型围堰；混凝土围堰；木笼围堰等。

按围堰与水流方向的相对位置可以分为：横向围堰和纵向围堰。

按照导流期间基坑淹没条件可以分为：过水围堰和不过水围堰。过水围堰除需要满足一般围堰的基本要求外，还要满足堰顶过水的专门要求。

选择围堰型式时，必须根据当时当地具体条件，在满足下述基本要求的原则下，通过技术经济比较加以选定。

（1）具有足够的稳定性、防渗性、抗冲性和一定的强度。

（2）就地取材，造价便宜，构造简单，修建、拆除都方便。

（3）围堰的布置，应力求使水流平顺，不发生严重的局部冲刷。

（4）围堰接头、与岸坡联结处要可靠，避免因集中渗漏等破坏作用而引起围堰失事。

（5）必要时应设置抵抗冰凌、船筏冲击破坏的设施。

一、围堰的基本形式及构造

1. 不过水土石围堰

不过水土石围堰是水利水电工程中应用最广泛的一种围堰形式，如图 1-8 所示。它能充分利用当地材料或废弃的土石方，构造简单，施工方便，可以在动水中、深水中、岩基上或有覆盖层的河床上修建。但其工程量大，堰身沉陷变形也较大。此外，除非采取特殊措施，土石围堰一般不允许堰顶过水，所以汛期应有防护措施。

2. 过水土石围堰

当采用允许基坑淹没的导流方案时，围堰堰顶必须允许过水。

土石围堰是散粒体结构，不允许堰体溢流。

原因：土石围堰过水时，一般受到两种破坏作用：①水流沿下游坡面下泄，动能不断增加，冲刷堰体表面；②由于过水时水流渗入堆石体所产生的渗透压力，引起下游坡连同堰顶一起深层滑动，最后导致溃堰的严重后果。

因此，土石过水围堰的下游坡面及堰脚应采取可靠的加固保护措施。目前采用的有：大块石护面、钢筋石笼护面、加筋护面及混凝土板护面等。应用较普遍的是混凝土板护面。

（1）混凝土板护面过水土石围堰。

常用的混凝土护面板分类：

按施工方式可分为现浇混凝土护面板和预制混凝土护面板；

按面板截面型式可分为矩形板和楔形板；

按面板连接方式可分为重叠搭接式和平顺连接式；

按面板上有无排水设施可分为带排水孔面板和不带排水孔面板。

面板与围堰下游坡之间一般需设置垫层，以削减板下水流压强，有利于面板的平整与稳定。

对于面板型式、厚度、围堰下游坡度、垫层、堰角保护形式和范围以及围堰整体的稳定性能，除了参考工程经验和进行有关计算以外，一般应通过水工模型试验确定。

混凝土护面板的安装或浇筑应错缝、跳仓，施工顺序应从下游面坡脚向堰顶进行。

混凝土护面板的厚度初拟时可为 0.4 ~ 0.6m，边长为 4 ~ 8m，并通过强度计算和抗滑稳定核算确定。

（2）加筋过水土石围堰。20 世纪 50 年代以来，国内外已成功地修建了 20 多座加筋过水土石围堰。例如我国广西大化水电站的加筋过水土石围堰，下游坡面最长 38m，经受住了 $9130m^3/s$[单宽流量超过 $40m^3/(s \cdot m)$] 的洪水考验。加筋过水土石围堰是在围堰的下游坡面上铺设钢筋网，防止坡面块石被冲走，并在下游部位的堰体内埋设水平向主锚筋以防下游坡连同堰顶一起滑动。下游面采用钢筋网护面，可使护面块石的尺寸减小，下游坡坡角加大，其造价低于混凝土板护面过水土石围堰。

钢筋网由纵向主筋、横向构造筋及横向加筋等组成。一般纵向主筋为 ϕ5 ~ 29mm、间距 10 ~ 45cm；横向构造筋 ϕ7 ~ 25.4mm，间距 15 ~ 22.5cm；横向加筋采用 ϕ19 ~ 29mm，间距 1.5 ~ 3.0m。纵向主筋与横向构造筋所形成的网格尺寸，应能框住坡面块石，以免过水时被冲走。为防止钢筋网的隆起，设横向加筋加压，横向加筋应放置在纵向主筋的下面，以防过水时被所挟带的杂物冲断。水平向主锚筋一般采用 ϕ19 ~ 38mm，其垂直间距 1.5 ~ 3.0m、水平间距 0.23 ~ 1.5m。钢筋网及水平向主锚筋可预制后在现场进行装配，钢筋构件的连接可用电焊，也可用 ϕ15.9mm 的“U”形螺栓，以便拆装。

必须指出的是：①加筋过水土石围堰的钢筋网应保证质量，不然过水时随水挟带的石块会切断钢筋网，使土石料被水流淘刷成坑，造成塌陷，导致溃口等严重事故；②过水时堰身与两岸接头处的水流比较集中，钢筋网与两岸的连接应十分牢固，一般需回填混凝土直至堰脚处，以利钢筋网的连接生根；③过水以后要进行检修和加固。

3. 混凝土围堰

混凝土围堰的抗冲及防渗能力强，挡水水头高，底宽小，易于与永久建筑物相衔接，必要时还可以过水，因此应用比较广泛。浙江紧水滩、贵州乌江渡、湖南凤滩、湖北隔河岩等水利水电工程中均采用过拱形混凝土围堰作横向围堰，但多数工程还是以重力式混凝土围堰作为纵向围堰。

（1）拱形混凝土围堰。一般适用于岸坡陡峻、岩石坚实的山区河流，此时常以隧洞及允许基坑淹没的导流方案。通常围堰的拱座设在枯水位以上。对围堰的基础处理，当河床的覆盖层较薄时，常进行水下清基，若覆盖层较厚，则可灌注水泥浆防渗加固。堰身的混凝土浇筑则要进行水下施工，因此难度较高。拱形混凝土围堰，由于利用了混凝土抗压强度较高的特点，与重力式围堰相比，断面较小，可节省混凝土工程量。

围堰的修筑，通常从岸边沿围堰轴线向水中抛填砂砾石或石碴进占；出水后进行灌浆，使抛填的砂砾石体或石碴体固结，并使灌浆帷幕穿透覆盖层直至基岩；然后在砂砾石体或石碴体上浇筑重力式拱形混凝土围堰。

（2）重力式混凝土围堰。采用分段围堰法导流时，重力式混凝土围堰往往可兼做第一期和第二期纵向围堰，两侧均能挡水，还能作为永久建筑物的一部分，如隔墙、导墙等。

重力式混凝土围堰一般需修建在基岩上，断面可做成实体式，与非溢流重力坝类似，也可做成空心式。为了保证混凝土的施工质量，通常需在土石低水围堰围护下进行干地施工。

4. 钢板桩格型围堰

钢板桩格型围堰按挡水高度不同，其平面型式有圆筒形格体、扇形格体及花瓣形格体等，应用较多的是圆筒形格体。钢板桩格型围堰在国外一些大、中型水利水电工程中应用得比较广泛。如美国田纳西河流域梯级开发工程中有 14 个工程采用过钢板桩格型围堰。我国长江葛洲坝工程也成功地应用圆筒形格体钢板桩围堰作为纵向围堰的一部分。钢板桩格型围堰得以广泛应用是由于：修建和拆除可以高度机械化；钢板桩的回收率高，可达 70% 以上；边坡垂直、断面小、占地少、安全可靠等。

圆筒形格体钢板桩围堰，一般适用的挡水高度小于 15 ~ 18m，可以建在岩基或非岩基上，也可作过水围堰用。

圆筒形格体钢板桩围堰是由“一字形”钢板桩拼装而成，由一系列主格体和联弧段所构成。格体内填充透水性较强的填料，如砂、砂卵石或石碴等。

持各格体的填料表面大致均衡上升，高差太大会影响格体变形。圆筒形格体的直径 D，根据经验一般取挡水高度 H 的 0.9 ~ 1.4 倍，平均宽度 B 为 0.85D。圆筒形格体钢板桩围堰不是一个刚性体，而是一个柔性结构，格体挡水时会产生变位，此时填料将沿格体轴线的垂直平面发生错动。提高填料本身的抗剪强度以及填料与钢板桩之间的抗滑力，有助于提高格体的抗剪稳定性。此外，钢板桩的锁口由于受到填料的侧压力而引起拉力。因此，圆筒形格体钢板桩围堰的设计，除了按水工建筑物一般要求核算抗滑、抗倾覆稳定及地基强度外，尚需核算格体轴线垂直平面上的抗剪稳定性和钢板桩锁口的抗拉强度等。

圆筒形格体钢板桩围堰的修建由定位、打设模架支柱、模架就位、安插钢板桩、打设钢板桩、填充料碴、取出模架及其支柱和填充料碴到设计高度等工序组成。圆筒形格体钢板桩围堰一般需在流水中修筑，受水位变化和水面波动的影响较大，施工难度较高。1965 年罗马尼亚——南斯拉夫的铁门水电站，采用自升平台船来修筑圆筒形格体钢板桩围堰，使工效、质量均得到提高。一个直径为 18m、高为 16m 的格体仅花 18d 就能筑成。

5. 草土围堰

草土围堰是一种草土混合结构，多用捆草法修建。这是我国劳动人民长期与水作斗争的智慧结晶之一。远在两千多年前，草土围堰就已广泛使用于宁夏引黄灌渠的取水工程上。甘肃的盐锅峡、八盘峡、刘家峡，宁夏的青铜峡及陕西的石泉水电站等都先后应用过草土围堰。

草土围堰断面一般为矩形或边坡很陡的梯形，坡比为 1 ∶ 0.2 ~ 1 ∶ 0.3，是在施工过程中自然形成的边坡。断面尺寸除应满足抗滑、抗倾覆、防渗等要求外，还须考虑施工过程中的运草、运土等要求。根据实践经验，草土围堰的宽高比，在岩基河床上为 2 ~ 3；在软基河床上为 4 ~ 5。堰顶超高通常采用 1.5 ~ 2.0m。

用捆草法修建草土围堰时，先用麦草或稻草做成长 1.2 ~ 1.8m、直径 0.5 ~ 0.7m、重约 10kg 的单个草捆，然后将两个草捆靠齐压扁，用长 6 ~ 8m 直径为 4 ~ 5cm 的粗草绳系紧，即可进行草捆的飘浮沉放工作。

草土围堰的施工，由压草、铺散草、铺土等主要施工过程所组成。

压草时，首先沿河岸在整个围堰宽度范围内分层铺设草捆。

铺草捆时应将草绳拉直放在岸上，以便与后铺的草捆互相联结。每层草捆应按水深大小搭接 1/3 ~ 1/2，这样逐层压放的草捆在迎水面形成一个 350 ~ 450 的斜坡，直至高出水面 1.5 ~ 2.m 为止。随后在草捆层的斜坡上铺一层 0.25 ~ 0.30m 的散草，

再在散草上铺一层厚 0.25 ~ 0.30m 的土层（黄土、粉土、沙壤土或黏壤土等），铺好的土层只需用人工踏实即可。

这样就完成了堰体的压草捆、铺散草和铺土等工作的一个循环。如此继续，堰体即向前进占，后部的堰体也渐渐沉入河底。堰体高出水面后，立即铺土夯实，将围堰加高至设计高程。

草土围堰能就地取材，结构简单，施工方便，造价低，防渗性能好，适应能力强，便于拆除，施工速度快。但草土围堰不能承受较大水头，宜用于水深不大于 6 ~ 8m，流速不超过 3 ~ 5m/s 的场合。

二、围堰平面布置与堰顶高程

1. 围堰的平面布置

围堰的平面布置是一个很重要的课题。如果平面布置不当，围护基坑的范围过大，不仅围堰工程量大，而且会增加排水设备容量和排水费用；过小则会妨碍主体工程施工，影响工期；更有甚者，会造成水流宣泄不畅，冲刷围堰及其基础，影响主体工程安全施工。

围堰的平面布置一般应按导流方案、主体工程的轮廓和对围堰提出的要求而定。

当采用全段围堰法导流时，基坑是由上、下游围堰和河床两岸围成的。当采用分段围堰法导流时，围护基坑的还有纵向围堰。在上述两种情况下，上、下游横向围堰布置，都取决于主体工程的轮廓。通常，基坑坡趾离主体工程轮廓的距离，不应小于 20 ~ 30m，以便布置排水设施及交通运输道路、堆放材料和模板等。至于基坑开挖边坡的大小，则与地质条件有关。

用分段围堰法导流时，上、下游围堰一般不与河床中心线垂直。其平面布置常呈梯形，以保证水流顺畅，同时也便于运输道路的布置和衔接。当采用分段围堰法导流时，围堰多与主河道垂直。

当纵向围堰不作为永久建筑物的一部分时，基坑坡趾离主体工程轮廓的距离，一般不大于 2.0m，以供布置排水系统和堆放模板。如果无此要求，只需留 0.4 ~ 0.6m 就够了。

此外，布置围堰时，应尽量利用有利的地形，以减少围堰的高度与长度，从而减少围堰的工程量。同时，如前所述，还应结合泄水建筑物的布置，来考虑围堰的布置，以保证围堰的安全。

一些重要的大中型水利水电工程的围堰平面布置，要结合导流方案的选择，通过水工模型试验来确定。

2. 堰顶高程

堰顶高程的决定，取决于导流设计流量及围堰的工作条件。

下游围堰的堰顶高程由下式决定：

$$H_d = h_d + h_a + \delta \tag{3-4}$$

式中 H_d—— 下游围堰堰顶高程，m；

h_d—— 下游水位高程，m；可直接从河流水位流量关系查出；

h_a—— 波浪高度，m；

δ —— 围堰的安全超高，m；一般对于不过水围堰堰顶安全超高下限值可按表 3-2 确定，对于过水围堰可不予考虑。

表 3-2 不过水围堰堰顶安全超高下限值（m）

围堰型式	围堰级别	
	三级	四 - 五级
土石围堰	0.7	0.5
混凝土围堰	0.4	0.3

上游围堰的堰顶高程由下式决定：

$$H_d = h_d + z + h_a + \delta \quad (3\text{-}5)$$

式中 H_u——上游围堰堰顶高程，m；

z——上下游水位差，m；

其余符号同上式。

必须指出，当围堰要拦蓄一部分水流时，则堰顶高程应通过水库调洪计算来确定。

纵向围堰的堰顶高程，要与束窄河段宣泄导流设计流量时的水面曲线相适应。因此，纵向围堰的顶面往往作成阶梯形或倾斜状，其上游和下游分别与上游围堰和下游围堰顶同高。

三、围堰的防渗、接头和防冲

围堰的防渗、接头和防冲是保证围堰正常工作的关键问题，对土石围堰来说尤为突出。一般土石围堰在流速超过 3.0m/s 时，会发生冲刷现象，尤其在采用分段围堰法导流时，若围堰布置不当，在束窄河床段的进出口和沿纵向围堰会出现严重的涡流，淘刷围堰及其基础，导致围堰失事。

1. 围堰的防渗

围堰防渗的基本要求，和一般挡水建筑物无大差异，下面仅就其较为特殊的问题，作一些说明。前已提到土石围堰的防渗一般采用斜墙、斜墙接水平铺盖、垂直防渗墙或灌浆帷幕等措施。围堰一般需在水中修筑，因此如何保证斜墙和水平铺盖的水下施工质量就很关键。

湖南柘溪水电站土石围堰的斜墙和铺盖是在 10 ~ 20m 深水中，用人工手铲抛填的方法施工。施工时注意了滑坡、颗粒分离及坡面平整等的控制。抛填三个月后经取样试验，填土密实度均匀，防渗性能良好，干容重均在 $1.45t/m^3$ 以上，无显著分层沉积现象，土坡稳定。上部坡高 8 ~ 9m 范围内，坡度约为 1 ∶ 2.5 ~ 1 ∶ 3.0；下部坡度较平，一般均在 1 ∶ 4.0 以上。

由此可见，尽管斜墙和水平铺盖的水下施工难度较高，只要施工方法选择得当，是能够保证质量的。

2. 围堰的接头处理

围堰的接头是指围堰与围堰、围堰与其它建筑物及围堰与岸坡等的连接而言。围堰的接头处理与其它水工建筑物接头处理的要求并无多大区别，所不同的仅在于围堰是临时建筑物，使用期不长，因此接头处理措施可适当简便。如混凝土纵向围堰与土石横向围堰的接头，一般采用刺墙型式，以增加绕流渗径，防止引起有害的集中渗漏。为降低造价，使施工和拆除方便，在基础部位可用混凝土刺墙，上接双层 2.5cm 厚木板，中夹两层沥青油膏及一层油毛毡的木板刺墙。木板刺墙与混凝土纵向围堰联接处设厚 2mm 的白铁片止水。木板刺墙与混凝土刺墙的接触处则用一层油毛毡和二层沥青麻布防渗。

3. 围堰的防冲

围堰遭受冲刷在很大程度上与其平面布置有关，尤其在分段围堰法导流时，水流进入围堰区受到束窄，流出围堰区又突然扩大，这样就不可避免地在河底引起动水压力的重新分布，流态发生急剧改变。此时在围堰的上下游转角处产生很大的局部压力差，局部流速显著增高，形成螺旋状的底层涡流，流速方向自下而上，从而淘刷堰脚及基础。为了避免由局部淘刷而导致溃堰的严重后果，必须采取保护措施。

一般多采用简易的抛石护底、铅丝笼护底、柴排护底等措施来保护堰脚及其基础的局部冲刷。关于围堰区护底的范围及护底材料尺寸的大小，应通过水工模型试验确定。

解决围堰及其基础的冲刷问题，除了护底以外，还应对围堰的布置给予足够的重视，力求使水流平顺地进、出束窄河段。通常在围堰的上下游转角处设置导流墙，以改善束窄河段进出口的水流条件。在大、中型水利水电工程中，如果考虑纵向围堰作为永久建筑物的隔墩或导墙的一部分，则一般采用混凝土结构，导墙实质上是混凝土纵向围堰分别向上、下游的延伸。尽管设置导墙后，河底最大局部流速有所增加，但混凝土的抗冲能力较强，不至于有发生冲刷破坏的危险；如果采用土石纵向围堰，则应对围堰水面以下的堰体进行有效的保护。

四、围堰的拆除

围堰是临时建筑物，导流任务完成以后，应按设计要求进行拆除，以免影响永久建筑物的施工及运行。例如，在采用分段围堰法导流时，第一期横向围堰的拆除如果不合要求，势必会增加上下游水位差，从而增加截流工作的难度，增加截流料物的重量及数量，也增加截流难度。这类经验教训在国内外是不少的，如前苏联的伏尔谢水电站截流时，上下游总水位差是 1.88m，其中由于引渠和围堰没有拆除干净，造成水位差就有 1.73m。如果下游横向围堰拆除不干净，会抬高尾水位，影响水轮机的利用水头，富春江水电站曾受此影响，降低了水轮机出力，造成不应有的损失。

土石围堰相对说来断面较大，因之有可能在施工期最后一次汛期过后，上游水位下降时，从围堰的背水坡开始分层拆除。但必须保证依次拆除后所残留的断面能继续挡水和维持稳定，以免发生安全事故，使基坑过早淹没，影响施工。土石围堰一般可用挖土机械或爆破等方法拆除。

草土围堰的拆除比较容易，一般水上部分用人工拆除，水下部分可在堰体挖一缺口，让其过水冲毁或用爆破法炸除。钢板桩格型围堰的拆除，首先要用抓斗或吸石器将填料清除，然后用拔桩机起拔钢板桩。混凝土围堰的拆除，一般只能用爆破法炸除，但应注意，必须使主体建筑物或其它设施不受爆破危害。

第三节　导流设计流量

导流设计流量是选择导流方案、设计导流建筑物的主要依据。施工前，若能预报整个施工期的水情变化，据以拟定导流设计流量，最符合经济与安全施工的原则。但这种长期预报，目前还不很准确，难以作为确定导流设计流量的依据。因此，导流设计流量一般需要结合导流标准和导流时段的分析来确定。

一、导流标准

广义地说，导流标准是选择导流设计流量进行施工导流设计的标准。它包括初期导流标准、坝体拦洪度汛标准、孔洞封堵导流标准等。

施工初期导流标准，按《水利水电工程施工组织设计规范（SL303-2004）》的规定，首先需根据导流建筑物的下列指标，将导流建筑物分为Ⅲ～Ⅴ级。

（1）保护对象。指导流建筑物所保护的永久建筑物的级别。

（2）失事后果。为导流建筑物失事后对重要城镇、工矿企业、交通干线或工程总工期及第一台（批）机组发电时间的影响程度。

（3）使用年限。系导流建筑物服务的工作年限。

（4）工程规模。包括堰高和库容两个定量指标。

再根据导流建筑物的级别和类型，在规范规定幅度内选定相应的洪水标准。

表 3-3　导流建筑物级别划分

级别	保护对象	失事后果	使用年限（a）	围堰工程规模	
				堰高（m）	库容（10^8m^3）
Ⅲ	有特殊要求的Ⅰ级永久建筑物	淹没重要城镇、工矿企业、交通干线、或推迟工程总工期及第一台（批）机组发电，造成重大灾害和损失	>3	>50	>1.0
Ⅳ	Ⅰ、Ⅱ级永久建筑物	淹没一般城镇、工矿企业，或影响工程总工期及第一台（批）机组发电，造成较大经济损失	1.5～3	15～50	0.1～1.0
Ⅴ	Ⅲ、Ⅳ级永久建筑物	淹没基坑，但对工程总工期及第一台（批）机组发电影响不大，经济损失较小	<1.5	<15	<0.1

注：

1. 当导流建筑物根据划分表分属不同级别时，应以其中最高级别为准，但列为导流建筑物Ⅲ级时，至少应有两项指标符合要求。

2. 导流建筑物包括挡水和泄水建筑物，两者级别相同。

3. 表列四项指标均按施工阶段划分。

4. 有、无特殊要求的永久建筑物均针对施工期而言，有特殊要求的Ⅰ级永久建筑物系指施工期不允许过水的土坝及其他有特殊要求的永久建筑物。

5. 使用年限系指导流建筑物每一施工阶段的工作年限。两个或两个以上施工阶段共 用的导流建筑物，如分期导流一、二期共用的纵向围堰，其使用年限不能叠加计算。

6. 围堰工程规模一栏中，堰高指挡水围堰最大高度，库容指堰前设计水位所拦蓄的水量，两者必须同时满足。

实际上，导流标准受众多随机因素的影响。如果标准太低，不能保证施工安全；反之，则使导流工程设计规模过大，不仅增加导流费用，而且可能因规模太大以致无法按期完成，造成工程施工的被动局面。因此，导流标准的确定，应结合风险度的分析，使所选标准经济合理。

导流标准风险度分析，首先应计算导流系统动态综合风险率，然后综合考虑风险（损失）、投资（或费用）与工期三者之间的关系，进行多目标决策分析。

导流系统动态综合风险率可用上游围堰堰前水位来刻画。影响堰前水位的随机因素有施工洪水入库过程、导流建筑物泄洪过程、库容与水位关系、起调水位等，因此，风险率 R 可用下式表示：

$$R=f(Zu>Hu) \tag{3-6}$$

式中：Zu 为上游围堰堰前水位，m；Hu 为上游围堰堰顶高程，m。

如果考虑时间因素，则在围堰的使用年限 n 内，导流系统遭遇超标洪水的动态综合风险率 R（n）为：

$$R(n)=1-(1-R)n \tag{3-7}$$

需要指出的是：对失事后果严重的工程，要考虑超标洪水的应急措施。如青海龙羊峡工程的上游横向围堰为不过水土石围堰（挡水库容约 10 亿 m^3），按汛期 20 年一遇洪水设计，50 年一遇洪水校核，相应流量为 4200m^3/s 和 4700m^3/s，导流隧洞也按 20 年一遇洪水设计。1981 年 9 月出现了流量为 5570m^3/s 的洪水，相当于近 200 年一遇，超过了设计标准。

由于事先考虑了在导流期间可能会有超标洪水发生，相应地提高了围堰的设计挡水标准，在围堰上增设了非常溢洪道，在洪水超标准情况下分流 540m^3/s，从而避免了围堰堰顶过水的危险。

二、导流时段

在工程施工过程中，不同阶段可以采用不同的施工导流方法和挡水、泄水建筑物。不同导流方法组合的顺序，通常称为导流程序。导流时段就是按照导流程序所划分的各施工阶段的延续时间。具有实际意义的导流时段，主要是围堰挡水而保证基坑干地施工的时间，所以也称挡水时段。导流设计流量只有待导流标准与导流时段划分后，才能相应地确定。

导流时段的划分与河流的水文特征、水工建筑物的布置和型式、导流方案、施工进度等因素有关。

在我国，按河流的水文特征可分为枯水期、中水期和洪水期。在不影响主体工程施工条件下，若导流建筑物只负担枯水期的挡水泄水任务，显然可大大减少导流建筑物的工程量，改善导流建筑物的工作条件，具有明显的技术经济效果。因此，合理划分导流时段，明确不同时段导流建筑物的工作条件，是既安全又经济地完成导流任务的基本要求。

土坝、堆石坝和支墩坝一般不允许过水，因此当施工期较长，而洪水来临前又不能完建时，导流时段就要考虑以全年为标准。其导流设计流量，就应按导流标准选择相应洪水重现期的年最大流量。如安排的施工进度能够保证在洪水来临前使坝身起拦洪作用，则导流时段应为洪水来临前的施工时段，导流设计流量则为该时段内按导流标准选择相应洪水重现期的最大流量。当采用分段围堰法导流，中后期用临时底孔泄流来修建混凝土坝时，一般宜划分为三个导流时段：第一时段，河水由束窄河床通过，进行第一期基坑内的工程施工；第二时段，河水由导流底也下泄，进行第二期基坑内的工程施工；第三时段，坝体全面升高，可先由导流底孔下泄，底孔封堵以后，则河水由永久泄水建筑物下泄，也可部分或全部拦蓄要水库中，直到工程完建。在各时段中围堰和坝体的挡水高程和泄水建筑物的泄水能力，均应按相应时段内相应洪水重现期的最大流量作为导流设计流量进行设计。

三、导流设计流量

1. 不过水围堰

应根据导流时段来确定。如果围堰挡全年洪水，其导流设计流量就是选定导流标准的年最大流量，导流挡水与泄水建筑物的设计流量相同；如果围堰只挡某一枯水时段，则按该挡水时段内同频率洪水作为围堰和该时段泄水建筑物的设计流量，但确定泄水建筑物总规模的设计流量，应按坝体施工期临时度汛洪水标准决定。

2. 过水围堰

允许基坑淹没的导流方案，从围堰工作情况看，有过水期和挡水期之分，显然它们的导流标准应有所不同。

过水期的导流标准应与不过水围堰挡全年洪水时的标准相同。其相应的导流设计流量主要用于过水围堰过水工况下，加固保护措施的结构设计和稳定分析，也用于校核导流泄水道的过水能力。各级流量下的流态、水力要素以及最不利溢流工况，应通过水力计算及水工模型试验论证。

挡水期的导流标准应结合水文特点、施工工期、挡水时段、经技术经济比较后在重现期 3 ~ 20 年范围内选定。当水文系列较长，大于或等于 30 年时，也可根据实测资料分析选用。其相应的导流设计流量主要用于确定堰顶高程、导流泄水建筑物的规模及堰体的稳定分析等。

允许基坑淹没导流方案的技术经济比较，可以在研究工程所在河流水文特征及历年逐月实测最大流量的基础上，通过下述程序实现。

(1)根据河流的水文特征，假定一系列流量值，分别求出泄水建筑物上、下游水位。

（2）根据这些水位，决定导流建筑物的主要尺寸和工程量，估算导流建筑物的费用。

（3）估算由于基坑淹没一次所引起的直接和间接损失费用。属于直接损失的有：基坑排水费，基坑清淤费，围堰及其它建筑物损坏的修理费，施工机械撤离和返回基坑的费用及受到淹没影响的修理费，道路和线路的修理费，劳动力和机械的窝工损失费等；属于间接损失的有：由于有效施工时间缩短机时增加的劳动力、机械设备、生产企业规模和临时房屋等费用。

（4）根据历年实测水文资料，统计超过上述假定流量的总次数，除以统计年数得年平均超过次数，亦即年平均淹没次数。根据主体工程施工的跨汛年数，即可算得整个施工期内基坑淹没的总次数及淹没损失总费用。

（5）绘制流量与导流建筑物费用、基坑淹没损失费用的关系曲线。

（6）计算施工有效时间，试拟控制性进度计划，以验证按初选的导流设计流量，是否现实可行，以便最终确定一个既经济又可行的挡水期和导流设计流量。

第四节　导流方案的选择

一个水利水电枢纽工程的施工，从开工到完建往往不是采用单一的导流方法，而是几种导流方法组合起来配合运用（见表 3-4），以取得最佳的技术经济效果。这种不同导流时段不同导流方法的组合，通常称为导流方案。

表 3-4　水利水电枢纽工程导流方案示例

工程名称	坝型	基本导流方式	导流时段及导流方法				
			Ⅰ	Ⅱ	Ⅲ	Ⅳ	Ⅴ
观音阁（辽宁）	碾压混凝土重力坝	分段围堰法	第一期围左岸，束窄河床泄流	第二期围右岸，底孔导流	底孔完建		
漫湾（云南）	混凝土重力坝	全段围堰法	原河床泄流	左岸隧洞导流	左岸隧洞完建		
水口（福建）	混凝土重力坝	分段围堰法	第一期围右岸，束窄河床泄流	第二期围左岸，右岸明渠槽导流	坝体预留缺口和底孔泄流	底孔和溢流坝面泄流	底孔完建
天生桥二级（广西 - 贵州）	混凝土重力坝	分段围堰法	第一期围右岸，束窄河床泄流	第二期围左岸，右岸明渠槽和左岸基坑泄流	冲砂闸和溢流坝泄流	冲砂闸完建	
龙羊峡（青海）	混凝土重力拱坝	全段围堰法	原河床泄流	右岸非常溢洪道配合隧洞导流	右岸导流隧洞完建		
紧水滩（浙江）	混凝土双曲拱坝	全段围堰法	原河床泄流	右岸隧洞导流	右岸导流隧洞完建		
东江（湖南）	混凝土双曲拱坝	全段围堰法	原河床泄流	右岸隧洞和基坑泄流	右岸隧洞和放空洞泄流	右岸导流隧洞完建	

天生桥一级（广西 - 贵州）	混凝土面板堆石坝	全段围堰法	原河床泄流	左岸隧洞和基坑泄流	左岸导流隧洞完建		
鲁布革（云南）	土石坝	全段围堰法	原河床泄流	左岸隧洞导流	左岸导流隧洞完建		
三峡（湖北）	混凝土重力坝	分段围堰法	第一期围右岸，束窄河床泄流	第二期围左岸，导流明渠泄流	第三期封堵导流明渠，导流底孔和泄洪坝段深孔泄流		
二滩(四川)	混凝土双曲拱坝	全段围堰法	原河床泄流	左右岸导流隧洞泄流	导流底孔泄流	底孔封堵	
江垭(湖南)	碾压混凝土重力坝	全段围堰法	枯水期导流隧洞单独泄流	第一、二个汛期围堰和左岸导流隧洞联合泄流	第三个汛期导流洞和大坝缺口联合泄流	第四个汛期导流洞和中孔联合泄流	底孔封堵，中孔泄流

导流方案的选择受多种因素的影响。一个合理的导流方案，必须在周密研究各种影响因素的基础上，拟定几个可能的方案，进行技术经济比较，从中选择技术经济指标优越的方案。

选择导流方案时应考虑的主要因素如下。

（1）水文条件。河流的流量大小、水位变化的幅度、全年流量的变化情况、枯水期的长短、汛期洪水的延续时间、冬季流冰及冰冻情况等，均直接影响导流方案的选择。对于河床宽、流量大的河流，宜采用分段围堰法导流。对于水位变化幅度大的山区河流，可采用允许基坑淹没的导流方法，在一定时期内通过过水围堰和基坑来宣泄洪峰流量。对于枯水期较长的河流，充分利用枯水期安排工程施工是完全必要的。但对于枯水期不长的河流，如果不利用洪水期进行施工，就会拖延工期。对于有流冰的河流，应充分注意流冰的宣泄问题，以免流冰壅塞，影响泄流，造成导流建筑物失事。

（2）地形条件。坝区附近的地形条件，对导流方案的选择影响很大。对于河床宽阔的河流，尤其在施工期间有通航、过筏要求的河流，宜采用分段围堰法导流。当河床中有天然石岛或沙洲时，采用分段围堰法导流，更有利于导流围堰的布置，特别是纵向围堰的布置。例如，长江葛洲坝水利枢纽工程施工初期，就曾利用江心洲葛洲坝作为天然的纵向围堰，取得了良好的技术经济效果。至于平原河道，河流的两岸或一岸比较平坦，或有河湾、老河道可资利用时，则宜采用明渠导流。

（3）地质及水文地质条件。河道两岸及河床的地质条件对导流方案的选择与导流建筑物的布置有直接影响。若河流两岸或一岸岩石坚硬、风化层薄、且抗压强度足够时，则选用隧洞导流较有利。如果岩石的风化层厚且破碎，或有较厚的沉积滩地，则适合于采用明渠导流。当采用分段围堰法导流时，由于河床的束窄，减小了过水断面的面积，使水流流速增大。这时为了河床不受过大的冲刷，避免把围堰基础淘空，应根据河床地质条件来决定河床可能束窄的程度。对于岩石河床，抗冲刷能力较强，河床允许束窄程度较大，甚至有的达到88%，流速增加到7.5m/s；但对覆盖层较厚的河床，抗冲刷能力较差，其束窄程度多不到30%，流速仅允许达到3.0m/s。此外选择围堰型式、基坑是否允许淹没、能否利用当地材料修筑围堰等，也都与地质条件有关。

水文地质条件则对基坑排水工作、围堰型式的选择、导流泄水建筑物的开挖等有很大关系。因此，为了更好地进行导流方案的选择，要对地质和水文地质勘测工作提出专门要求。

（4）水工建筑物的型式及其布置。水工建筑物的形式和布置与导流方案选择相互影响，因此在决定水工建筑物形式和布置时，应该同时考虑并拟定导流方案，而在选定导流方案时，则应该充分利用建筑物形式和枢纽布置方面的特点。

如果枢纽组成中有隧洞、渠道、涵管、泄水孔等永久泄水建筑物，在选择导流方案时应该尽可能加以利用。在设计永久泄水建筑物的断面尺寸并拟定其布置方案时，应该充分考虑施工导流的要求。

采用分段围堰法修建混凝土坝枢纽时，应当充分利用水电站与混凝土坝之间或混凝土坝溢流段和非溢流段之间的隔墙，将其作为纵向围堰的一部分，以降低导流建筑物的造价。在这种情况下，对于一期工程所修建的混凝土坝，应该核算它是否能够布置二期工程导流的底孔或预留缺口。例如，三门峡水利枢纽工程三期导流底孔坝段的宽度，主要考虑了三期导流条件。与此同时，为了防止河床冲刷过大，还应核算河床的束窄程度，保证有足够的过水断面来宣泄施工流量。

就挡水建筑物的型式而言，土坝、土石混合坝和堆石坝的抗冲能力小，除采用特殊措施外，一般不允许从坝身过水，所以多利用坝身以外的泄水建筑物如隧洞、明渠等或坝身范围内的涵管来导流。这时，通常要求在一个枯水期内将坝身抢筑到拦洪高程以上，以免水流漫顶，发生事故。至于混凝土坝，特别是混凝土重力坝，由于抗冲能力较强，允许流速可达 25m/s，故不但可以通过底孔泄流，而且还可以通过未完建的坝身过水，使导流方案选择的灵活性大大增加。

（5）施工期间河流的综合利用。施工期间，为了满足通航、筏运、供水、灌溉、渔业或水电站运行等的要求，使导流问题的解决更加复杂。如前所述，在通航河道上，大多采用分段围堰法导流。要求河流在束窄以后，河宽仍能便于船只的通行，水深要与船只吃水深度相适应，束窄断面的最大流速一般不得超过 2.0m/s，特殊情况需与当地航运部门协商研究确定。例如葛洲坝工程，经与航运部门共同协商研究后确定：由两个 1000t 甲板驳船和一个峡字号推轮所组成的船队通过束窄断面时，其最大流速不大于 4.5m/s，比降不大于 1‰或最大流速不大于 4.0m/s，比降不大于 3‰；解队通过时，最大流速不大于 4.5m/s，比降不大于 6‰或最大流速不大于 3.5m/s，比降不大于 7‰；采用 2000 ~ 3000KW（约 3000 ~ 4000 马力）推轮帮送时，最大流速不大于 6.0m/s，比降不大于 8‰或最大流速不大于 5.5m/s，比降不大于 10‰。这样就常常限制了河流的束窄宽度，使河流不能只分两期束窄，而要分成三期或四期，甚至有分成八期的，如莱茵河上的肯勃斯水电站。在这种情况下，通常是先围护船闸的基坑，以便船闸能及早施工，投入运行，保证河流不致断航。

对于浮运木筏或散材的河流，在施工导流期间，要避免木材壅塞泄水建筑物的进口，或者堵塞束窄河床。

在施工中后期，水库拦洪蓄水时，要注意满足下游供水、灌溉用水和水电站运行的要求。有时为了生态保护的要求，还要修建临时地过鱼设施，以便鱼群能正常地洄游。

（6）施工进度、施工方法及施工场地布置。水利水电工程的施工进度与导流方案密切相关。通常是根据导流方案安排控制性进度计划。在水利水电枢纽施工导流过程中，对施工进度起控制作用的关键性时段主要有：导流建筑物的完工期限，截断河床水流的时间，坝体拦洪的期限，封堵临时泄水建筑物的时间，以及水库蓄水发电的时间等。各项工程的施工方法和施工进度直接影响到各时段中导流任务的合理性和可能性。例如，在混凝土坝枢纽中，采用分段围堰施工时，若导流底孔没有建成，就不能截断水流和全面修建第二期围堰；若坝体没有达到一定高程和没有完成基础及坝身纵缝接缝灌浆，就不能封堵底孔和水库蓄水等。因此，施工方法、施工进度与导流方案是密切相关的。

【实例】四川白龙江宝珠寺水电站工程，是以发电为主，兼有灌溉、防洪等效益的综合利用大型水电工程。挡水建筑物为混凝土重力坝，坝顶长 524.48m，最大坝高 132m，水电站厂房为坝后式，属 I 级建筑物。根据水文资料分析，河流为山区型，洪水涨落变化大，一次降水过程一般为 1 ~ 3d。汛期在 7 ~ 8 月份，实测最大洪水流量为 11300m^3/s，其 10% 频率的最大洪水流量为 7800m^3/s，5% 频率为 9570m^3/s；1% 频率为 13000m^3/s。河流多年含沙量 2.04kg/m^3；汛期平均含沙量 2.72kg/m^3；实测最大含沙量 169kg/m^3。

在施工组织设计中，拟定了五个导流比较方案：①全段围堰隧洞导流；②右岸隧洞、过水围堰、底孔导流；③坝体临时断面挡水、右岸小明渠导流；④右岸隧洞及左岸明渠导流；⑤右岸大明渠导流、高围堰挡水。经过分析比较。考虑到地质条件差、工程量大及投资大等因素，不宜开挖专用的导流隧洞。若汛期基坑过水，工期又难以保证，故最后决定采用右岸大明渠导流、高围堰挡水方案。

明渠所处河段正位于河湾段，上游天然河道的主流位于右岸，至明渠处，转向左岸。根据水流情况，明渠宜布置在左岸。但由于地质条件限制，左岸明渠需高边坡开挖达 140m，且岩层倾向与坡向近于一致，边坡稳定条件更差，相应的处理工程量较大；而右岸岩层倾向下游偏内，对边坡稳定有利，故选定明渠布置于右岸。

导流程序与控制性进度如下所述。

第一期工程：在第一期围堰围护下，修建右岸宽 35m 的导流明渠，河水由左岸束窄不多的河床下泄。工期自第 2 年 7 月起至第 4 年 11 月第二期上游围堰截流、右岸导流明渠过水止。

第二期工程：左岸河床截流，并修筑拦挡 5% 频率全年洪水的高围堰，河水全部经由导流明渠宣泄。左岸河床坝段混凝土浇筑超过第二期围堰高程后，拆除第二期围堰。工期自第 4 年 11 月左岸上游围堰合龙起至第 7 年 11 月右岸明渠截流、左岸坝体永久底孔开始泄水止。

后期工程：明渠坝段在第 8 年 5 月前加高至 518m 高程；汛期由明渠坝段 518m 高程的预留缺口及 485m 高程 2 个 5 × 10m 临时底孔泄洪；汛后明渠坝段继续加高，由永久底孔泄流。工期自第 7 年 12 月起至第 8 年 11 月止。

完建期：此时坝体已浇筑至相当高程，第 8 年 11 月下旬至 12 月中旬，最后一个底孔闸门沉放，开始蓄水发电。

第五节 截流工程

在施工导流中，只有截断原河床水流，才能把河水引向导流泄水建筑物下泄，在河床中全面开展主体建筑物的施工，这就是截流。截流戗堤一般与围堰相结合，因此截流实际上是在河床中修筑横向围堰工作的一部分。在大江大河中截流是一项难度较大的工作。

一般说来，截流施工的过程为：先在河床的一侧或两侧向河床中填筑截流戗堤，这种向水中筑堤的工作叫做进占。戗堤将河床束窄到一定程度，就形成了流速较大的龙口。封堵龙口的工作称为合龙。在合龙开始以前，如果龙口河床或戗堤端部容易被冲毁，则须采取防冲措施对龙口加固，如对龙口河床进行护底、对戗堤端部作进头处理等。合龙以后，龙口部位的戗堤虽已高出水面，但其本身依然漏水，因此须在其迎水面设置防渗设施。在戗堤全线上设置防渗设施的工作叫闭气。所以，整个截流过程包括戗堤的进占、龙口范围的加固、合龙和闭气等工作。截流以后，再在这个基础上，对戗堤进行加高培厚，修成围堰。

截流在施工导流中占有重要的地位，如果截流不能按时完成，就会延误整个河床部分建筑物的开工日期；如果截流失败，失去了以水文年计算的良好截流时机，则可能拖延工期达一年，在通航河流上甚至严重影响航运。所以在施工导流中，常把截流看作一个关键性问题，它是影响施工进度的一个控制项目。

截流之所以被重视，还因为截流本身无论在技术上和施工组织上都具有相当的艰巨性和复杂性。为了成功截流，必须充分掌握河流的水文特性和河床的地形、地质条件，掌握在截流过程中水流的变化规律及其对截流的影响。同时，必须在非常狭小的工作面上以相当大的施工强度在较短的时间内进行截流的各项工作，为此必须严密组织施工。对于大型或重要的截流工程，事先必须进行周密的设计和水工模型试验，对截流工作作出充分的论证。此外，在截流开始之前，还必须切实做好器材、设备和组织上的充分准备。

长江葛洲坝工程于1981年元月仅用35.6h时间，在4720m^3/s流量下胜利截流，为在大江大河上进行截流，积累了丰富的经验。1997年11月三峡三峡大江截流和2002年11月三峡工程三期导流明渠截流成功，标志着我国截流工程的实践已经处于世界领先水平。

一、截流的基本方法

河道截流有立堵法、平堵法、立平堵法、平立堵法、下闸截流以及定向爆破截流等多种方法，但基本方法为立堵法和平堵法两种。

1. 立堵法截流

立堵法截流是将截流材料从龙口一端向另一端，或从两端向中间抛投进占，逐渐束窄龙口，直至全部拦断。截流材料通常用自卸汽车在进占戗堤端部直接卸料入水，个别巨大的截流材料也有用起重机、推土机投放入水的。

立堵法截流不需要在龙口架设浮桥或栈桥，准备工作比较简单，费用较低。但截流时龙口的单宽流量较大，出现的最大流速较高，而且流速分布很不均匀，需用单个重量较大的截流材料。截流时工作前线狭窄，抛投强度受到限制，施工进度受到影响。根据国内外截流工程的实践和理论研究，立堵法截流一般适用于大流量、岩基或覆盖层较薄的岩基河床。对于软基河床只要护底措施得当，采用立堵法截流也同样有效。如宁夏青铜峡工程截流时，河床覆盖层厚达 8 ~ 12m，采用护底措施后，最大流速虽达 5.52m/s，但未遇特殊困难而取得立堵截流的成功。立堵法截流是我国的一种传统方法，在大、中型截流工程中，一般都采用立堵法截流，如著名的三峡工程大江截流和三峡工程三期导流明渠截流；美国自 20 世纪 50 年代以来的 15 个大、中型截流工程中有 8 个用立堵法截流；前苏联自 20 世纪 50 年代以来的 45 个大、中型截流工程中有 34 个用立堵法截流。由此可见，立堵法截流在国内外得到了广泛的应用，成为截流的主要方法。

2. 平堵法截流

平堵法截流事先要在龙口架设浮桥或栈桥，用自卸汽车沿龙口全线从浮桥或栈桥上均匀地逐层抛填截流材料，直至戗堤高出水面为止。因此，平堵法截流时，龙口的单宽流量较小，出现的最大流速较低，且流速分布比较均匀，截流材料单个重量也较小，截流时工作前线长，抛投强度较大，施工速度较快。平堵法截流通常适用在软基河床上。

正因为有上述的优点，在流量大的河流上，如前苏联伏尔加河一些水利枢纽，都采用了浮桥平堵法；罗马尼亚 - 南斯拉夫的铁门水电站采用了钢桥平堵法；中国辽宁大伙房水库采用了木栈桥平堵法等。但一般说来，平堵法由于需架栈桥或浮桥，在通航河道上会碍航，而且技术复杂、费用较高，我国大型工程除大伙房、二滩等少数工程外，都采用立堵法截流。截流设计首先应该根据施工条件，充分研究两种方法对截流工作的影响，通过试验研究和分析比较来选定。有的工程亦有先用立堵法进占，而后在小范围龙口内用平堵法截流（立平堵法）。严格说来平堵法都是先以立堵进占开始，而后平堵，类似立平堵法，不过立平堵法的龙口较窄。

二、截流日期和截流设计流量

截流年份应结合施工进度的安排来确定。

截流年份内截流时段的选择，既要把握截流时机，选择在枯水流量、风险较小的时段进行；又要为后续的基坑工作和主体建筑物施工留有余地，不致影响整个工程的施工进度。

在确定截流时段时，应考虑以下要求。

（1）截流以后，需要继续加高围堰，完成排水、清基、基础处理等大量基坑工作，并应把围堰或永久建筑物在汛期前抢修到一定高程以上。为了保证这些工作（截流后续工作）的完成，截流时段应尽量提前。

（2）在通航的河流上进行截流，截流时段最好选择在对航运影响最小的时段内。因为截流过程中，航运必须停止，即使船闸已经修好，但因截流时水位变化较大，亦须停航。

（3）在北方有冰凌的河流上，截流不应在流冰期进行。因为冰凌很容易堵塞河道或导流泄水建筑物，壅高上游水位，给截流带来极大困难。

此外，在截流开始前，应修好导流泄水建筑物，并做好过水准备。如清除影响泄水建筑物运用的围堰或其它设施，开挖引水渠，完成截流所需的一切材料、设备、交通道路的准备等。

综上所述，截流时段一般多选在枯水期初，流量已有明显下降的时候，而不一定选在流量最小的时刻。但是，在截流设计时，根据历史水文资料确定的枯水期和截流流量与截流时的实际水文条件往往有一定出入。因此，在实际施工中，还必须根据当时的水文气象预报及实际水情分析进行修正，最后确定截流日期。

龙口合龙所需的时间往往很短，一般从数小时到几天。为了估计在此时段内可能发生的水情，作好截流准备，须选择合理的截流设计流量。一般可按工程的重要程度，设计时选用截流时期内 5 ~ 10 年一遇的旬或月平均流量。如水文资料不足，可用短期的水文观测资料或根据条件类似的工程来选择截流设计流量。无论用什么方法确定截流设计流量，都必须根据当时实际情况和水文气象预报加以修正，按修正后的流量进行各项截流的准备工作，作为指导截流施工的依据。

三、龙口位置和宽度

龙口位置的选择，对截流工作顺利与否有密切关系。选择龙口位置时要考虑下述一些技术要求。

（1）一般说来，龙口应设置在河床主流部位，方向力求与主流顺直，使截流前河水能较顺畅地经由龙口下泄。但有时也可以将龙口设置在河滩上，此时，为了使截流时的水流平顺，应在龙口上、下游顺河流流势，按流量大小开挖引河。龙口设在河滩上时，一些准备工作就不必在深水中进行，这对确保施工进度和施工质量均较为有利。

（2）龙口应选择在耐冲刷河床上，以免截流时因流速增大，引起过分冲刷。如果龙口段河床覆盖层较薄，则应清除；否则，应进行护底防冲。

（3）龙口附近应有较宽阔的场地，以便布置截流运输路线和制作、堆放截流材料。

原则上龙口宽度应尽可能窄些，这样可以减少合龙工程量，缩短截流延续时间，但以不引起龙口及其下游河床的冲刷为限。为了提高龙口的抗冲能力，保证戗堤安全，必要时须对龙口加以保护。龙口的保护包括护底和裹头。护底一般采用抛石、沉排、竹笼、柴石枕等。裹头就是用石块、钢筋石笼、粘土麻袋或草包、竹笼、柴石枕等把戗堤的端部保护起来，以防被水流冲塌。裹头多用于平堵戗堤两端或立堵进占端对面的戗堤。龙口宽度及其防护措施，可根据相应的流量及龙口的抗冲流速来确定。在通航河道上，当截流准备期通航设施尚未投入运用时，船只仍需在截流前由龙口通过。这时龙口宽度便不能太窄，流速也不能太大，以免影响航运。如葛洲坝工程的龙口，由于考虑通航流速不能大于 3.0m/s，所以龙口宽度达 220m；三峡大江截流工程的龙口，为了满足川江航道船舶（队）自航和解队的通航水力条件（如长航船队自航水面流速要求小于 4.5m/s，相应水面比降小于 1‰，或水面流速要求小于 4.0m/s，相应水面比降小于 3‰），1997 年汛末，大江预留口门宽达 460.0m，下游口门宽 480.0m。

五、截流材料和备料量

1. 截流材料尺寸

在截流中，合理地选择截流材料的尺寸或重量，对于截流的成败和截流费用的节省具有重大意义。截流材料的尺寸或重量取决于龙口的流速。各种不同材料的适用流速，即抵抗水流冲动的经验流速列于表 3-5 中。

表 3-5　截流材料的适用流速

截流材料	适用流速（m/s）	截流材料	适用流速（m/s）
土料	0.5 ～ 0.7	3t 重大块石或钢筋石笼	3.5
20 ～ 30kg 重石块	0.8 ～ 1.0	4.5t 重混凝土六面体	4.5
50 ～ 70kg 重石块	1.2 ～ 1.3	5t 重大块石，大石串或钢筋石笼	4.5 ～ 5.5
麻袋装土（0.7m×0.4m×0.2m）	1.5		
ϕ0.5×2m 装石竹笼	2.0	12 ～ 15t 重混凝土四面体	7.2
ϕ0.6×4m 装石竹笼	2.5 ～ 3.0	20t 重混凝土四面体	7.5
ϕ0.8×6m 装石竹笼	3.5 ～ 4.0	ϕ1.0×15m 柴石枕	约 7 ～ 8

立堵截流时截流材料抵抗水流冲动的流速，可按下式估算。

$$v = K\sqrt{2g\frac{\gamma_1 - \gamma}{\gamma}D} \tag{3-8}$$

式中　v—— 水流流速，m/s；

g —— 重力加速度，m/s^2；

γ_1—— 石块容重，t/m^3；

γ —— 水容重，t/m^3；

D —— 石块折算成球体的化引直径，m；

K—— 稳定系数。据国内有些试验研究，认为：采用块石截流时，在平底上 K=0.9，边坡上 K=1.02；采用混凝土立方体，平底上 K=0.57 ~ 0.59（当河床 n ≤ 0.03 时），边坡上 K=1.08；采用混凝土四面体，平底上 K=0.53（当河床 n ≤ 0.03 时），K=0.68 ~ 0.70（当河床 n>0.035 时），边坡上 K=1.05。

平堵截流水力计算的方法，与立堵相类似。

根据前苏联依兹巴士对抛石平堵截流的研究，认为抛石平堵截流所形成的戗堤断面在开始阶段为等边三角形，此时使石块发生移动所需要的最小流速为：

$$v_{min} = K_1\sqrt{2g\frac{Y_1 - Y}{Y}D} \tag{3-9}$$

龙口流速增加，石块发生移动之后，戗堤断面逐渐变成梯形，此时石块不致发生滚动的最大流速为：

$$v_{max} = K_2\sqrt{2g\frac{Y_1 - Y}{Y}D} \tag{3-10}$$

以上两式中 K_1—— 石块在石堆上的抗滑稳定系数，采用 0.9；

K_2—— 石块在石堆上的抗滚动稳定系数，采用 1.2。

其它符号意义同前。

应该指出，平堵、立堵截流的水利条件非常复杂，尤其是立堵截流，上述计算只能作为初步依据。在大、中型水利水电工程中，截流工程必须进行模型试验。但模型试验时对抛投体的稳定也只能作出定性分析，还不能满足定量要求。故在试验的基础上，还必须考虑类似工程的截流经验，作为修改截流设计的依据。

2. 截流材料类型

截流材料类型的选择，主要取决于截流时可能发生的流速及工地开挖、起重、运输设备的能力，一般应尽可能就地取材。在黄河上，长期以来用梢料、麻袋、草包、石料、土料等作为堤防溃口的截流堵口材料。在南方，如四川都江堰，则常用卵石竹笼、砾石和杩槎等作为截流堵河分流的主要材料。国内外大江大河截流的实践证明，块石是截流的最基本材料。此外，当截流水力条件较差时，还须使用人工块体，如混凝土六面体、四面体、四脚体及钢筋混凝土构架以及钢筋笼、合金网兜等。

3. 备料量

为确保截流既安全顺利，又经济合理，正确计算截流材料的备料量是十分必要的。备料量通常按设计的戗堤体积再增加一定裕度，主要是考虑到堆存、运输中的损失，水流冲失，戗堤沉陷以及可能发生比设计更坏的水力条件而预留的备用量等。但实践中，常因估计不准致使截流材料备料量均超过实际用量，少者多余 50%，多则达 400%，尤其是人工块体大量多余、造成浪费。

造成截流材料备料量过大的原因，主要是：①截流模型试验的推荐值本身就包含了一定安全裕度，截流设计提出的备料量又增加了一定富裕，而施工单位在备料时往往在此基础上又留有余地；②水下地形不太准确，在计算戗堤体积时，常从安全角度考虑取偏大值；③设计截流流量通常大于实际出现的流量等。如此层层加码，处处考虑安全富裕，所以即使像青铜峡工程的截流流量，实际大于设计，仍然出现备料量比实际用量多 78.6% 的情况。因此，如何正确估计截流材料的备用量，是一个很重要的课题。当然，备料恰如其分，不大可能，需留有余地。但对剩余材料，应预作筹划，安排好用处，特别像四面体等人工材料，大量弃置，既浪费又影响环境，可考虑用于护岸或其他河道整治工程。

第六节　拦洪度汛

水利水电枢纽施工过程中，中后期的施工导流，往往需要由坝体挡水或拦洪。坝体能否可靠拦洪与安全度汛，将涉及工程的进度与成败。例如龙羊峡水电站因拦洪成功而加快了施工步伐。所以坝体拦洪度汛是整个工程施工进度中的一个控制性环节，必须慎重对待。

一、坝体拦洪时的导流标准

表 3-6　导流泄水建筑物封堵后坝体度汛洪水标准

大坝类型		大 坝 级 别		
		Ⅰ	Ⅱ	Ⅲ
		洪水重现期（a）		
混凝土	设计	500 ～ 100	100 ～ 50	50 ～ 20
	校核	500 ～ 200	200 ～ 100	100 ～ 50
土石	设计	500 ～ 100	200 ～ 100	100 ～ 50
	校核	1000 ～ 500	500 ～ 200	200 ～ 100

在主体工程为混凝土坝的枢纽中，若采用两段两期围堰法导流，当第二期围堰放弃以后，未完建的混凝土建筑物，就不仅要负担宣泄导流设计流量的任务，而且还要起一定的挡水作用。在主体工程为土坝或堆石坝的枢纽中，若采用全段围堰隧洞或明渠导流，则在河床断流以后，常常要求在汛期到来以前，将坝体填筑到拦蓄相应洪水流量的高程，也就是拦洪高程，以保证坝身能安全度汛。此时，主体建筑物开始投入运用，已不需要围堰保护，水库亦拦蓄有一定水量。显然，其导流标准与临时建筑物挡水时应有所不同。坝体施工期临时度汛的导流标准，应视坝型和拦洪库容的大小，根据《水利水电工程施工组织设计规范（SL303-2004）》确定，可按附表 3-7 选用。

表 3-7　坝体施工期临时度汛的洪水标准

坝型	拦洪库容（$108m^3$）		
	>1.0	1.0 ～ 0.1	<0.1
	洪水重现期（a）		
土石坝	>100	100 ～ 50	50 ～ 20
混凝土坝	>50	50 ～ 20	20 ～ 10

若导流泄水建筑物已经封堵，而永久泄洪建筑物尚未具备设计泄洪能力，此时，坝体度汛的导流标准与上述标准又不相同，应视坝型及其级别。显然，汛前坝体上升高度应满足拦洪要求，帷幕灌浆及接缝灌浆高程应能满足蓄水要求。

根据选定的洪水标准，通过调洪计算，可确定相应的坝体挡水或拦洪高程。

二、拦洪度汛措施

根据施工进度安排，如果汛期到来之前坝身还不能修筑到拦洪高程，则必须采取一定工程措施，确保安全度汛。尤其当主体建筑物为土坝或堆石坝且坝体填筑又相当高时，更应给予足够的重视，因为一旦坝身过水，就会造成严重的溃坝后果。

1.混凝土坝的拦洪度汛措施

混凝土坝一般是允许过水的，若坝身在汛前不可能到拦洪高程，为了避免坝身过水时造成停工，可以在坝面上预留缺口度汛，待洪水过后，水位回落，再封堵缺口，全面上升。另外，如果根据混凝土浇筑进度安排，虽然在汛前可以浇筑到拦洪高程，但一些纵向施工缝尚未灌浆封闭时，可考虑用临时断面挡水。在这种情况下，必须提出充分论证，采取相应措施，以消除应力恶化的影响。如湖南柘溪工程的大头坝，底宽 102.5m，技术设计阶段曾按收缩应力均匀分配、混凝土量近于相等的原则，将乙、丙块坝体间的纵缝设于坝下 37.5m 处。经核算，在丙块坝体还没有完建、纵缝尚未灌浆时要提前挡水。这样，由于应力重分配的影响，后期上游坝踵将产生 10.6×105Pa 的拉应力。为了消除上述不利应力，采取了下述措施。

（1）调整纵缝位置，将纵缝由坝下 37.5m 移至坝下 52.5m。纵缝下移，乙炔坝体的浇筑块加长后，浇筑能力仍能满足要求。

（2）提高初期灌浆高程。根据施工进度安排的可能性，确定初期纵缝灌浆高程提高至 95.8m。

（3）改变纵缝形式。根据坝体断面特点，纵缝自高程 95.8m 起，按与第二主应力平行的方向延伸至 106m 高程，除设榫槽及插筋外不需要灌浆，106m 高程以上为直缝，在挡水时再进行灌浆。

采取以上措施，为施工期坝体拦洪度汛创造了条件。

2.土坝、堆石坝的拦洪度汛措施

土坝、堆石坝一般是不允许过水的，若坝身在汛前不可能填筑到拦洪高程时，可以考虑降低溢洪道高程、设置临时溢洪道、用临时断面挡水，或经过论证采用临时坝面保护措施过水。

两个临时度汛挡水方案中，前者增加了临时斜墙的施工，但不影响汛期坝体的加高。基于这一优点，云南毛家村水库、四川升钟水库、甘肃碧口水电站等土石坝均采用这种方案度汛。后者利用部分永久心墙挡水，虽然省掉了临时斜墙的工作量，但是汛期坝体，特别是心墙的加高，受到影响。

采用临时断面挡水时，应注意以下几点。

（1）在拦洪高程以上，顶部应有足够的宽度，以便在紧急情况下，仍有余地抢修子堰，确保安全。

（2）临时断面的边坡应保证稳定，其安全系数一般应不低于正常设计标准。为防止施工期间由于暴雨冲刷和其它原因而坍坡，必要时应采取简单的防护措施和排水措施。

（3）斜墙坝或心墙坝防渗体一般不允许采用临时断面。

（4）上游垫层和石块护坡应按设计要求筑到拦洪高程。如果不能达到要求，则应考虑临时防护措施。

下游坝体部位，为满足临时断面的安全要求，在基础清理完毕后，应按全断面填筑几米高以后再收坡，必要时应结合设计的反滤排水设施统一安排考虑。

采用临时度汛断面的指导思想是“挡”。如万一“挡”不成功，亦应有后备方案，如采取临时防冲措施，让未完建的土石坝溢洪，或预留危害程度较轻的溢流口，过流以后，做好修复工作，确保坝身的质量，以免留下隐患。

实践证明，无论是土坝或是堆石坝，只要防冲措施得当，事后处理合宜，大多数工程过水后并未发生实质性破坏。

黑龙江龙凤山水库在坝身预留 70m 宽的临时溢洪道，其上铺砌 40cm 以上的大块石，通过 $140m^3/s$ 的春汛洪水，单宽流量为 $2.0m^3/(s \cdot m)$，最大流速为 5.0m/s，效果很好。

堆石坝采用未完建断面过水度汛，据不完全统计，在国外至今已有 35 座之多，大多在澳大利亚。其过水的保护措施是采用加筋。加筋的布置，可参阅围堰工程中的加筋过水土石围堰部分。

第七节　封堵蓄水

在施工后期，当坝体已修筑到拦洪高程以上，能够发挥挡水作用时，其它工程项目，如混凝土坝已完成了基础灌浆和坝体纵缝灌浆，库区清理、水库坍岸和渗漏处理均已完成，建筑物质量和闸门设施等也都检查合格，这时，整个工程就进入了所谓完建期。根据发电、灌溉及航运等国民经济各部门所提出的综合要求，应确定竣工运用日期，有计划地进行导流临时泄水建筑物的封堵和水库的蓄水工作。

一、蓄水计划

水库的蓄水与导流用临时泄水建筑物的封堵有密切关系，只有将导流用临时泄水建筑物封堵后，才有可能进行水库蓄水。因此，必须制订一个积极可靠的蓄水计划，既能保证发电、灌溉及航运等方面的要求，如期发挥工程效益，又要力争在比较有利的条件下封堵导流用的临时泄水建筑物，使封堵工作得以顺利进行。

水库蓄水要解决的问题主要如下。

（1）确定蓄水历时计划，并根据以确定水库开始蓄水的日期，即导流用临时泄水建筑物的封堵日期。水库蓄水可按保证率为 75% ~ 85% 的月平均流量过程线来制订。方法：可以从发电、灌溉及航运等方面所提出的运用期限和水位要求，反推出水库开始蓄水的日期。具体做法是根据各月的来水量减去下游要求的供水量，得出各月留蓄在水库的水量，将这些水量依次累计，对照水库容积与水位关系曲线，就可绘制水库蓄水高程与历时关系曲线。

（2）校核库水位上升过程中大坝施工的安全性，并据以拟定大坝浇筑的控制性进度计划和坝体纵缝灌浆的进程。大坝施工安全校核的洪水标准，通常可选用 20 年一遇月平均流量。核算时，以导流用临时建筑物封堵日期为起点，按选定洪水标准的月平均流量过程线，用顺推法绘制水库蓄水过程线。应采取措施加快混凝土浇筑进度，或利用坝身永久底孔、溢流坝段、岸坡溢洪道或泄水隧洞放水，调节并限制库水位上升。

蓄水计划是施工后期进行施工导流，安排施工进度的主要依据。

二、导流泄水建筑物的封堵

导流用临时泄水建筑物封堵下闸的设计流量，应根据河流水文特征及封堵条件，可用封堵时段 5 ~ 10 年重现期的月或旬平均流量。

封堵工程施工阶段的导流标准，可根据工程重要性，失事后果等因素在该时段 5 ~ 20 年重现期范围内选定。

导流用临时泄水建筑物，如隧洞、涵管及底孔等，若不与永久建筑物相结合，在蓄水时都要进行封堵。过去多采用金属闸门或钢筋混凝土叠梁。前者耗费钢材，后者比较笨重，大多需要大型起重运输设备，而且为了顺利封堵，常需一定埋件，这对争取迅速完成封堵工作不利。有些工程采用一些简易可行的封堵方法，还是很可取的。例如湖北省白莲河工程的导流涵管，采用定向爆破断流，用山坡土闭气。快速筑好进口围堰后，在静水条件下，立即浇筑水下混凝土墙作为临时堵头，继而抽水，再做涵管的永久混凝土堵头。

此外，也有在泄水建筑物进口平台上，预制钢筋混凝土整体闸门，用多台绞车起吊下放封堵。这种方式断流快，水封好，只要起吊下放时掌握平衡，下沉比较方便，不需重型运输起吊设备，特别在库水位上升较快的工程中，最后封孔时被广泛采用。如新安江水电站导流底孔的封堵，在底孔的进水口设计中门闸墩，采用 5.9m × 17.2m、重 321t 的钢筋混凝土闸门。闸门在孔顶上游进口平台上就地浇筑，用手摇绞车下放就位。

闸门安放以后，为了加强闸门的水封防渗效果，在闸门槽两侧填以细粒矿渣并灌注水泥砂浆，在底部填筑粘土麻包，并在底孔内把闸门与坝面之间的金属承压板互相焊接。

导流用底孔一般为坝体的一部分，因此封堵时需全孔堵死；而导流用的隧洞或涵管并不需要全孔堵死，常浇筑一定长度的混凝土塞，就足以起永久挡水作用。

混凝土塞的最小长度可根据极限平衡条件由下式求出。

$$l=\frac{KP}{\omega Ygf+\lambda c} \qquad (3\text{-}11)$$

式中 K —— 安全系数，一般取 1.1 ~ 1.3；

P—— 作用水头之推力，N；

ω —— 导流隧洞或涵管的断面积，m^2；

γ —— 混凝土容重，kg/m^3；

f —— 混凝土与岩石（或混凝土）的摩阻系数，一般取 0.60 ~ 0.65；

g —— 重力加速度，m^2/s；

λ —— 导流隧洞或涵管的周长，m；

c—— 混凝土与岩石（或混凝土）的粘结力，一般取（5 ~ 20）×104，Pa。

当导流隧洞的断面积较大时，混凝土塞的浇筑必须降温措施，不然产生的温度裂缝会影响其止水质量。例如美国新布拉茨河口大坝的导流隧洞封堵，在混凝土中央部位设有冷却和灌浆用坑道，底部埋有冷却水管，待混凝土塞平均温度降至 12.8℃时，进行接触灌浆，以保证混凝土塞与围岩的连接。

此外，值得注意的是：堵塞导流底孔时，深水堵漏问题应予以重视。不少工程在封堵的关键时刻漏水不止，造成紧张被动。柘溪水电站橡皮被撕坏，漏水量达 $1.0m^3/s$，此时上游水深已有 55m 左右。该工程的做法是：根据漏水部位，先吊放大麻绳球以堵塞大洞，随后放小麻绳球，最后吊放棒形松散麻丝，使漏水量大大减少。为了防止麻绳球被水流冲失，在闸门前再沉放用麻绳编织的厚为 2 ~ 4cm 帘子。麻帘互相搭接，把整个闸门槽封包起来，再在闸门前用导管抛填粘土，以进一步止漏。通过这一系列措施，基本上达到了堵漏的目的。

第八节　基坑排水

在围堰合龙闭气以后，就要排除基坑的积水和渗水，以利开展基坑施工工作。当然，在用定向爆破修筑截流、拦淤堆石坝，或直接向水中倒土形成建筑物时，不需要组织专门的基坑排水工作。

基坑排水工作按排水时间及性质，一般可分为：①基坑开挖前的初期排水，包括基坑积水、基坑积水排除过程中围堰及基坑的渗水和降水的排除；②基坑开挖及建筑物施工过程中的经常性排水，包括围堰和基坑的渗水、降水、地基岩石冲洗及混凝土养护用废水的排除等。

一、初期排水

戗堤合龙闭气后，基坑内的积水应立即组织排除。排除积水时，基坑内外产生水位差，将同时引起通过围堰和基坑的渗水。初期排水流量一般可根据地质情况、工程等级、工期长短及施工条件等因素，参考实际工程的经验，按公式（3-12）来确定。

$$Q=\frac{(2-3)V}{T} \tag{3-12}$$

式中 Q—— 初期排水流量，m^3/s；

V—— 基坑积水体积，m^3；

T—— 初期排水时间，s。

排水时间 T 主要受基坑水位下降速度的限制。基坑水位允许下降速度视围堰型式、地基特性及基坑内的水深而定。水位下降太快，则围堰或基坑边坡中动水压力变化过大，容易引起坍坡；下降太慢，则影响基坑开挖时间。一般下降速度限制在 0.5 ~ 1.5m/d 以内，对于土围堰取下限值，混凝土围堰取上限值。初期排水时间对大型基坑可采用 5 ~ 7d，中型基坑不超过 3 ~ 5d。

根据初期排水量即可确定所需的排水设备容量。排水设备一般用离心式水泵。为方便运行，宜选择容量不同的离心式水泵，以便组合运用。

实际工作中，有时也常采用试抽法确定排水设备容量。试抽时，如果水位下降很快，显然是排水设备容量过大，这时，可关闭一部分排水设备，以控制水位下降速度；若水位不变，则可能是排水设备容量过小或有较大的渗漏通道存在，这时，应增加排水设备容量或找出渗漏通道予以堵塞，然后再进行抽水。还有一种情况是水位降至一定深度后就不再下降，这说明此时排水流量与渗透流量相等，只有增大排水设备容量或堵塞渗漏通道，才能将积水排除。

确定排水设备容量后，要妥善布置水泵站。如果水泵站布置不当，不仅降低排水效果，影响其它工作，甚至水泵运转时间不长，又被迫转移，造成人力、物力及时间上的浪费。一般初期排水可以采用固定的或浮动的水泵站。当水泵的吸水高度（一般水泵吸水高度为 4.0 ~ 6.0m）足够时，水泵站可布置在围堰上。水泵的出水管口最好设在水面以下，这样可依靠虹吸作用减轻水泵的工作负担。在水泵排水管上应设置止回阀，以防水泵停止工作时，倒灌基坑。

当基坑较深，超过水泵吸水高度时，须随基坑水位下降将水泵逐次下放，这时可以将水泵逐层安放在基坑内较低的固定平台上；也可以将水泵放在沿滑道移动的平台上，用绞车操纵逐步下放；还可以将水泵放在浮船上。

二、经常性排水

基坑内积水排干后，围堰内外的水位差增大，此时渗透流量相应增大，对围堰内坡、基坑边坡和底部的动水压力加大，容易引起管涌或流土，造成塌坡和基坑底隆起的严重后果。因此在经常性排水期间，应进行周密的排水系统的布置、渗透流量的计算和排水设备的选择，并注意观察围堰的内坡、基坑边坡和基坑底面的变化，保证基坑工作顺利进行。

1. 排水系统的布置

通常应考虑两种不同情况：一种是基坑开挖过程中的排水系统布置；另一种是基坑开挖完成后修建建筑物时的排水系统布置。在进行布置时，最好能两者结合起来考虑，并使排水系统尽可能不影响施工。

基坑开挖过程中布置排水系统，应以不妨碍开挖和运输工作为原则。一般常将排水干沟布置在基坑中部，以利两侧出土。随着基坑开挖工作的进展，逐渐加深排水干沟和支沟，通常保持干沟深度为 1.0 ~ 1.5m，支沟深度为 0.3 ~ 0.5m。集水井布置在建筑物轮廓线的外侧，集水井底应低于干沟的沟底。

有时由于基坑开挖深度不一，基坑底部不在同一高程，这时应根据基坑开挖的具体情况来布置排水系统。有的工程采用层层截流，分级抽水的办法，即在不同高程上布置截水沟、集水井和水泵站，进行分级排水。

修建建筑物时的排水系统，通常都布置在基坑的四周。排水沟应布置在建筑物轮廓线的外侧，距基坑边坡坡脚不小于 0.3 ~ 0.5m。排水沟的断面和底坡，取决于排水量的大小。一般排水沟不小于 0.3m，沟深不大于 1.0m，底坡不小于 0.002。在密实土层中，排水沟可以不用支撑，但在松土层中，则需用木板或麻袋装石加固。

水经排水沟流入集水井，在井边设置水泵站，将水从集水井中抽出。集水井布置在建筑物轮廓线以外较低地方，它与建筑物外缘的距离必须大于井的深度。井的容积至少要保证水泵停工 10 ~ 15min，由排水沟流入井中的水量不致漫溢。集水井可为长方形，边长 1.5 ~ 2.0m，井的深度应低于排水沟底 1.0 ~ 2.0m。在土中挖井，其底面应铺填反滤料以防冲刷。在密实土中，井壁可用框架支撑；在松软土中，宜用板桩加固，如板桩接缝漏水，则需在井壁外设置反滤层。集水井仅是用来集聚排水量，而且还有澄清水的作用，因为水泵的使用年限与水中的含沙量多少有关。为了保护水泵，安设的集水井宜稍大稍深一些。

为防止下雨时地面径流进入基坑，增加抽水量，往往在基坑外缘挖排水沟或截水沟，以拦截地面水。排水沟或截水沟的断面及底坡应根据流量及土质而定，一般沟宽和沟深不小于0.5m，底坡不小于2‰。基坑外地面排水系统最好与道路排水系统相结合，以便自流排水。

2. 排水量的估算

经常性排水的排水量包括围堰和基坑的渗水、降水、地层含水、地基岩石冲洗及混凝土养护用弃水等。关于围堰和基坑渗透流量的计算，在水力学、水文地质学等课程中均有介绍，不再赘述（可参见魏旋主编的《水利水电工程施工组织设计》）。降水量可按抽水时段内最大日降雨量在当天抽干计算。基岩冲洗及混凝土养护用弃水，由于基岩冲洗用水不多，可以忽略不计，混凝土养护用弃水，可近似地按每方混凝土每次用 5L、每天养护 8 次计算。但降水和施工弃水不应叠加。

三、人工降低地下水位

在经常性排水过程中，为了保持基坑开挖工作始终在干燥地面进行，常常要多次降低排水沟和集水井的高程，变换水泵站的位置，影响开挖工作的正常进行。此外，在开挖细砂土、沙壤土一类地基时，随着基坑底面的下降，坑底与地下水位的高差愈来愈大，在地下水渗透压力作用下，容易产生边坡脱落、坑底隆起等事故，对开挖工作带来不利影响。

而采用人工降低地下水位，就可减轻或避免上述问题。人工降低地下水位的基本做法是：在基坑周围钻设一些井管，地下水渗入井管后，随即被抽走，使地下水位线降到开挖基坑底面以下。

人工降低地下水位的方法按排水工作原理来分有管井法和井点法两种。管井法是纯重力作用排水，井点法还附有真空或电渗排水的作用。现分别介绍如下。

1. 管井法降低地下水位

管井法降低地下水位时，在基坑周围布置一系列管井，管井中放入水泵的吸水管，地下水在重力作用下流入井中，被水泵抽走。

管井法降低地下水位时，须先设置管井，管井通常由下沉钢井管而成，在缺乏钢管时也可用预制混凝土管代替。

井管的下部安装滤水管节（滤头），有时在井管外还需设置反滤层。地下水从滤水管进入井管内，水中的泥沙则沉淀在沉淀管中。

滤水管是井管的重要组成部分，其构造对井的出水量和可靠性影响很大，要求过水能力大，进入的泥沙少，有足够的强度和耐久性。

井管通常用射水法下沉，当土层中夹有硬粘土、岩石时，需配合钻机钻孔。射水下沉时，先用高压水冲土，下沉套管，较深时可配合振动或锤击，然后在套管中插入井管，最后在套管与井管的间隙中间填反滤层和拔套管。反滤层每填高一次，便拔一次套管，逐层上拔，直至完成。

管井中抽水可应用各种抽水设备，但主要的是离心式水泵、深井水泵或潜水泵等。

用普通离心式水泵抽水，由于吸水高度的限制，当要求降低地下水位较深时，要分层设置井管，分层进行排水。

在要求大幅度降低地下水位的深井中抽水时，最好采用专用的离心式深井水泵。每个深井水泵都可独立工作，井的间距也可以加大。深井水泵一般适用深度大于20m，排水效果好，需要井数少。

适用条件：管井法降低地下水位，一般适用在渗透系数为 150 ~ 1.0m/d 的粗、中砂土中。

2. 井点法降低地下水位

井点法和管井法不同，它把井管和水泵的吸水管合而为一，简化了井的构造，便于施工。

井点法降低地下水位的设备，根据其降深能力分轻型井点（浅井点）和深井点等。

轻型井点是由井管、集水总管、普通离心式水泵、真空泵和集水箱等设备所组成的一个排水系统。

轻型井点系统的井管直径为 38 ~ 50mm，间距为 0.6 ~ 1.8m，最大可到 3.0m。地下水从井管下端的滤水管借真空泵和水泵的抽吸作用流入管内，沿井管上升汇入集水总管，经集水箱，由水泵排出。

轻型井点系统开始工作时，先开动真空泵，排除系统内的空气，待集水箱内的水面上升到一定高度后，再启动水泵排水。水泵开始抽水后，为了保持系统内的真空度，仍需真空泵配合水泵工作。这种井点系统也叫真空井点。

井点系统排水时，地下水位的下降深度，取决于集水箱内的真空度与管路的漏气和水力损失。一般集水箱内真空度为 53 ~ 80kPa（约 400 ~ 600mmHg），相应的吸水高度 5 ~ 8m，扣去各种损失后，地下水位下降深度约为 4 ~ 5m。

当要求地下水位降低的深度超过 4 ~ 5m 时，可以像井管一样分层布置井点，每层控制 3 ~ 4m，但以不超过三层为宜。层数太多，基坑范围内管路纵横，妨碍交通，影响施工，同时也增加挖方量；而且当上层井点发生故障时，下层水泵能力有限，地下水位回升，基坑有被淹没的可能。

真空井点抽水时，在滤水管周围形成一定的真空梯度，加速了土的排水速度，因此即使在渗透系数小到0.1m/d的土层中，也能进行工作。

布置井点系统时，为了充分发挥设备能力，集水总管、集水管和水泵应尽量接近天然地下水位。当需要几套设备同时工作时，各套总管之间最好接通，并安装开关，以便相互支援。

井管的安设，一般用射水法下沉。在细砂和中砂中，需要的射水量约为25 ~ 30m^3/h，水压力达3×105 ~ 3.5×105Pa（约3.0 ~ 3.5个大气压）；在粗砂中，流量需增大到40m^3/s或更大；在夹有砾石和卵石的砂中，最好与压缩空气配合进行冲射；在粘性土中，水压需增大到5×105 ~ 8×105Pa（约5 ~ 8个大气压），并回填砂砾石作为滤层。回填反滤层时供水仍不停止，但水压可略降低。在距孔口1.0m范围内，宜用粘土封口，以防漏气。排水工作完成后，可利用杠杆将井管拔出。

深井点与轻型井点不同，它的每一根井管上都装有扬水器（水力扬水器或压力扬水器），因此它不受吸水高度的限制，有较大的降深能力。

深井点有喷射井点和压气扬水井点两种。

喷射井点由集水池、高压水泵、输水干管和喷射井管等组成。

喷射井点排水的过程是：扬程为6×105 ~ 106Pa（约6 ~ 10个大气压）的高压水泵将高压水压入内管与外管间的环形空间，经进水孔由喷嘴以10 ~ 50m/s高速喷出，由此产生负压，使地下水经滤管吸入内管，在混合室中与高速的工作水混合，经喉管和扩散管以后，流速水头转变为压力水头，将水压到地面的集水池中。高压水泵从集水池中抽水作为作为工作水，而池中多余的水则任其流走或用低压水泵抽走。

通常一台高压水泵能为30 ~ 50个井点服务，其最适宜的降低水位范围为5 ~ 18m。

喷射井点的排水效率不高，一般用于渗透系数为3 ~ 50m/d，渗流量不大的场合。

压力扬水井点是用压气扬水器进行排水。排水时压缩空气由输气管送来，由喷气装置进入扬水管，于是，管内容重较轻的水气混合液，在管外压力的作用下，沿扬水管上升到地面排走。为了达到一定的扬水高度，就必须将扬水管沉入井中足够的潜没深度，使扬水管内外有足够的压力差。

压气扬水井点降低地下水最大可达40m。

在渗透系数小于0.1m/d的粘土或淤泥中降低地下水位时，比较有效的方法是电渗井点排水。

电渗井点排水时，沿基坑四周布置两列正负电极。正极通常用金属管作成，负极就是井点中排水井。在土中通过电流以后，地下水将从金属管（正极）向井点（负极）移动集中，然后再由井点系统的水泵抽走。正负极电源由直流发电机供应。

第四章　生态水利工程设计

第一节　水利工程规划设计中环境影响评价分析

作为人类改造自然、利用自然的一项重要活动，水利工程给人类带来经济、社会和环境效益的同时，也对环境产生了水体污染、水质富营养化、水土流失等一些不利的影响。自《中华人民共和国环境保护法》颁布以来，我国水利工程建设严格执行环境影响报告书审批制度，并在水利工程规划设计环境影响评价工作中取得了可圈可点的成绩。然而我们必须清醒地认识到，在兴修水利的同时务必最大限度地减少因工程而带来的不利影响，积极发展环境水利。

一、水利工程与环境之间的关系

正确认识水利工程与环境之间的辩证关系，是分析水利工程规划设计中环境影响评价的前提。首先，水利工程是环境的重要组成部分。相比建设之前的环境状况，由于增加了新的环境因素，变成了一个新的环境系统。并且这一环境系统的好坏，主要取决于原有环境中各个要素与水利工程之间的配合和协调力度。如果两者之间协调一致，新的环境系统将有利于人类的生存和发展，否则，将破坏原有的生态环境，有损于人类的生存和发展。

其次，环境是水利工程建设的基础。水利工程的兴建是以环境为基础的，不可避免地对环境产生一些影响。如果在水利工程规划设计中充分考虑了工程对于环境的影响，则可以改善环境，有效地将不利的因素降至最低的限度，反之，则会发生一些水土流失、滑坡等破坏自然环境的行为。

其实，水利工程与环境之间本质上是一种相互制约、相互促进的关系。即水利工程是以改造和利用自然环境为目的的，并且良好的环境能够有效地发挥水利工程的作用。同时，环境是水利工程建设的基础，对于水利工程的良好运行和持续发展有着反作用。

二、环境需求分析

从环境的角度分析和评价水利工程项目建设的可行性和合理性就是环境影响评价。与传统的工程经济角度分析不同，环境需求就是环境保护的需求，只有在充分明确需求的前提下才能合理地进行评价。但是，社会经济发展与环境之间的需求又是相互矛盾的，而环境影响评价工作就是在环境开发与保护之间寻找到最佳的结合点，就是在充分权衡两者之间需求的基础上寻找到平衡。

（一）水资源开发的环境需求

水是维持自然界生命系统最基本的元素，也是一种重要的社会经济资源。如果水资源的开发利用程度超过了生态环境的承受能力，那么将会产生和引发各种环境问题。所以，在社会经济发展需求水资源时，务必保障合理的生态用水和环境用水量。但并不是每一个具体水利工程项目的建设，都能根据环境和生态需求准确地确定出生态需水和环境用水。这种情况的存在给水利工程环境影响评价工作带来了较大的困难。

（二）防洪工程的环境需求

兴建防洪工程能够有效避免洪水对于人类生存和环境发展的破坏，能够为人类的生存和发展提供基本的安全保障。然而，从环境的角度分析，和其他自然现象一样，洪水对于某些水生生物以及湿地是非常有必要的，不定期的泄洪，有利于恢复河道的自然状态，有利于冲淤，在一定程度上可以认为是维持生态平衡的一个重要途径。特别是河流下游的河谷生态、荒漠生态以及湿地，都是通过定期的洪水泛滥达到其生态系统的平衡。例如，在新疆引额供水工程中，为了保护其下游的河谷林生态，定期地人为制造洪水。所以，在兴建防洪工程的同时务必注意工程对其生态的影响。

（三）土地资源开发的环境需求

耕地是人们赖以生存和发展的宝贵资源，水利工程修建过程中，往往会淹没和占用大量的耕地。因此，在移民安置过程中，要加大土地开发的力度和提高土地的承载能力。对一些涉及土地资源、改变土地利用方式的工程方案，环境影响评价专业务必从保护林地、湿地的涵养水分和保护生物多样性的角度出发，科学合理地评价土地开发方案的环境以及土地利用方式的可行性。

（四）国家环境保护的要求

在现实生活中，部分规划建设中的水利工程往往也是水源地保护区、风景名胜地等环境敏感地区。在这些地区修建水利工程，务必在设计方案上符合国家有关法律法规的规定，加强与有关部门的协调力度，及时对设计方案进行修改和优化。

三、各个阶段环境影响评价工作的重点

当前，环保部门对于工程设计各个阶段的环境影响评价进行单独审批，在工程规划设计中，环境影响评价工作的重点是为工程优化设计服务，是从提高环境质量、合

理利用自然资源以及维护生态平衡的角度出发，根据经济和环境指标，在不同工程方案中优选对环境影响最小的方案，使其在规划、设计、施工以及管理等各个阶段拟定出环境保护的具体对策和措施，最大限度地减少措施的不利影响，真正地将环境保护的相关要求落实到工程设计各个阶段之中。

（一）规划阶段

在水利工程规划阶段，环境影响评价工作务必分析工程影响区域的环境现状，从宏观的角度指出当前存在的主要环境问题，分析可能制约工程开发的各种环境因素，并对现状环境问题的影响趋势和重要环境因素做出初步预测评价，为项目的立项提供各种环境依据。例如，工程建设区域内是否有饮用水源保护地、珍稀动植物等环境敏感地域。

（二）可行性研究阶段

一般情况下，中小型水利工程填报环境影响表，大型水利工程编制环境影响报告书，并经过专项调查后，在确认没有明确制约工程建设的环境因素后，从环境保护的角度出发，在环境影响报告书（表）中全面论证环境工程的可行性，更加注重工程对于环境产生不利影响的工程设计和环保措施，更加强调各种环保措施的可操作性、有效性以及针对性。同时，为了使环保措施得以有效地贯彻落实，通过工程概算、估算的方法估算出所有环保投资，并将其列入工程的总概算之中。

（三）初步设计阶段

通过规划和可行性研究阶段后，在初步设计阶段不再进行环境影响评价，重点在对比各种环保措施、计算工程量以及估算投资等方面，具有工程特性强、设计深度与工程设计深度一致以及管理措施与工程管理深度一致等特点。在具体工作中，应该明确环境管理的执行人、责任人，区分环境管理与环境行政管理之间的界限，理清环境管理与工程管理之间的关系，为建设项目“三同时”管理提供验收的依据。

四、环境影响评价工作应该注意的几个问题

首先，明确环境保护责任与环境需求。与环境质量评价不同的是，水利工程项目的环境影响评价需要明确哪些环境问题是以前环境就具有的，哪些是由工程开发和建设所加重的原生环境问题和引起的次生环境问题，只有这样才能贯彻“谁污染，谁治理；谁破坏，谁保护”的原则。同时，明确开发建设者应该承担的责任，从开发建设的角度集中解决可能产生的环境问题，防止所分析的环境问题缺乏针对性和实效性。此外，明确环境的需求，使工程能够与当地环境和谐可持续发展。

其次，树立环境影响评价工作为工程优化设计服务的理念。在水利工程规划设计中，环境影响评价分析的目的是为优化工程设计方案服务，其工作的出发点是真正将环境保护的法律规定和相关要求贯彻落实到工程各个阶段的设计方案中，只有将环境需求与工程设计有机结合起来，树立环境影响评价是为设计服务的思想，才能达到人与自然和谐相处的目的，才能使环境影响评价工作发挥出应有的作用和效果。在具体

规划设计中，务必从工程规划的指导思想、施工方式、方案选择以及移民安置等方面进行环境影响的评价，在分析工程对于环境建设产生的可能影响的基础上，分析评价现有设计方案的合理性，并根据工程实际情况，有针对性地提出工程优化设计的环境约束条件和满足环境保护的需求，进行专项环境保护。

再次，正确地认识环境影响评价专业和其他专业之间的关系。在水利工程规划设计中，环境影响评价专业和规划设计、移民安置、水土保持等专业既有交叉又有分工，如果在具体规划设计中，未能充分了解水利工程的建设特性，评价也就失去了原有的意义，最终致使各项环保措施效果不佳。同时，当前水利工程设计与环境影响评价工作结合不够紧密，环境影响评价工作优化水利工程的作用并不明显。重评价轻措施的现象十分严重，常常出现大量的环境影响评价，而相应的环境保护措施却十分缺乏。并且环境影响评价工作中除了重大环境制约因素外，大部分工作以落实环保经费为主。环保措施和环保投资工作远远落后于工程设计工作。因此，务必加强环境影响评价人员与规划设计人员之间的协商、沟通和联系。

最后，坚持评价是为环保措施服务的原则。针对水利工程对于环境的负面影响，务必积极制定针对性、可操作性较强的环保措施和对策，使环保措施与评价内容能够紧密联系。并且，对于不利的影响预测评价要最大限度地做到定量化，充分说明其对环境的所有可能危害，为详细地制订和优化工程方案提供应有的依据。同时，务必按照“权、责、利”一致的原则，正确划分工程建设单位、政府职能部门以及业主之间的责任，使环保管理措施落到实处，不流于形式。

第二节　生态水利工程学的知识体系

一、生态水利工程的定义

对于生态水利工程学的定义，国内最早出现在董哲仁教授的文中，后被广泛应用。其简称生态水工学，是在水利工程学的基础上，吸收、融合生态学的理论，建立和发展新的工程学科，是水利工程学的分支，当然确切地说是未来水利工程学的归属，其相应英文翻译为 Ecological-Hydraulic Engineering, 简称为 Eco-Hydraulic Engineering。它以弱化或削减由于水利工程设施对水生态系统产生的负面影响为基础，以人类与自然和谐共存为理念，探讨新的工程规划设计理念和相适应的工程技术的工程学。

二、生态水利工程发展的理念

（一）尊重自然的理念

自然河流的地貌形态是河流经过千百万年甚至更久，发展与演化的结果，也是河流与于其相关环境相互作用，逐渐建立起来的自然均衡状态。河流地貌与河流形态的外在稳定，保证了河流生态系统的平衡与稳定。在河流自然状态下，河流生态系统里的各类动植物得到健康发展，在生存地繁衍生息，与之相关的物质和能量流通也得以良好循环。因此，生态水利工程秉承尊重自然的理念，尽可能在规划设计和建设中维持河流地貌和形态的原有自然状态。对于先前传统水利工程所造成的环境影响和生态破坏，在经济支持和保证防洪的前提下，可以进行重新设计和建设，使其河流岸边植物群落得到恢复，为动物群落的恢复创造条件，修复受损的河流生态，使尊敬自然的理念得以变成现实。

（二）水资源共享的理念

水是万物之源，不仅是人类生产和生活的基础资源，同时也是除过人类之外其它生物生活的不可或缺要素。一个地区的水资源平衡是维系本地区生态系统健康发展，生态环境稳定的根本条件。可是，人类发展史上，传统水利工程的发展所产生的一个主要问题就是人类过渡占用开发和利用水资源，导致流域内的生态环境变化，生物群落减少，生物链断裂等问题，严重破坏了生态系统的平衡和稳定。当代经济、科学和社会发展使我们逐步清晰地认识到了人与自然之间是息息相关、不可分割的关系，同时也深切感受到生态破坏带给我们生存生活的问题，例如河流生态系统的破坏导致沿河以渔业为生的人民，渔业产量急剧下降，沿河渔民生活成为政府工作的议题，不得不为渔民谋划新的出路等。而这种现象的产生，莫不与我们生活息息相关的自然生态环境相关，因此，合理开发水资源，在保障我们自身生活、生产和经济发展的同时，也应该保障生态环境健康、持续、稳定发展的需水量，使人类与生物共享水资源。

（三）可持续发展的理念

“可持续发展”在我们的生活中早已耳熟能详，是人类在总结自身发展历程之后，提出的新的发展模式，其含义自然不用多说，其目的是使人口——资源——环境协调发展。由于水资源是人类生存、生活和发展最重要的基本要素，而传统的水利工程和水资源的开发利用模式所产生的问题显现出来，在总结之前发展中存在的问题之后，学者和专家们发现，可持续发展是水资源的开发和利用的必然结果。结合可持续发展的理念，应用到水资源开发和利用上来，我们可以得知，可持续发展需要我们了解水资源储量，并知道水资源的承载能力，对水资源进行优化配置，并且加强水资源开发利用的管理。具体来说就是在熟知水资源储量的基础上，结合当地社会、经济发展状况，在留够满足当地生态环境需水的前提下，把水资源合理分配到生产生活各个领域，以满足人类和自然生态环境系统共同健康发展。这不但需要我们在开发之前做到合理的规划和分配，也要做好后续的监督和管理，从体制和制度上保障水资源的可持续利用。

（四）生态修复理念

在生态工程领域，生态系统和自然界自我设计与自我完善的概念主要是指生态系统的自我调节和反馈机制，也就是哲学中的否定之否定理论。具体到生态工程领域就是使生态系统具有适应各种环境变化，并进行自我修复的能力，在其基础上，研究生态系统可恢复的最低变化程度。生态水利工程从本质上讲是一种生态工程，与传统水利设计比较而言，生态水利工程设计是一种“导向性”的设计，工程设计者需要放弃传统水利工程设计时那种控制自然河道机制的想法，对生态系统进行分析，依靠其自身完整的结构和功能，加以人为干预，也就是结合生态系统的特点和人为治水的目的，把水利工程结构的设计和生态系统自身相应的结构的特点联系起来，再次进行合理的结构设计，辅助其功能的健全，使其有等同于自然状态下生态系统的结构和功能。当然，在生态水利设施设计的初始，我们必须保证建设好的生态水利工程设施有恢复到自然生态系统的最低变化程度的能力，即生态修复的能力。截至目前，生态修复技术常用的有：生物—生态修复、生物修复、水生生物群落修复、生境修复等技术。

三、 生态水利工程学的研究内容

生态水利工程学是把人和水体归于生态系统，研究人和自然对水利工程的共同需求，以生态学角度为出发点而进行的水利工程建设，致力于建立可持续利用的水利体系，从而达到水资源可持续发展以及人与自然和谐的目的。生态水利工程学研究的内容广泛，涉及面广。在总结和归纳前人研究成果的基础上，发现生态水利工程学的主要内容有以下四部分。

1） 水资源循环利用与水生态系统：结合水文学和生态学原理来研究河流流域内的生态系统；把水文情势的变化和生态系统的演变综合分析来研究其内在规律；研究水文环境要素变化对生态系统的作用，并对水资源和生态系统各要素之间的相关关系加以计算模拟。

2） 生态水利的规划与设计：生态水利的一大研究内容就是水利工程的规划与设计，旨在研究流域生态系统承载人类干扰的最大能力，结合当地生态环境建设的要求和目标，提出符合生态要求和经济安全的水利建设规划与设计方案。生态水利学的规划设计涉猎广泛，融合水文学、环境学、生态学和水利学等多个学科，在规划设计中，需要对各学科的知识综合运用，以实现水资源的永续利用。本文主要以此为研究对象。

3） 水利工程产生的生态效应：在对水资源的开发利用、保护管理和与生态环境之间相互关系研究的基础上，提出相应的评估预测方法和指标体系，并制定生态系统自我修复和重建的技术和工程方案。生态水利主要以防护为目标，注重工程治理和非工程辅助的措施，以恢复遭破坏流域的生态系统。

4） 生态水利监督和管理：主要对生态水利监测和评价方法的研究，并建立相应的决策支持和预警系统，从而提出可满足生态安全的水资源配置方案与管理措施。

四、生态水利工程学的基本原则

生态水利学的基本原则是其生态水利工程规划和设计的基础，生态水利建设的目标要求也是对其工程的要求，在总结前人研究基础的基础上，本文归纳总结出生态水利工程学的五点基本能原则。

1）工程安全性和经济性原则：生态水利工程是一项综合性工程，在河流综合治理中既要满足我们人的需求，也要兼顾生态系统健康和可持续发展的需求。生态水利工程要符合水利工程学和生态学双重理论。对于生态水利工程的工程设施，首先必须符合水利工程学的原理和原则，以确保工程设施的安全性、稳定性和耐久性。其次，设施必须在设计标准规定的范围内，能够承受各种自然荷载力。再者，务必遵循河流地貌学原理进行河流纵、横断面设计，充分考虑河流各项特征，动态地研究河势变化规律，保证河流修复工程的耐久性。对于生态水利工程的经济性分析，应遵循风险最小和效益最大原则。由于生态水利工程带有一定程度的风险，这就需要在规划设计中多角度思考，多方位设计，然后比较遴选最适合最优的方案，同时在工程建立起来之后，要重视生态系统的长期定点监测和评估。

2）河流形态的空间异质性原则：已有资料表明生物群落多样性与非生物环境的空间异质性存在正相关关系。自然的空间异质性与生物群落多样性的关系彰显了物质系统与生命系统之间的依存和耦合关系，提高河流形态空间异质性是提高生物群落多样性的重要前提之一。我们知道河流生境的特点使河流生境形成了开放性、丰富性、多样化的条件，而河流形态异质性形成了多种生态因子的异质性，造就了生境的多样性，从而形成了丰富的河流生物群落多样性。由于人类活动，特别是大型治河工程的规划和建设，导致自然河流渠道化及河流非连续化，使河流生境在不同程度上趋于单一化，引起河流生态系统的不同程度的衰退。生态水利工程的目标是恢复或提高生物群落的多样性，旨在工程建设的基础上，减少人为因素的干扰，利用自然生态的自我修复性，尽其可能使河流生态恢复到近自然状态或者生境多质性和生物多样性的情况，使其河流生态稳定、持续发展。

3）生态系统自设计、自恢复原则：20 世纪 60 年代开始，有关生态系统的自组织功能被开始讨论。随后有不同学科的众多学者涉足这个领域，分析得出，生态系统的各种不同形式具有自我组织的功能，是自然生态系统的重要特征。自组织的机理是物种的自然选择，也就是说某些与生态系统友好的物种，能够经受自然选择的考验，寻找到相应的能源和合适的环境条件。在这种情况下，生境就可以支持一个能具有足够数量并能进行繁殖的种群。

4）景观尺度及整体性与微观设计并重原则：当把生态水利工程学应用到河道治理上来的时候，我们必须考虑河流生态系统和水利工程结合后的整体性。在大尺度景观上对河流进行生态水利规划和建设，就是从生态系统的结构和功能出发，掌握生态系统诸多要素间的交互作用，提出修复河流生态系统的整体、综合的系统方法，除了需要考虑河道水文系统的修复问题，还需要关注修复河流系统中动植物。诚然，大尺度上是对景观的整体把握和控制，但也不能忽视局部小尺度的景观设计，因为景观的存在是以人为主体的，在景观整体性把握的前提下，也要注重微观小尺度景观，从而使全局景观更好的发挥优点，使生态水利工程的景观价值充分得到展现。再者，有时候小尺度的成败决定了大尺度的成败。

5）反馈调整式设计原则：生态系统是发展的系统，河流修复也不是朝夕而就。长时间的尺度上看，自然生态系统的进化是数百万年时间的积累，其结果是结构的复杂性；生物群落的多样性；系统的有序性及内部结构的稳定性都得到提高，同时抗外界干扰的能力加强。短时间的尺度来看，生态系统之间的演替也需要几年时间，因此，河流修复或生态河道治理工程中，需要长远计划。生态水利工程的规划设计主要是人为仿造稳健河流系统结构，完善其功能，以形成一个健康、稳定的可持续发展的河流水利生态系统。

五、生态水利工程设计目前存在问题

生态水利工程学在理论研究方面日趋完善，实践应用也有所建树，但生态系统破坏和自然环境功能弱化等问题仍旧发生。由于本文所需，主要对工程设计方面存在许多问题加以总结归纳，结合现有研究和归纳总结，其在工程设计方面主要面临四个问题。

1. 不同区域之间，缺乏基于本区域的工程设计方法与评价标准。由于我国幅员辽阔，不同区域之间，水文要素差异明显，典型的有沿海和内陆差异，南北差异。因此，我们水利工作者在水利工程设计和实践中，务必秉着“具体问题，具体对待”原则，结合工作所在地的具体情况，选择合适的工程设计方法，制定合理的工程标价标准，避免千篇一律现象的产生。

2. 水利工程设计者缺乏相应的生态理论和实践知识，同时也缺少了与生态科技工作者的合作机会和体制。由于生态水利工程起步比较晚，现今的水利工程设计者中只有部分设计工作者掌握生态水利设计的知识，在缺少与生态科技工作者的合作的情况下，不能满足当前生态水利的快速发展和广泛应用。现阶段水利工程的设计，依然停留在传统设计的地步，使其相当部分可以实施生态水利工程的项目被传统工程所把持，造成不必要的经济、社会和生态损失。

3. 已有水利工程设施与生态水利工程设施之间难以协调运作。已有水利工程建设较早，或已在工程所在区域形成新的生态系统，在新的生态水利工程建设时，难免与其相互影响，造成次生生态破坏；或原有水利工程造成的生态破坏依然存在，需要对其重新进行生态水利工程建设，则需要对原有设施进行改造或重修；或新的生态水利工程设施与原有工程在同一区域，二者之间联系紧密，在建设新的工程时，就需要对二者进行协调，使其健康运作。

4. 生态水利工程设计缺少相应的生态水文资料。生态水利工程的设计，不但需要水文资料，也需要相关的生态资料，由于二者分属不同部门，一来，资料难以互通利用；二来，资料的有效性也难以得到保障。

第三节 基于生态水利工程的河道治理

一、传统河道治理所产生的问题

传统河道治理主要以防洪为目的，借助于工程措施提高河道的排涝和河堤的防洪能力。传统河道治理形式相对单一，主要是依河两岸修筑驳坎，冲刷严重部位采用护岸丁坝，其工程优点是构筑物较为坚固，防洪排涝性能较好。但是，传统河道治理工程，较少或基本忽略了其工程带来的生态环境影响和景观的美学价值，造成不可估量的经济、社会和生态价值损失。在此对传统河道治理设施产生的影响和问题归纳为以下几部分。

（一）河道纵横向的不连续性

在传统河道治理工程设施建成之后，我们不难发现，河流生态系统和周边陆地生态系统之间的联系被隔绝起来。横向来看，长长的河堤建设阻止了陆生动物的下河饮水觅食，同时，河道生活的两栖动物却无法跃上高高的河堤进入陆生的环境，比如农田觅食等，这样的结果导致生物群落之间的联系减少，生物链减弱甚至断裂，生物种群规模衰减，严重破坏了生态系统的平衡和稳定。纵向来看，尽管堰坝和水库的修筑减缓了河床的腐蚀速度，保护了沿河民居和农田不受破坏。但同时，堰坝和水库也隔绝了河流生态系统上下游之间的联系，上游的水生生物不能自然的进入下游的生态环境中，偶有在洪水地冲流下，来到下游，但是，其自身健康在穿过洪道或水道的时候都受到了不同程度的伤害，甚至死亡。据报道，每年通过泄洪道从上游来到下游的鱼类其中 60% 以上都直接或间接死亡。在河道中建造堰坝，同样也阻止了下游生物向上游迁徙，尤其以葛洲坝建成后，中华鲟的洄游被阻隔的问题，尽管新的产卵地被鱼类自身重新找到，但是中华鲟种群的数量却仍然连年下降。再者，在一些城区河道中建有橡皮坝或河道建有堰的地方，如果我们留心察看，会看到所谓的“鲤鱼跳龙门”的现象，其实质不言而喻，就是下游鱼类想回到上游而不得不所做的努力。

（二）河道治理的渠道化和同质性

传统河道治理工程模式的单一，简单的高驳岸建设和截弯取直，导致河道严重的渠道化，河流自然的蜿蜒特性被破坏和改变，河水原有的流动特性不复存在。首先，渠道化的河流使洪水来时的速度增快，冲击力加大，破坏性更强，需要高强度的驳岸与之适应，增加了工程量，对构筑物的要求提高，导致资金投入增大。其次，渠道化的结果使水流对河床的腐蚀能力增强，驳岸的高度随着时间推移而增加，当腐蚀到驳岸地基上时，对沿岸农田和民居产生的威胁更大。最后，渠道化导致原有河道深潭和浅滩交错的布局消失，在以深潭和浅滩为栖息地的动植物遭到毁灭性打击，河流生态系统中的各类动植物数量急剧减少，生态环境遭到破坏。

传统河道治理导致的同质性主要是因为原有自然环境遭到破坏，而人为建设的水利工程忽略了其生态功能，河道截弯取直，深潭和浅滩交错的自然布局不复存在，沿河长距离的渠道化导致了河流上下游同质性的产生。记得有一篇散文作品，名字叫《苇园》，讲的是作者小时候，家乡河流两边成片茂密生长的芦苇，而现在基本看不到了，沿河几十公里一派景色，砌石的护岸延伸，草疏沙露。这仅仅是我国众多河流中的一段，纵观绝大多水利工程，在河道治理工作中，为了侵占河道，扩大土地面积，其中护岸工程单一简单，渠道化明显，虽然满足了防洪的需要，但其代价是河道生态系统的崩溃，河流上下游的同质化。在生态学中，生态系统的复杂性越高，其稳定性越好，而传统河道治理工程导致的河流上下游同质化的结果使河流生态系统趋于简单，其稳定性变差，生态系统变得脆弱，容易进一步遭受侵害。

（三）河道的隔水性和生境的破坏性

河流的隔水性主要体现在治理穿过城市河流时，河流的整治一般形成一个凹型的隔水水槽，使建造河段彻底失去了生态功能，同时也弱化了景观功能。在河道治理中，堤岸的材料一般选用石块混凝土，这样的结果使堤岸是隔水的，堤岸环境下的生态自我修复则难以实现。穿过城区河道河床的治理中，现阶段，普遍存在的做法是对河床进行硬化处理，虽然避免了河水对河堤的冲击，保证河岸民居和建筑物的安全，但使治理河段丧失了生态功能和景观功能。

对河流生境的破坏性，主要是因为河道截弯取直，深潭和浅滩交错的布局消失，河流原有生境遭到破坏。堰坝的建设对河流生境也造成一定的影响，尤其是城市河道段的橡皮坝建设。北方河道建造的橡皮坝，一般是枯水期落坝泄水，洪水期起坝蓄水，洪水期蓄水，使橡皮坝上河段水位大于正常水位，淹没河道，原有河道近水而生的植物长时间被水淹没而死，当枯水期来临时，落坝之后，水位恢复到之前水位，河漫滩没有植被保护，砂石裸露，生境遭到破坏，动植物的生长没有一个相对稳定安全的栖息场所，种群数量衰减，生物多样性降低。

二、生态河道的理论基础

针对传统河道治理造成的一些生态环境问题，随着生态水利工程学的发展，人们对河流的认识更为全面和深刻，生态水利工程在河道治理方面的应用也随之展开，从之前河道治理仅仅简单的满足泄洪防灾的需要之外，人们认识到河流生态系统健康稳定的重要性，保护生物多样性迫切性，以及在河道治理工程中要注意生态环境保护和生境恢复。至此产生了生态河道理论，伴随着一些生态河堤工程得以实施。结合现有生态河道理论的研究和实践成果，其中生态河堤工程的建设很大程度上提高了建设河道的自净能力，改善了河流的水环境。因此，综合已有理论和实践，以及水利工程学、环境学、生态学等学科，归纳分析得出以下五部分为生态河道的治理工程的基础理论。

（一）生态环境保全的孔隙理论

所谓河道治理的孔隙理论就是在河道治理中，采用一定结构和质地的材料，人为地构建适合生物生存的孔隙环境，保证在河道治理中，生态系统自然属性的完整性，为保护或恢复其系统的生态功能打好基础。河道生态系统的保护和恢复与河岸的构筑形式和使用材料有莫大关系。前文已经说明混凝土砌筑下连续硬化的堤岸和河床等对生态系统的危害。研究发现，河流生态系统中，处于食物链高层的动物都是依赖于洞穴、缝隙、或相对隐蔽隔离的区域繁衍生息。因此，动物与孔隙条件的依赖关系是一个普遍规律。基于这个规律，多孔结构的护岸和自然河床就能够很好的保护和恢复生态系统并促进其发展。

（二）退化河岸带的恢复与重建理论

顾名思义，河岸带就是低水位之上，直至河水影响完全消失为止的地带。河岸带生态系统是水 - 陆 - 气三相结合的地方，是复杂的生态系统。河岸带生态恢复与重建理论的基础是恢复生态学。

河岸带生态系统的恢复和重建是建立在河岸带生态系统演化和发展规律上的。有研究表明，首先，更大级别的系统是生物多样性存在和稳定的必要条件，因此，有必要置河岸系统于更大级别的生态系统中，使河岸带生物多样性的恢复更加稳健。其次，恢复河岸带与周边比邻生态系统的纵横向联系越密切，障碍越少，对生物多样性的建设越有利，因此，有必要加强恢复工程与周边系统的联系，并尽力消除二者之间障碍。再者，相邻类型一致的生态系统，其利于彼此稳健发展，因此，要调查恢复的河岸带生态系统类型，可以使其与相邻系统类型一致，则有利于其恢复。最后，在河岸带生态系统恢复中，对于功能恢复弱的小区域，也要注意其对自然和人类活动的影响。

河岸带生态系统的恢复重建主要包括三方面内容，其依据河岸带的构成及生态系统特征概括为:（1）河岸带生物群落的恢复与重建;（2）缓冲带生态环境的恢复与重建;（3）河岸带生态系统的结构与功能恢复。

（三）水环境修复原理

众所周知，河流水环境有很强的自净作用和修复功能。在河流自净能力承载范围内，污染物质进入河流水体后，一般是两个过程同步进行。一是污染物浓度的降低和降解，即污染物进入河流之后，经过河水扩散、沉淀以及生物的吸收和分解等作用，水质逐渐变好。二是有机污染物经过氧化作用变成无机物的过程。这一过程，归功于水环境中生存的微生物或生物，其为了生存繁衍所进行呼吸作用或获取食物等活动，使水环境中有机污染物经过氧化还原作用变成稳定的无机物质。其结果使物质在生态系统中沿着食物链转化和流动，得到有效利用的同时即改良了水质也改善了水环境。

但是，随着河流水体的污染和富营养化程度日益突出，水体中有机物和营养物质超过了水体自身的自净能力，就需要人为帮助水环境的改善，对此一般采用水环境修复技术。修复技术很多，常见的有修复塘技术、生物岛等，适当的应用修复技术可以促进了多种生物的共同生长，多种生物之间相互依存、相互制约，形成了有机统一体，提高了河流水环境的自净化能力，改善水质。

（四）生态用水理论

《21 世纪中国可持续发展水资源战略研究》认为：广义的生态环境用水，是指“维持全球生物地理生态系统水分平衡所需用的水，“狭义的生态环境用水是指为维护生态环境不再恶化并逐渐改善所需要消耗的水资源总量”。生态需水量是一个特定区域内生态系统的需水量，而并非单指生物体的需水量或者耗水量。河流基本生态需水量的确定包括水量满足和水质保障两方面。从生态需水量概念可以得知，其本身是一个临界值，当实际河流生态系统持有的水量 - 水质处于临界值时，生态系统将维持现状，满足其稳定健康；当河流生态系统持有水量大于，水质好于这一临界值时，生态系统会向更稳定的高级方向演替，使系统的状态保持良性循环；与此相反，当系统持水水量水质低于这一临界值时，河流生态系统将逐步衰弱，环境遭到改变，最典型的现象是河西黑河流域中游对黑河水的过度利用，导致黑河断流，下游胡杨林大面积死亡，居延海面积缩小，荒漠化加剧。

河流生态需水量包括多方面的内容，主要有保护当地生物正常繁衍生息水环境的需水量和满足水体自净能力及自然状况下蒸散的需水量。为了避免由于河流生态系统需水量而产生的生态问题，在水资源开发和利用中，需要对其进行合理配置和规划，对生态需水、生活用水和工农业用水优化配给，并按照已有标准对排放污水进行处理，尽量使污水得到循环使用，以保障当地河流生态系统的稳健持续发展。

（五）景观价值理论

相比较于传统河道治理，现代生态河道治理工程在注重河道其它功能之外，也注重河道的景观价值，景观价值和河流的生态价值及社会价值并称为河流的三大价值，相对应于河流的景观功能、生态功能和社会功能。

三、生态河道研究的内容

生态河道治理研究的内容很多，在各个领域内都有学者研究，分析可归纳为以下部分：

（1）生态河道治理理论研究，主要研究河道治理中存在的问题和治理目标，并根据已有的工程或技术，针对问题或目标提出和研究一系列的理论方法，以使生态河道治理具有可行性和科学性，如上文中的理论基础就是现有的研究成果。

（2）生态河道治理工程技术研究。生态河道治理中会遇到很多实践问题，而这些问题的处理需要在现有工程技术的支持上得以解决，当现有工程技术不能解决一些问题时，则就需要对新的工程技术加以研究。现有的工程技术有很多，比如河道生态修复技术，各样的施工技术等。

（3）生态河道工程设计研究，主要是对河道工程进行工程设计和方案的选取。在治理河道，需要因地制宜，在现有工程技术的基础上，多方案规划设计，选取最优方案进行工程建设。

（4）生态河道治理工程的评价和管理研究。生态河道治理工程的评价体系分为前期评价和后期评价，前期评价即是工程建设前就开始的评价，旨在评价工程的可行性、科学性以及影响预测评价；后期评价是对工程的持续监督，旨在观测工程带来的影响，以确保工程的危害性最小，并对出现的新问题得以及时处理。生态河道工程管理主要有建设期间的管理和建成后的管理。建设期间的管理一般以工程建设方为管理主体，而建成后的管理主要是水务部门的管理。具体则需要根据当地情况而定。

第四节　生态河道设计

生态河道设计作为生态河道治理工程中的主要研究内容之一，是治理工程建设的基础和核心，只有良好的设计才可以使建设工程更好地发挥其作用。在生态河道设计方面的研究已有很多，生态水利工程的设计理论和应用技术都有所发展。生态河道的设计内容和设计类型等问题在具体的设计中有所差异，但大致相同。

一、生态堤岸设计原则

在生态河道设计中，具体到生态堤岸的设计，依据国内外生态堤岸的成功经验，结合生态水利工程的基本原则和所设计河道特点，生态堤岸设计应遵循以下几个原则：

（1）堤岸应满足河道功能和堤防稳定的要求，降低工程造价，对应于生态水工学中安全性与经济性的原则；

（2）尽量减少工程中的刚性结构，改变堤岸设计在视觉中的审美疲劳，美化工程环境，对应于生态水利工程原则中的景观尺度与整体性原则；

（3）因地制宜原则；

（4）设置多孔性构造，为生物提供多样化生长空间，对应于生态水工学中的空间异质性原则；

（5）注重工程中材料的选择，避免发生次生污染。

（6）在设计初，要考虑人类自身的亲水性，其实质对应于生态水利工程中的景观尺度和整体性原则。

二、生态河道设计内容

河道治理工程中，在工程具体设计出具之前，我们需要对河道的流量和水位进行初步设计，这是工程设计的基础。为了保护地区安全，需要结合当地水文特点，选择符合其防洪标准的洪水流量，确定最大设计水位。需要根据通航等级或其他整治要求采用不同保证率的最低水位来设计最低水位。在叙述以下设计方案之前，首先把河道水位设计提出来，是因为不管河道的各种设计方案如何，它都是以防洪为基础目标，在此基础上，才可以更好地对方案设计，对各项指标要求或景观目标进行布局。

（一）河道的平面设计

对整个河道的总体平面进行设计，即线性设计，是进行生态河道建设必由之路，也是把握和控制整个系统的关键所在，其设计标准下河流的过流能力是设计最基本的要求。目前由于人类对土地的需求过大，河道地带也不断遭受侵占，河道变得狭窄，水域面积减少，造成河道生态系统破坏，因此，在河道规划设计时，在满足排洪要求的情况下，应随着河道地形和层次的变化，宽窄直曲合理规划，以恢复河流上下游之间的连续性和伸向两岸的横向连通性，并尽量拓宽水面，即有利于减轻汛期河道的行洪压力，而且扩大了渗水面积，为微生物繁衍提供条件，给了生物更多的生存空间。同时，对补给地下水、净化大气、改变城市环境润泽舒适方面，将起到举足轻重的作用。将河道设计成趋于近自然的生态型河道，以满足人类各方面效益的需求。

在传统河道治理中，人们仅仅把河道当成泄洪的渠道，其设计仅仅满足了泄洪的需要，即以保证最大洪水安全通过。这样的目的导致的结果是河道治理简单化，仅仅是将河道取直，河床挖深，加强驳岸的牢固稳定，而忽视了河道的自然生态功能和景观功能。在违背了生态水利工程学的理念和原则的前提下，自然也违背了生态河道的理念和设计原则。对此，我们需要结合河道地势，部分河段扩宽，拆除混凝土构筑物，充分发挥空间多边、分散性的自然美，使河流处于近自然状态。即加强了水体的自净能力，也使水质自净化处于最佳状态。同时，也需要注重细节上的设计。譬如，为了水鸟等生物的生存，应该适当恢复和增加滨水湿地的面积；为了鱼类更好的繁衍生息，应该使河道有近自然状态的蜿蜒曲折，深潭和浅滩交错分布；为了陆生和两栖动物在河流和陆地之间活动方便，在河道堤沿建设时，适当的预留动物横向活动的缺口；为了使河流上下游生物之间的流动，则减少堰坝的数量，或者寻找可以替代堰坝的设计方案。等等一系列的措施付诸于实践，都是需要在最初设计时考虑的问题。

设计者在设计时，如果涉及城镇区域内的河道设计，还需要考虑其景观的美学价值和社会功能。这就需要结合所规划地的具体情况，构建一些供居民亲水、近水的活动场所。从生态学的角度来讲，符合“兵来将挡，水来土掩”的自然规律，局部环境的改善可以为生物多样性创造条件，提高生态系统的稳定性，使其健康发展。从工程学的角度来讲，河堤建设是在抗洪防汛的前提下完成的，可以有效地降低水流的流速，减小其冲击力，利于保护沿岸河堤。从水利学来来讲，它满足了水利学的基本要求，达到了人们的治理目的。

（二）河道断面设计

生态河道断面设计的关键是在流过河道不同水位和水量时，河道均能够适应。如高水位洪水时不会对周边民居农田等人们的生命财产安全产生威胁，低水位枯水期可以维持河流生态需水，满足水生生物生存繁衍的基本条件。一般的设计中，在河道原有基础上，需要对河流的边坡或护岸进行整治，以使河道横断面符合设计者的要求和目的。河道断面具有多样性，最常见的有矩形断面、单级梯形及多层台阶式断面等断面结构等。已有的断面结构虽然能一定程度上为水生动植物、两栖动物及水禽类建造出适合其繁衍生息的生境，可是其局限性和不足在长时间的实践中已经显现出来，妨害了河流生态系统的健康稳定和可持续发展。

传统河道断面的设计，基本以矩形和单级梯形断面为主的混砖石凝土材料垒砌而成的高堤护岸形式，主要作用是洪水期泄洪和枯水期蓄水为主，但蓄水时，一般辅助以堰坝和橡皮坝，单独的蓄水功能很差。在河道平面设计的论述中，我们得知河堤设计时，为了陆生和两栖动物在水－陆生态系统之间自由活动，在河堤护岸设计时，需要预留适当的缺口，而在断面设计中，同样的问题亦需要我们注意，因为过高的堤岸会使陆生和两栖动物不能自由地跃上和跳下，来往于水－陆生态系统之间，生物群落的繁衍生息遭受阻隔。为避免水生态系统与陆地生态系统受到人为隔离状况的产生，在设计中，梯形断面河道虽然在形式上解决了水陆生态系统的连续性问题，但亲水性较差，坡度依然较陡，断面仍在一定程度上阻碍着动物的活动和植物的生长，且景观布置差，若减小坡度，则需要增加两岸占地面积。

针对这一问题，水利设计者们设计出了复式断面，即简单概述为：在常水位以下部分采用矩形或者梯形断面，在常水位以上部分设置缓坡或者二级护岸，在枯水期水流流经主河道，洪水期允许水流漫过二级护岸，此时，过水断面陡然变大。这样的设计，不但可以满足常水位时的亲水性，还可以使洪水位时泄洪的需求，同时也为滨水区的景观设计提供了空间，有效缓解了堤岸单面护岸的高度，结构整体的抗力减小。另外在河道治理过程中，我们还需要断面的多样化。断面结构，很大程度上影响着水流速度，从而影响水流的形式（紊流和稳流等），进而影响水体溶氧量，利于水生生物的生长和产生多样化的生物群落，造就多样化的生态景观。

尽管复式断面的产生，很大程度上满足了基于生态水利工程学的河道治理，但是，我们仍要注重方案的执行，在细节上更进一步完善断面的宏观和微观设计。

（三）河道河床、护岸形式

河道治理中，建设符合生态要求且具有自修复功能的河道的是水利设计者的目标，这就要求我们要对河道护岸的形式加以研究，提出合理的设计方案。在绝大多数河道治理工程中，很少考虑到河床的建设，仅仅是对其进行休整、改造或修建堰坝和橡皮坝，但是，少数穿过城区河流的河床却遭受大的建设，而这些建设基本是河床硬化，使河堤和河床固为一体，满足城市泄洪的需要。建造堰坝、橡皮坝或河床硬化等，这些措施的实施，已然产生了系列问题，但截至目前，并没有新的有效设计方案产生，这将是我们要研究的问题。

在河道护岸形式上，我们选择生态护岸类型。生态护岸即满足河道体系的防护标准，又有利于河道系统恢复生态平衡的系统工程。常见的有栅格边坡加固技术、利用植物根系加固边坡的技术、渗水混凝土技术、生态砌块等形式的河道护岸。其共同特点是具有较大的孔隙率，能够让附着植物生长，借助植物的根系来增加堤岸坚固性，非隔水性的堤岸使地下水与河水之间自由流通，使能量和物质在整个系统内循环流动，即节约工程成本，也利用生态保护。但生态护岸的局限性是选材和构筑形式，由于材料和构筑形式与坡面防护能力息息相关，这要求设计者结合实际的坡面形式选择合适的结筑形式。

（四）生物的利用

在生态河道设计中，不但要注重形式上的设计，而且要注重对生物的利用。设计者可以以生态河道治理理论为基础，借助亲水性植物和微生物来治理水体污染和富营养化。比如设计新型堰坝，使水流产生涡流，增加水体中的含氧离子，促进水环境中原有喜氧微生物繁衍，有效降解水中的富营养化物质和污染物，同时也提高了水体自净能力。在此基础上，向河道引进原有的水生生物和亲水性植物，恢复水体中水生生物和近水性植物的多样性，如种植菖蒲、芦苇、莲等水生植物，进一步为改善河道生态环境和维护水质提供保障。在河道堤岸的设计中，要善于利用植物的特点，美化堤岸，强化堤岸的景观功能。比如在相对平缓的坡面上，可以利用生态混凝土预制块体进行铺设或直接作为护坡结构，适当种植柳树等乔木，期间夹种小叶女贞等灌木，附带些许草本植物；在较陡坡面上，可以预留方孔，在孔中种植萱草等植物，在不破坏工程质量，美化了环境，提高了堤岸的透气性和湿热交换能力，有抗冻害，受水位变化影响小等优点。

三、河道护岸类型

在河道治理中，最常遇到的是生态河道治理和城市河道景观改造。生态河道治理一般是指对非城区河道的治理，但也可对城区河道进行生态治理，而城市河道景观改造主要针对城区河道而言，二者之间并无明显界限，针对具体情况而定。一般而言，生态河道治理一般要求所治理河道空间宽泛，且与周边生态系统联系密切，而农村河道基本满足其要求。对于城区河道景观的改造，如果满足空间宽泛的要求，也可对其进行生态治理，使其恢复良好的生态条件，美化人居环境。实际上，城区河道往往受制于空间限制，对其进行生态治理比较困难，因此，多数仅仅进行河道驳岸的改造。

（一）生态河道护岸类型

生态护岸工程现已在很多河道治理工程中得到应用，并总结出了一些护岸类型。总的来讲，生态型护岸就是具有恢复自然河岸功能或具有“渗透性”的护岸，它即确保了河流水体与河岸之间水分的相互交换和调节功能，同时也具备了防洪的基本功能，相比于其它一些护岸，它不但较好地满足了河道护岸工程在结构上的要求，而且也能够满足生态环境方面的要求。在生态河道治理中，生态护岸的类型有很多中，分析归纳为基本的三种形式：

（1）自然原型护岸

自然原型护岸，主要是利用植物根系来巩固河堤，以保持河岸的自然特性。利用植物根系保护河岸，简单易行，成本低廉，即满足生态环境建设需求，又可以美化河道景观，可在农村河道治理工程中优先考虑。一般在河岸种植杨柳及芦苇、菖蒲等近水亲水性植物，增加河岸的抗洪能力，但抗洪水能力较差，主要用于保护小河和溪流的堤岸，亦适用于坡面较缓或腹地宽大的河段。

（2）自然型护岸

自然型护岸，是指在利用植物固堤的同时，也采用石材等天然材料保护堤底，比较常用的有干砌石护岸、铅丝石笼护岸和抛石护岸等。在常水位以上坡面种植植被，实行乔灌木交错，一般用于坡面较陡或冲蚀较重的河段。

（3）复式阶级型护岸

复式阶级型护岸是在传统阶级式堤岸的基础上结合自然型护岸，利用钢筋混凝土，石块等材料，使堤岸有大的抗洪能力。一般做法是：亲水平台以下，将硬性构筑物建造成梯形箱状框架，向其中投入大量石块或其它可替代材料，建造人工鱼巢，框架外种植杨柳等，近水侧种植芦苇、菖蒲等水生植物，借用其根系，巩固提防；亲水平台之上，采用规格适当的栅格形式的混凝土结构固岸，栅格中间预留出来，种植杨、柳等乔木，兼带花草植物。其它类型如新型生态混凝土护岸，将在下文中继续阐述。这类堤岸类型适用于防洪要求较高、腹地较小的河段。

（二）城市河道驳岸类型

城市河道的水生态规划设计已研究很多，城市河道生态驳岸具有多样性的形式和不同的适应性，其功能和组成与自然河道相比有很大不同。在城市河道景观改造中，驳岸主要有以下 3 种类型：

1）立式驳岸。立式驳岸一般应用在水面和陆地垂直差距大或水位浮动较大的水域，或者受建筑面积限制，空间不足而建造的驳岸。此视觉上显得“生硬”，有进一步进行美化设计的空间。

2）斜式驳岸就是与立式驳岸相对应而言的，只是将直立的驳岸改为斜面方式，使人可以接触到水面，安全性提高，要求有足够的空间。

3）多阶式驳岸。多阶式驳岸，和堤岸类型中的复式阶级型堤岸相似度极大，但又有明显差别，建有亲水平台，亲水性更强，但同复式阶级型堤岸相比，人工化过多，单一性明显，亲水平台容易积水，忽视了人和水之间的互动关系。对水文因素和水岸受力情况分析不到而采取简单统一的固化方案，没有考虑河道的生态环境和景观。现多被生态多阶式驳岸替代，而生态多阶式驳岸与复式阶级型河堤形式基本相同。

四、生态河道设计的思路和方案

截至目前，生态河道实践工程已经有很多，根据治理地域的情况不同，工程的侧重点和具体实施都有所不同。但是在生态河道的要求下，一般河道治理项目，结合所治理地具体情况，在生态河道设计理论的基础上，加以改变或创新，结合现有河道设计的类型或模式，涵盖了生态设计与结构设计两方面，完成设计工作。本节结合现有类型和模式，对河道治理工程的一些设计方案进行分析研究，发现已有河道设计的局限在于设计中仅仅部分弱化了工程对生态环境的破坏，如果对已有设计方案加以改进，则可以更进一步提高河道水环境的质量、景观价值和生态功能。在设计中，综合水工学和生态学等相关学科理论和实践，以实用性和近自然性作为指导，以恢复河流系统中动植物的栖息环境为目的，对已有设计方案加以创新。具体设计中，采用复式阶级护岸等结构类型，并对已有工程设计方案中网格护堤这一常规应用方案进行改进和创新，改变设计思路，扩大其应用范围，并在具体的河道治理工程中加以应用，以使人水和谐的理念能够得到深入实践。

（一）生态河道设计思路

传统河道治理工程的设计，由于出发点的不同，不同研究中河道的设计思路也会有所不同，但设计工作的主体思路基本都是“工程确认，勘察研究，工程设计。”现今的生态河道治理工程中，拟定主体思路为“工程确认，调查研究，工程设计，实验验证。”其中工程确认指工程的立项，确定工程区域，指定作业范围。调查研究包括对工程区域的实地勘察和室内研究。实地勘察主要勘察工程所在地的地貌、地质、水文和生物等要素，勘察面积适当大于工程区域，结合具体情况，可对调查区域进行适当增减或调整。室内研究主要是对调研结果进行归纳分析，确定设计任务需要考虑的因子。比如，选取工程地的指标生物物种，并对其生活习性加以研究，结合当地具体的地质、地貌和水文等环境因子，从而在工程设计中予以重视，保证其栖息地生态环境在工程干扰下，可以满足其生存繁衍，保障当地生态系统的物种的完整性，促进工程与自然的和谐发展。工程设计在河道治理工程设计中是最主要的环节，具体设计繁多，在建设生态河道理念的要求下，其设计任务要求更多，这就需要设计者有开阔的眼界和创新的思维，对已有的生态河道设计类型和模式因地制宜，加以创新或改善，应用到工程中去，使生态河道实践可以付诸于实践。实验验证指对现有工程的设计在实验室进行验证，已确保设计的可行性、科学性和安全性，这是由于，在生态河道设计的要求下，新的设计一般都是兼具工程功能和景观功能，采用新型设计或新型材料，其设计的可行性、科学性和安全性缺乏实践证明，因此需要在实验中加以验证，以避免潜在问题的发生和确保河道景观的美观。

（二）“栅格结构”的设计方案

在河道治理中，网格结构是护岸最常选用的一种方案，一般有植被加筋技术护岸、土工网复合植被技术护岸、笼石结构生态型护岸、混凝土砌块生态护岸、生态混凝土护岸等型式。其基本原理都是构造硬性结构，留有空间，并按照设计规则堆砌在河道坡面上，制成网格形式护岸，它中间有孔，孔和坡面底质土壤相连，可在孔中种植植物，形成生态护岸。这一类护岸类型具有一定的抗冲蚀能力，缺口部分适合动植物生长，形成了水下 - 岸坡 - 水上和谐的共生系统，相对较好地保护了河岸的生态环境。

网格形式在空间允许的情况下，多用于河道堤岸，但是，其受制于空间限制。在可以用栅格结构的河道，即为栅格结构网格结构护岸的一种。由于网格的设计和格子内填充物的不同，网格形式所展示给人们的美学景观价值并没有提高，因此，有必要对这种现象加以思考，并重新对栅格结构的利用和设计提出新的方案，并扩大其利用范围。

本段在总结旧网格形式设计的不足后，结合自己的认识，针对已有治理河道的状况，设计提出几种栅格结构方案，在具体的应用中，则应结合实际情况，加以变化应用。在此罗列的五种具体的设计结构如下：

（1）对城区河道的立式驳岸的设计，可以由封闭式隔水砌墙改为栅格结构的变式，即立式稍微改为斜式，坡面角度从 90 度改到 60-75 度中间，在坡面预留小孔径栅格，夹杂种植花卉或灌木，暂且称之为“小孔径栅格结构”。

（2）针对城区河道斜式护岸的设计。城区河道的斜式护岸最常见的有两种：一种是不透水的混凝土砌石结构，另一种为网格结构护岸。对于两种护岸结构，都可改为栅格结构。具体设计是把斜式护岸改造为栅格形式，但栅格空间的设计则应疏密有序，斜面的设计以混凝土砌石护岸面为主，在其面上合理分隔出栅格空间，栅格大小均匀分布，合理布置，均以护岸所在河道水文水情为依据来设定规格大小。其中大孔空间中种植柳树等乔木，小孔中种植灌木或花卉，避免仅仅种植低草而产生的单一化和视觉上的生硬感。改建后的坡面，杨柳和灌木或花卉交错布置，柳枝可以直接低垂到水面，增加了河道景观的立体感和的自然美感，同时为以水生生物为食的鸟类提供了栖息和的场所。

（3）对河道的梯形堰坝的改造。由于近年来河道采砂情况严重，河流对河床的腐蚀能力增大，河床和河漫滩逐年下降，与沿河河堤之间的落差逐步加大，以往所建的护岸垮塌现象严重，稳定性遭到破坏，沿岸农田民居受到威胁。针对这样的问题，尽管部分河段建有堰坝，一定程度上阻止了堰坝上游地区河流的腐蚀，确保了其河床的稳定性，保障了沿岸农田民居。但是，堤坝所能稳定的河床河漫滩仅仅局限在堰坝上游一定范围内，在超过一定水头，堰坝的作用就会消失，已有问题仍旧不能得到解决。在堰坝下方，由于流过堰坝的水流冲击力加大，腐蚀能力更大，河床下切作用更加明显，护岸遭受的威胁更大，已有问题进一步加剧。

针对以上所陈述的问题，在此，在自然河道内建造的梯形堰坝结构，重新设计为平缓栅格式，使水流变缓，对堰下冲刷更小。栅格结构的堰坝与之前梯形结构的堰坝实质为形式的不同。其中，栅格结构可以是“田”字栅格，可以将“田”字拉开为菱形栅格，也可以是梅花型的栅格等，栅格形式的堰坝可以是直接在河道建设，也可以在原有梯形堰坝的基础上改建。栅格堰坝结构上的选择，需要结合当地河流的水文特点，确定栅格尺寸，以适当的倾角合理布局建造的河道中，以替代原有堰坝或建造新的堰坝。栅格堰坝的特点是容易改建和延伸，纵向宽幅大，改变了河水流经传统堰坝形成小型瀑布的状态，使河水平缓地从堰坝上游流向下游，对下游河床的腐蚀能力减弱，有效地保护了河床的稳定性，进一步确保了沿河河堤的安全。

（4）对全部硬化河床的改造。在现有河道治理过程中，一些工程为了省事，将原有河道全部进行硬化处理，导致河道 “寸草不生，滴水不漏”，完全摧毁了河道原有的生态系统，改变了河道的生态环境功能，河道景观功能也因此大打折扣，导致河道“硬视化”。因此，对全部硬化的河道设计为菱形栅格结构，堤岸设计为小孔径孔隙结构，合理分配孔径大小，并种植乔木或花卉灌木，建造河道景观的立体感。其中菱形栅格结构同栅格结构堰坝中的菱形栅格结构一样，只是应用范围的扩大和应用形式的不同。

（5）对农村混凝土砌石直立式结构河堤的设计。在农村基本水利工程建设之中，很大一部分是以混凝土砌石而成的直立式结构，由于其结构简单，作业方便，被广泛地应用到基本水利设施建设中去，用以保护基本农田和民居，其缺点主要是使河道渠道化，陡峭的河堤隔绝了河流生态系统和农田等周边生态系统联系，使生物多样性遭到威胁。因此，需要改变河堤改变以往的结构，综合自然型堤岸和斜式堤岸的筑堤方式，结合河道水文水力情况，在水流冲蚀严重的河段采用斜式堤岸，并降低堤岸高度，对堤岸以上的护岸，则改用自然型堤岸方式；在河流冲蚀较轻的河段，采用自然型堤岸。在改造中可以结合工程具体情况，可以间隔建造堤岸，附加其它如亲水台阶和亲水平台等设施。

第五节 水利工程规划中的防洪治涝设计

一、水利工程规划中防洪治涝设计的具体原则

（一）切实原则

在对水利工程防洪质量进行合理设计的过程中，要结合实际状况开展施工，对监管的措施进行落实。首先，要对所利用的图纸进行严格检查，在审核的过程中，对图纸所涉及到的各个要素进行分析，确保其可行性；其次，在对监管的过程中，要不断加大力度，对施工技术、人员、进度进行有效的管理，避免出现一些人为导致的操作失误；最后，对于一些简单事故的发生，要及时采取补救措施，使得整体的施工质量能够得到提升。

（二）分清主次

在具体的实践过程中，对于洪涝进行有效的治理，要对主次进行合理的划分，加强对洪涝的合理控制。特别针对于两岸和上下游的洪水，要进行有效的抵御，从长远的角度来进行考虑，加强重点区域的合理保护。同时，洪涝防御的项目规模较大，需要采取一些非工程的处理措施，建立现代化的防汛指挥系统，不断提高规划的效率。

（三）合理对水资源进行利用

洪涝灾害会造成较大的损失，在洪涝治理的过程中，对水资源进行有效的应用可以降低损失。同时，我国地形地势较为复杂，水资源分布不均，对水利工程进行合理设计，开展防洪治涝，可以对水资源不均的问题进行解决，加强对水资源的合理配置。因此，防洪治涝设计要与水资源的分配进行结合，对洪水疏导工程进行建设，在资源匮乏的地区进行储水工程的开展，可以因地制宜降低成本，对防洪治涝设计合理性进行提升。

（四）开展科学的防护措施

防洪治涝工程项目所涉及的范围较为广泛，需要占据较大面积的土地。所耗费的成本较高，因此，要对防洪治涝的措施进行科学的制定，同时，要加强人力物力投资的投入，降低灾害所造成的损失。比如，水利工程人员在进行技术操作的过程中，要结合现代化防汛指挥系统，对科学的防护措施进行应用，使得防洪治涝设计与规划的效率得到有效的提升。

（五）整体与局部的原则

水利工程建设关乎人们的日常生产和生活，在进行规划的过程中，要从整体的角度考虑提高综合效益。特别在防洪治涝设计的过程中，工作人员要注意上下游和两汉

的洪涝灾害抵御，加强对防洪治疗问题的解决；其次，规划人员要明确工程制造的整体任务，对洪水进行有效的防御和疏导；最后，工程建设的过程中，要加强重点和侧重点的结合，特别针对于民生古迹、交通要道、农田要地等的保护，综合考虑，才能更好地兼顾整体局部。

（六）节约成本的原则

在水利工程建设的过程中，对于防洪治涝进行有效的设计，要对成本进行节约，既要提高洪涝治理的质量，同时，要对所应用的技术和方法进行优化，非工程类的技术措施，不需要较多的资金投入，要结合工程防洪防涝的具体状况，使非工程措施与工程措施进行结合，从而降低防洪防涝施工项目的整体造价成本。

二、水利工程中防洪治涝规划设计的具体路径

（一）开展设计准备

在对水利工程防洪防涝进行合理设计的过程中，要做好充分的准备工作。首先，要对工程建设区域的地质、水流等环境因素进行充分的分析，做好参考数据的整理；其次，明确工程建设的标准，对洪涝灾害的相关信息进行整合，综合开展数据分析，对重点问题进行标注；最后，在调查期间，要利用专业的勘察技术和工具，使得数据的准确性得到提升，所建立的设计方案具有一定的可行性。

（二）推动调研工作的开展

在进行防洪治涝规划设计的过程中，要综合考虑其调研的对象，主要是易发生洪涝灾害的地区。所以，在进行防洪治涝科学设计时，要结合河流地段的一些较低的地区进行现场调研，对现场区域的相关地质数据信息进行汇总记录，结合灾害发生的次数和导致洪涝灾害发生的因素，对相关信息进行综合整合，找到诱发灾害的因素进行深度分析，结合现实需求开展调研总结，可以为防洪治涝功能的发挥提供更多的信息。

（三）制定统一的标准

在进行防洪治涝规范设计的过程中，要对流程进行有效的对接，开展科学调研，结合调研的结果，对防洪治理进行统一标准的制定。结合现实状况中洪涝灾害发生的程度，对安全的距离进行测定，同时，针对不同地区的项目要进行综合考量，从多方角度进行测评，推动水利工程质量的提升。

（四）推动完善体系的构建

在对水利工程防洪治涝体系进行构建的过程中，要综合考虑多方面因素。除了上述所提到的调研活动和标准的制定，要考虑体系的合理构建，对不同因素所造成的影响进行综合考量，形成完善的防洪治理体系。同时，在进行水利工程建设的过程中，要综合考虑移民安置问题，对利益突出矛盾进行有效的解决。比如，在三峡水利工程建设的过程中，对防洪治涝进行科学设计，要综合考虑多个因素，对移民问题进行解决，

可以使得整体的设计规划体系能够获得考验，进一步推动其规划设计效果的提升。

（五）环境测评与综合效益评价

在水利工程建设时，对防洪治涝进行科学的设计，要降低洪涝灾害对人们所造成的影响，使人们能够提高抵抗灾害的能力。因此，在具体的规划设计过程中，要兼顾生活环境，进行综合的评价，加强对长远利益的兼顾，对规划设计的标准进行提升，也要加强对生态环境的保护。除此之外，在水利工程防洪防涝能力效果提升的过程中，要加强综合实践问题的考虑，结合典型的洪涝数据进行综合分析，对每年的效益进行科学的估算，可以反映洪涝灾害与经济之间所存在的影响关系，提高防洪治涝的整体效益。

（六）合理开展报告的编写

水利工程防洪治涝规划报告撰写的过程中，要涉及到所在流域的自然状况与经济基础，加强对水文环境相关数据的分析。结合往年洪涝的典型数据开展计算机的分析描述，对工程进行有效的投资，对移民安置问题进行解决，要明确水利工程防洪治涝对洪涝灾害降低的概率。除此之外，在水利工程建设过程中，对原有的河流流向会造成一定的更改，对河流中的生物也会产生一定的影响。所以，对水域中生态系统所产生的影响进行科学的撰写，才能使得报告的可行性得到提高。

三、案例简要分析

三峡水利工程的防洪治涝能力是非常强的，对于长江中下游地区的防洪安全非常关键。在洪水调蓄的过程中，考虑库区水面线下的总库容对洪水的调节作用。在设计的初期，按照静库容调洪的方法进行确定，采用一维非恒定流水动力学模型，获取监测数据，将水库天然库容纳入到调洪的计算过程中。首先，在设计准备阶段，对工程建设区域的地质、水流等因素进行分析，对参考数据进行整理。同时，结合长江中下游地区洪涝灾害的相关信息，采用科学的勘察技术，对问题进行标注，设立可行的方案。其次，在调研工作开展的过程中，要结合河流地段较低的地区进行现场调研，探讨洪涝灾害导致的因素，分析入库设计的洪水，对动库容防洪能力以及特大洪水防洪方案进行讨论，制定调洪调度的规则。再者，制定统一的标准，要对流程进行有效的对接，从多方面对安全距离进行测定，使水利工程的质量得到提升。同时，要针对利益突出矛盾进行解决，特别考虑移民安置问题。最后，在进行环境测评和综合效率测评的过程中，要考虑对生态环境造成的破坏，降低对环境的影响，对效益进行科学的估算，可以更好地使得水利工程发挥效力。

总而言之，开展水利工程进行合理的规划，有利于防洪治涝工作的开展。特别在我国当前的基础水利工程建设过程中，其建设的效果在不断地提高，要加强对水资源的合理调节，使得水利工程防洪治涝规划设计体系能够更加完善，降低洪涝灾害发生的可能性，同时，为人们的日常生活生产提供供水保障。在具体的实践过程中，要开展调研，结合调研的结果来制定统一的标准和完善的体系，对经济和生态效益进行有效的评估，使得水利工程规划设计更加合理，有效地对洪涝进行治理。

第五章　农田水利灌溉工程设计

第一节　水利工程规划设计与农田灌溉技术

一、农田水利工程的规划与设计分析

（一）工程设计标准分析

农田灌溉之水主要来自河水、雨水、泉水等地表水源，西北旱寒地区由于干旱少雨、河流较少、地表少水，冬春河水干涸断流，使农田灌溉之水严重缺乏，秋夏河水泛滥成灾，又呈现严重过剩的现象。对此，农田水利工程的规划与设计要充分考虑到西北旱寒地区水资源的实际情况来确定灌溉技术和方式。从理论上分析，能用的水源量和需要的水量是灌溉工程设计的前提，农田灌溉工程设计是否科学合理的衡量指标是灌溉设计保证率（表示符号P）和抗旱天数，其计算方法是提取一段时间的正常灌溉用水量满足的年数再除以总年数所得的百分比。农田灌溉工程设计的主要参考指标是灌溉设计保证率和抗旱天数，此外，农田灌溉工程设计时还要考虑水源持续性和其它各类作物的需求，如果灌溉工程设计保证率P值在80%以上，可满足需水量较大的作物，如果P值较低，可考虑抗旱性较强的作物，其目的是保证作物最大用水量和节约、共享水资源。抗旱天数是以水利灌溉工程供水能力为依据，在持续高温、无雨或严重少雨的极端天气下，能够满足农作物最小需水的天数为标准。对于抗旱天数的确定，要根据当地的干旱程度、作物生长抗旱情况和水资源有效利用率确定，不是主观设计中决定的标准。

（二）取水方式的设计

水利工程规划与设计中最主要的环节是灌溉取水方式的设计，设计师要结合实际情况对灌溉水源进行科学的设计。目前，灌溉取水方式为自流式灌溉取水和人工灌溉取水，水利工程规划设计应围绕这 2 种取水方式展开实际的设计，根据地理地质状况，可设计一种灌溉取水方式，或设计 2 种灌溉取水方式。农田灌溉之水往往来自于河流和湖泊，地下水源成本较高，水源不足，而河流之水在灌溉中广泛运用，可无坝提取河水或者拦坝提取河水。根据灌溉取水的地方和流量不同，将无坝提取河水设计为建闸和不建闸，无坝有闸的设计有助于科学合理的调整河流全年的流量，保护了灌渠设施和农田作物，减少了洪涝灾害的破坏，实现了水利灌溉工程的自我调节。另一方面，有坝取水是在河流上建坝拦截流水，提高水位，增加灌渠数量，保证水资源满足灌溉，从而克服了由于地势、水量等原因导致水位较低不能满足灌溉需求，虽然拦坝建闸投资大，但是万亩良田的灌溉比起投入的资金来说显得更加重要。在拦坝工程的设计中，溢流坝既能够提高河流水位，又能起到泄洪排汛的作用。进水闸的设计能够有效控制灌溉水量、减少泥沙流入、起到既保证灌溉水流正常，又保护农田、交通和房屋免遭侵害的作用。

（三）灌渠布局的设计原则

灌渠设计规划时须考虑经济和社会效益这两个方面，既要充分利用当地资源，也要考虑到农田、山林、水利和交通等工程项目的规划，规划既要考虑当前实际，又要考虑未来的发展。灌渠布局科学合理的设计需要遵循以下原则：一是科学合理利用地理位置实现自流灌溉，在高地修建灌溉渠、底地修建配水渠，减少灌溉用水成本和作物损失，必要时对地势较低、落差明显的区域修建提灌实现灌溉；二是注重安全意识，在修建坝渠过程中尽量避免大规模的动土和深挖方、高填方等工程，以免发生重大事故，尽量避免沿河修建灌渠；三是提高综合利用，高山丘陵耕地由于缺水可开展多种作物种植，采取一水多用的方法，平原地区可采用地表水与地下水结合的方式提高灌溉能力和满足作物对水资源的需求。

二、农田灌溉技术的分析

（一）灌溉模式分析

随着水资源的短缺，农田灌溉技术的改进是设施农业发展关键环节。设施农业技术就是对水资源的充分利用，其主要包括保墒耕作技术、抗旱栽培技术、覆膜保墒技术、化学药剂抗旱保墒技术和抗旱作物培育选种技术等。目前，灌渠输水是农田灌溉的主要输水方式之一，以前的土渠或者石渠输水使水资源损耗较大，水渠的改造和减少水渠漏水为设施农业发展的第一要务。可采用新型的管道输水技术，即可减少管道占用土地的空间，提高耕地的利用率，还可以减少水资源在输送过程中因蒸发、渗漏、水草吸收等导致的水量损失。此外，根据土壤、季节、作物、水资源状况等实施喷灌、滴灌、引灌和低压管道输水等不同方式的农田节水灌溉技术，既能满足作物的用水需求，又提高水资源的利用率。

（二）农田水利灌溉中存在的问题

目前，我国的农田水利工程建设取得巨大的发展，在自然条件允许的地区已经完成了节水农业灌溉基本设施，黄河中下游、长江中下游、淮河流域等水资源比较丰富的地区已经实现了农业生产智慧化建设。但是，西北地区的农田水利灌溉工程建设困难重重，问题诸多：首先，存在农民对节水农业建设认识性不足的问题，传统农耕思想依然深厚，而且水利部门对农田灌溉的新技术和新设备的推广普及力度不够，甚至仅限于工程示范。其次，农田水利灌溉工程资金投入不足导致灌溉设施建设和维护难以持续，使水利灌溉工程建设滞后，设施的使用寿命缩短，必然影响节水农业和智慧农业的建设与发展。最后，农田水利灌溉技术推广规划缺乏科学合理性，导致农业灌溉工程不能正常发挥效益。农田灌溉区域经常出现灌渠经营权和所有权关系混乱的现象，导致管理权责不清、公共资源私用、设施无人维修的情况，这为农田水利灌溉技术在农村广泛的普及增加了阻力。

（三）农田节水灌溉的改善措施

设施农业发展中的农业节水灌溉保证了作物需求的水量，也保证了栽培技术和灌溉技术的优化发展。农作物中有需水量较大的作物，有抗旱能力较强的作物，所以灌溉技术的改进应该根据本地普遍作物的用水量和气候条件实施改造措施。农田水利灌溉技术的革新需要重新规划，设计一套行之有效的节水农业灌溉体系，这个体系必须结合设施农业的发展方向，调整农业种植结构，培育和种植抗旱能力较强、经济效益较好的作物，科学合理的开展退耕还林，保持水土流失，增加需水量少、根系发达的树种、畜草和经济作物的栽种。农田节水灌溉技术的革新与推广要因地制宜，根据不同的作物以及水土选择节水灌溉技术，例如对于中低产田可实施滴灌技术或喷灌技术来满足作物的需水量，而对于盐碱地可实施大水浇灌的方式冲掉土壤中过多的盐分，改良土壤的盐碱性，达到作物生长的环境，红色土壤地区通过灌溉改善土壤所含的元素成分，补充营养成分，确保作物的产量。

第二节　农田水利工程灌溉规划设计分析

长期以来，农业作为我国重要的经济支柱，一举一动都对我国的经济发展有着至关重要的影响，农业的发展也影响和制约着我国国民经济的增长速度与质量。因此该如何帮助农业更好的发展，成为新时期经济社会发展的重要课题。而水利工程，作为农业发展的命脉，长期以来被人们赋予神圣的使命，可以这样说，水利工程灌溉规划设计的合理与否决定了水资源能否在农业灌溉中实现价值的最大化，也决定了农田水利工程是否具有可操作性。做好农田水利工程灌溉规划设计，有利于确保社会经济稳步健康发展。

一、农田水利工程灌溉规划设计概述

水是世界上最宝贵的资源之一，是人类生存和发展的基础资源，在我国传统文化中，一直赋予水崇高的位置，人们称黄河为母亲河，由此不难看出，水对于人类发展

的重要原因。不仅如此，水资源更是保证工业农业发展的重要物资，特别是在农业生产中，无论是什么地区，进行的是哪种规模的农业生产，水资源都起着中流砥柱的作用，可以这样说，农业的发展，没有一日能离开水资源。在我国经济社会发展的中，农业水利工程一直都是受到社会各界、农业学者和国家相关部门的重视，在这些规划和发展的指导下，投资了大量的人力物力，建设了许多大型的水利工程项目。同时，伴随着我国经济的发展与世界经济格局的变化，对农田水利工程也提出了新的要求，不仅要更加实用，还要赋予更多现代化的气息，特别是随着十八大上“五位一体”的提出，对我国农村生态文明建设提出了新要求，在进行农业生产的时候，要有意识地改善人与自然、人与人、人与社会之间的关系，促进农村内部和农村自身发展取得的一系列物质成果和精神成果的总和。既要金山银山，又要绿水青山，不能用子孙后代的资源创造现代人的财富。这就要求在进行农田水利工程灌溉规划设计的时候，要牢牢地将生态文明摆在重要位置，使其从经济型农田水利工程逐渐向绿色环保型水利工程转变，将经济效益与环境保护紧紧相连，这是生态文明建设的必然需求，也是农田水利工程发展的必然道路。

二、农田水利工程灌溉规划设计的标准

“春种一粒粟，秋收万颗子”，这是大自然的自然规律，想要丰收就必须遵循这种基本规律，同样的农田水利工程灌溉规划设计也必须要遵循一定的规律，只有明确并把握好农田水利工程灌溉规划设计的标准，才能够提升灌溉效率，真正实现现代农业。俗话说，万变不离其宗，农田水利工程灌溉规划设计最根本的就在于灌溉，那么如何设计才能保证良好的灌溉效果，促使农田水利工程灌溉发挥更大的作用，提高单位时间内的灌溉效率，这将是农田水利工程灌溉规划设计研究的重点之一。

必须充分考虑该地区的自然情况。我国大部分地区处于温带，可是各地区的降水情况各有不同，因此在进行农田水利工程灌溉规划设的时候，必须充分考虑好该地区的自然情况，因地制宜。例如我国东北地区是粮食生产的重要产地，特别是吉林、辽宁、黑龙江这三个省份，粮食产量高，质量好。这是因为该地区四季分明，雨热同季，另外温带大陆性气候，使该地区较南方大部分地区，气温较低，日照时间短，降水量较小，让该地区粮食生产周期较长，一年一熟。在我国长江以南的地区，大多温度较高，雨水相比较东北较多，有些地区粮食两年三熟。在海南省，属于热带亚热带地区，温度和雨水量更大，因此粮食的成熟速度更快。在上述的三个区域内，农田水利工程灌溉规划设计就不能搞一刀切，将东北地区的农田水利工程灌溉规划设计拿到海南省，势必不能奏效。另外，在同一个地区内，也存在着不同之处，例如种植水稻和玉米需要的灌溉方式与灌溉水量就无法达到一致，因此农田水利工程灌溉设计必须因地制宜、因时制宜。

计算方式科学化。如果农田水利工程灌溉的规划设计无法保证灌溉率，也就失去了建设农田水利工程的意义，那么农田水利工程灌溉设计与建设就失去了建设的意义。灌溉率的计算方法是灌溉用水满足的数值与总年数相除，当得出的数值大于等于 80% 时，就说明灌溉作用达到农业生产的标准，同理，如果低于 80% 时，就说明灌溉作用

不能满足农业生产的发展要求，无法确保在任何时候满足农业用水。特别是对于某些地区或者某些农作物来说，可能对水量的需求会更大。此外，进行灌溉率计算的时候要充分考虑农作物生长的规律，每个季节农作物对于水量的需求都是不同的，不能简单地搞平均数或加权平均数的计算。例如农作物在夏天对雨水的需求相对会大于冬天，如果按照植物夏季的需求计算冬季的灌溉率，势必要出问题。

抗旱。农田抗旱是农田水利工程灌溉规划设计需要考虑的是良好的抗旱效果，这也是新时期对农业生产提出的新挑战，是对农田水利工程提出的新挑战。在我国历史上，出现过几次较为严重的旱灾，一旦遇到旱灾，就会对农业生长造成严重的影响，同时增加社会不安定的因素。粮食，是社会发展和稳定的根基，因此务必要保证重大旱灾面前保持灌溉有效性。在进行农田水利工程的灌溉规划设计时，必须要保证在干旱无雨的季节里，可以对农田进行连续最少 80 天及以上天数的灌溉。如果略少于这一期限，则可以通过修改等方式进行调整，如果远远低于这个数值，则说明农田水利工程灌溉规划设计存在一定的不足与缺陷，需要整体做出调整。当然，在我国一些地区，在进行农田水利工程灌溉规划设计时，已经采用了较为智能的方式，在雨量充足的季节将农业用水储存起来以备不时之需，对于备用的水量进行定期更换，确保了农田水利工程灌溉规划抗旱性。

三、农田水利工程灌溉规划设计原则

继承性原则。我国拥有上千年的文明，从刀耕火种时期，我国的前辈就有关于农业水利的研究。从《神农本草经》到《水经注》，都体现了古代人对于水利的看重。无论是传统的手工耕种方式，还是现代化机械化的农业方式，无法都离开水资源，因此水资源和水利工程水利灌溉都是农业发展的重要基础。而农田水利工程灌溉规划设计必须要并称继承性的原则。这种继承性，是指“农田水利灌溉规划设计方案要根据建设地区的实际情况进行规划设计，也就是说要因地制宜，对平面布局、空间结构进行合理规划，”也就是说农业灌溉和农业用水既要确保灌溉需求，又不能对当地的生态环境造成破坏，坚决制止为求经济发展，破坏生态平衡的现象，换言之，是对环境和经济效益的双继承，是符合五位一体新农业发展要求的农田水利工程灌溉规划设计，真正达到生态农业。

整体性原则。任何事物都不是一个单独存在的个体，世界是一个联系的和不断发展的整体，对于农田水利工程灌溉规划设计来说是如此。在对农田水利工程灌溉进行规划设计时，要将所有影响农业生产的因素看成一个整体综合考虑所有因素对农田水利工程灌溉产生的影响，在考虑后果的时候，不能将各个因素带来的后果分开考虑，而是要把所有的因素当作一个整体来考虑，甚至要将所有因素带来的不良后果叠加起来，这样能够更加全面的分析把握影响农田水利工程灌溉规划设计的各个方面。例如地貌特征、生态环境、气候特点、种植物等，以上这些因素都是可能对农田水利工程灌溉的效果造成影响的关键因素。因此想要做好农田水利工程灌溉规划设计，就必须对某一地区的基本情况了如指掌，综合分析，才能做出最合适的农田水利工程灌溉规划设计。

动态性原则。没有什么事物时一成不变的，世界是变化发展的，对于农田水利工程灌溉规划设计也是如此，想要做好农田水利工程灌溉规划设计，就必须用变化发展的眼光看待农业水利工程。没有任何一个地区的雨水、气温、环境是一成不变的，即便是同一年份同一个地区，每年也都会有细微的变化，为了保证农田水利工程灌溉规划设计具有有效性，必须要对农田水利工程灌溉的规划与设计进行动态跟踪，确保农田水利工程灌溉达到预期效果。

在实际施工过程中，即便前期做了非常充分的调查研究，也很可能会出现其他特殊情况，例如一些设计方案与实际情况不符或相违背的，一些在理论上合理的设计却在实际中难以实现，因此在实践的时候就需要与施工方进行及时有效的沟通交流，了解产生问题的根本原因，共同商议制定解决方法，而保证施工的顺利进行。例如在某地准备修建一处小型水坝，可是在施工过程中发现了大量文物，根据调查研究发现，此处极有可能是唐朝时期某位人物的墓穴，具有重要的考古意义，因此修建工程只能停工，再选新址。

农业作为我国的第一产业，也是我国经济发展的重要基础，更是维护社会稳定团结的基石，一旦动摇农业的根基，将产生难以估量的损失。因此，确保农田水利工程灌溉规划设计合理可行高效是保证农业顺利健康发展的重要因素之一。因此，在进行农田水利工程灌溉规划设计时，要把握好适度原则，掌握科学的方法，使其切实有用，促进农业的稳定发展。

第三节　农田水利灌溉喷灌工程

喷灌是一种利用喷头等专用设备把有压水喷洒到空中，形成水滴落到地面和作物表面的灌水方法。

一、喷灌的特点

（一）喷灌的优点

喷灌是一种新的灌溉技术，它与地面灌溉相比具有许多优越性，有着广阔的发展前途。喷灌具有以下优点：

1. 省水

喷灌可以控制喷洒水量和均匀性，避免产生地面径流和深层渗漏，水的利用率高，一般比地面灌溉节省水量 30% ~50%。对于透水性强、保水能力差的沙质土地，则节水效果更为明显，用同样的水能浇灌更多的土地。对于可能产生次生盐碱化的地区，采用喷灌的方法，可严格控制湿润深度，消除深层渗漏，防止地下水位上升和次生盐碱化。同时，省水还意味着节省动力，可以降低灌水成本。

2. 省工

喷灌提高了灌溉机械化程度，大大减轻了灌水劳动强度，便于实现机械化、自动化，可以大量节省劳动力。喷灌取消了田间的输水沟渠，不仅有利于机械作业，而且大大减少了田间劳动力使用量。喷灌可以结合施入化肥和农药，省去不少劳动力使用量。据统计，喷灌所需的劳动量仅为地面灌溉的1 / 5。

3. 节约用地

采用喷灌可以大量减少土石方工程，无需田间的灌水沟渠和畦埂，可以腾出田间沟渠占地，用于种植作物。比地面灌溉更能充分利用耕地，提高土地利用率，一般可增加耕种面积7~10%。

4. 增产

喷灌可以采用较小的灌水定额进行浅浇勤灌，便于严格控制土壤水分，使土壤湿度维持在作物生长最适宜的范围，使土壤疏松多孔、通气性好，保持土壤肥力，既不破坏土壤团粒结构，又可促进作物根系在浅层发育，有利于充分利用土壤表层的肥分。喷灌可以调节田间的小气候，增加近地表空气湿度，在空气炎热的季节可以调节叶面温度，冲洗叶面尘土，有利于植物的呼吸和光合作用，达到增产效果。大田作物可增产20%，经济作物可增产30%，蔬菜可增产1~2倍，同时还可以改变产品的品质。

5. 适应性强

喷灌对各种地形的适应性强，不需要像地面灌溉那样进行土地平整，在坡地和起伏不平的地面均可进行喷灌。在地面灌水方法难于实现的场合，都可以采用喷灌的方法。特别是在土层薄、透水性强的沙质土，非常适合使用喷灌。

喷灌不仅适应所有大田旱作物，而且对于各种经济作物、蔬菜、草场，例如谷物、蔬菜、香菇、木耳、药材，都可以产生很好的经济效果。同时可兼作喷洒肥料、喷洒农药、防霜冻、防暑降温和防尘等。

（二）喷灌的缺点

1. 投资较高

喷灌需要一定的压力、动力设备和管道材料，单位面积投资较大，成本较高。

2. 能耗较大

喷灌所需压力通过消耗能源获得，所需压力越高，耗能越大，灌溉成本就越高。

3. 操作麻烦，受风的影响较大

对于移动或半固定式喷灌，由于必须移动管道和喷头，所以操作较为麻烦，还容易踩踏伤苗和破坏土壤；在有风的天气下，水的飘移损失较大，灌水均匀度和水的利用程度都有所降低。

二、喷灌系统的组成与分类

（一）喷灌系统的组成

喷灌系统主要由水源工程、水泵及动力、输配水管网系统和喷头等部分构成。

1. 水源工程

河流、湖泊、水库、井泉及城市供水系统等，都可以作为喷灌的水源，但需要修建相应的水源工程，如泵站及附属设施、水量调节池等。

在植物整个生长季节，水源应有可靠的供水保证，保证水量供应。同时，水源水质应满足灌溉水质标准的要求。

2. 水泵及动力

喷灌需要使用有压力的水才能进行喷洒。通常利用水泵，将水提吸、增压、输送到各级管道及各个喷头中，并通过喷头喷洒出来。如在利用城市供水系统作为水源的情况下，往往不需要加压水泵。

喷灌用泵可以是各种农用泵，如离心泵、潜水泵、深井泵等。有电力供应的地方，用电动机为水泵提供动力；用电困难的地方，用柴油机、拖拉机或手扶拖拉机等为水泵提供动力，动力机功率大小根据水泵的配套要求确定。

3. 管网

管网的作用是将压力水输送并分配到所需灌溉的种植区域。管网一般包括干管、支管两级水平管道和竖管。干管和支管起输水、配水作用，竖管安装在支管上，末端接喷头。根据需要在管网中安装必要的安全装置，如进排气阀、限压阀、泄水阀等。

管网系统需要各种连接和控制的附属配件，包括闸阀、三通、弯头和其他接头等，在干管或支管的进水阀后还可以接施肥装置。

4. 喷头

喷头将管道系统输送来的有压水流通过喷嘴喷射到空中，分散成细小的水滴散落下来，灌溉作物，湿润土壤。喷头一般安装在竖管上，是喷灌系统中的关键设备。

5. 附属工程、附属设备

喷灌工程中还用到一些附属工程和附属设备。如从河流、湖泊、渠道取水，则应设拦污设施；为了保护喷灌系统的安全运行，必要时应设置进排气阀、调压阀、安全阀等。在灌溉季节结束后应排空管道中的水，需设泄水阀，以保证喷灌系统安全越冬。为观察喷灌系统的运行状况，在水泵进出水管路上应设置真空表、压力表和水表，在管道上还要设置必要的闸阀，以便配水和检修。考虑综合利用时，如喷洒农药和肥料，应在干管或支管上端设置调配和注入设备。

（二）喷灌系统的分类

按水流获得压力的方式不同，分为机压式、自压式和提水蓄能式喷灌系统；按系统的喷洒特征不同，分为定喷式喷灌系统和行喷式喷灌系统；按喷灌设备的形式不同，分为管道式和机组式喷灌系统。

1. 机组式喷灌系统

喷灌机是将喷灌系统中有关部件组装成一体，组成可移动的机组进行作业。机组式喷灌系统类型很多，按大小分可分为轻型、小型、中型和大型喷灌机系统。

1）机组式喷灌系统的分类

（1）小型喷灌机组

在我国主要是手推式或手台式轻小型喷灌机组，行喷式喷灌机一边走一边喷洒，定喷式喷灌机在一个位置上喷洒完后再移动到新的位置上喷洒。

在手抬式，或手推车拖拉机上安装一个或多个喷头、水泵、管道，以电动机或柴油机为动力喷洒灌溉。其优点是：结构紧凑、机动灵活、机械利用率高，能够一机多用，单位喷灌面积的投资低。

（2）中型喷灌机组

中型喷灌机组多见的是：卷管式（自走）喷灌机、双悬臂（自走）喷灌机、滚移式喷灌机和纵拖式喷灌机。

（3）大型喷灌机组

控制面积可达百亩，如平移式自走喷灌机、大型摇滚式机等。

2）机组式喷灌系统的选用

（1）地区与水源影响

南方地区河网较密，宜选用轻型（手抬式）、小型喷灌机（手推车式），少数情况下也可选中型喷灌机（如绞盘式喷灌机）。轻小型喷灌机特别适合田间渠道配套性好或水源分布广、取水点较多的地区。

北方田块较宽阔，根据水源情况各种类型机组都有适用的可能性。但对大型农场，则宜选大、中型喷灌机，大中型喷灌机工作效率比较高。

（2）因地制宜

在耕地比较分散、水管理比较分散的地方适合发展轻、小型移动式喷灌机组；在干旱草原、土地连片、种植统一、缺少劳动力的地方适合发展大、中型喷灌机组。

2. 管道式喷灌系统

管道式喷灌系统指的是以各级管道为主体组成的喷灌系统，按照可移动的程度，分为固定式、移动式和半固定式三种。比较适用于水源较为紧缺，需要节水，取水点少的我国北方地区。

1）固定式喷灌系统

固定式喷灌系统由水源、水泵、管道系统及喷头组成。动力、水泵固定，输（配）水干管（分干管）及工作支管均埋入地下。喷头可以常年安装在与支管连接伸出地面的竖管上，也可以按轮灌顺序轮换安装使用。固定式喷灌系统的优点是：操作管理方便，便于实行自动化控制，生产效率高。缺点是：投资大，亩均投资约在 1000 元左右（不含水源），竖管对机耕和其它农业操作有一定影响，设备利用率低。各国发展的面积都不大。一般适用于经济条件较好的城市园林、花卉和草地的灌溉，以及灌水次数频繁、经济效益高的蔬菜和果园等，也可在地面坡度较陡的山丘和利用自然水头喷灌的地区使用。

2）移动管道式喷灌系统

移动管道式式喷灌系统的组成与固定式相同，它直接从田间渠道、井、塘吸水，其动力、水泵、管道和喷头全部可以移动，可在多个田块之间轮流喷洒作业。这种系统的机械设备利用率高，应用广泛。缺点是：所有设备（特别是动力机和水泵）都要拆卸、搬运，劳动强度大，生产效率低，设备维修保养工作量大，可能损伤作物。一般适用于经济较为落后、气候严寒、冻土层较深的地区。

3）半固定管道式喷灌系统

半固定管道式喷灌系统，组成与固定式相同。动力、水泵固定，输、配水干管、分干管埋入地下，通过连接在干管、分干管伸出地面的给水栓向支管供水，支管、竖管和喷头等可以拆卸移动，在不同的作业位置上轮流喷灌，可以人工移动，也可以机械移动。半固定式喷灌系统设备利用率较高，运行管理比较方便，世界各国广泛采用。投资适中（亩均投资约 650 元 ~800 元），是目前国内使用较为普遍的一种管道式喷灌系统。一般适用于地面较为平坦，灌溉对象为大田粮食作物。

三、喷灌的主要设备

（一）喷头

喷头是喷灌系统的主要组成部分，其作用是把压力水流喷射到空中，散成细小的水滴并均匀地散落在地面上。因此，喷头的结构形式及其制造质量的好坏，直接影响到喷灌质量。

1. 喷头的分类

喷头的种类很多，通常按喷头工作压力或结构形式进行分类。

（1）按工作压力分类

按工作压力分类及其适用范围如表 5-1 所示。

表 5-1 喷头按工作压力分类表

喷头类别	工作压力 (KPa)	射程 (m)	流量 (m^3/h)	适用范围
低压喷头 (低射程喷头)	＜ 200	＜ 15.5	＜ 2.5	射程近、水滴打击强度低，主要用于苗圃、菜地、温室、草坪、园林、自压喷灌的低压区或行喷式喷灌机。
中压喷头 (中射程喷头)	200 ～ 500	15.5 ～ 42	2.5 ～ 32	喷灌强度适中，适用范围广，果园、草地、菜地、大田及各类经济作物均可使用。
高压喷头 (远射程喷头)	＞ 500	＞ 42	＞ 32	喷洒范围大，但水滴打击强度也大。多用于对喷洒质量要求不高的大田作物和牧草等。

2. 按结构形式分类

喷头按结构形式主要有固定式（见图 5-3）、孔管式、旋转式三类。孔管式又分为单（双）孔口、单列孔、多列孔三种形式；固定式又分为折射式、缝隙式、离心式三种形式；旋转式又分为摇臂式、叶轮式、反作用式三种形式。

喷头采用的材质有铜、铝合金和塑料三种类型，我国已定型生产 PY1、PY2、ZY-1、ZY-2 等系列摇臂式喷头。

常用摇臂式喷头见图 5-2。

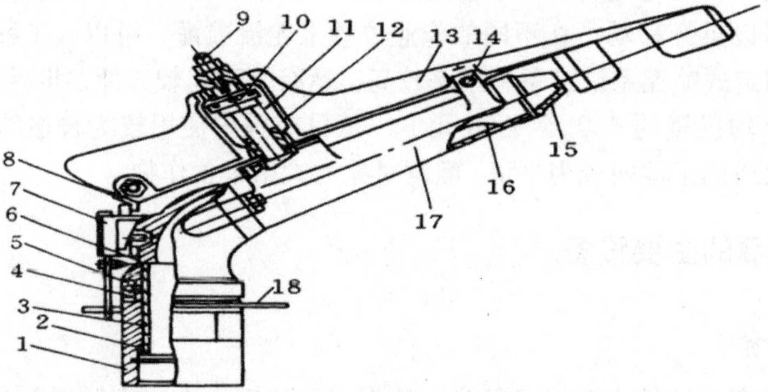

图 5-2 摇臂式喷头示意图

1- 空心轴套；2- 减磨密封圈；3- 空心轴；4- 防砂弹簧；5- 弹簧罩；6- 喷体；7- 换向器；8- 反向钩；9- 摇臂调位螺钉；10- 弹簧座；11- 摇臂轴；12- 摇臂弹簧；13- 摇臂；14- 打击块；15- 喷嘴；16- 稳流器；17- 喷管；18- 限位环

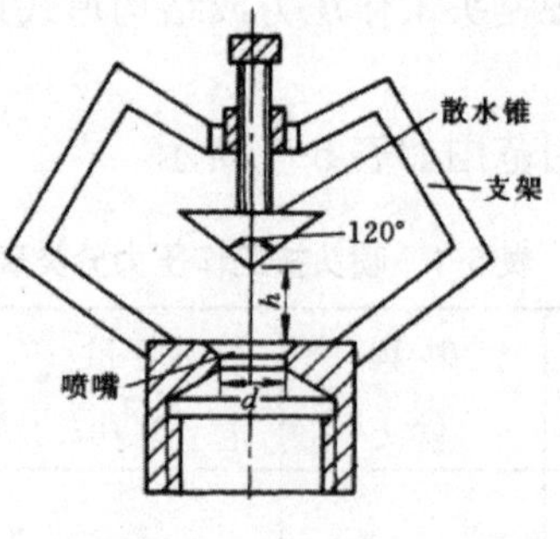

图 5-3 固定式喷头示意图

四、喷灌的技术参数

1. 喷灌强度

喷灌强度是指单位时间内喷洒在单位面积上的水量，以水深表示，单位为 mm/h 或 mm/min。喷灌强度又分为点喷灌强度、平均喷灌强度以及组合喷灌强度等。

1）点喷灌强度

点喷灌强度是指单位时间内喷洒在土壤表面某点的水深，可用下式表示：

$$\rho_i = \frac{h_i}{t} \tag{5-1}$$

式中 ρ_i——点喷灌强度，mm/h；

h_i—— 喷灌水深，mm；

t—— 喷灌时间，h。

2）平均喷灌强度

平均喷灌强度是指一定湿润面积上各点在单位时间内喷灌水深的平均值，以下式表示：

$$\overline{\rho} = \frac{\overline{h}}{t} \tag{5-2}$$

式中 $\overline{\rho}$ —— 平均喷灌强度，mm/h；

$\overline{h}$ —— 平均喷灌水深，mm；

t—— 喷灌时间，h。

不考虑水滴在空气中的蒸发和飘移损失，根据喷头喷出的水量与喷洒在地面上的水量相等的原理计算的平均喷灌强度，又称为计算喷灌强度：

$$\rho_s = \frac{1000q}{A} \tag{5-3}$$

式中 q—— 喷头流量，m^3/h；

ρ_s—— 无风条件下单喷头喷洒的平均喷灌强度，mm/h；

A—— 单喷头喷洒控制面积，m^2。

3）组合喷灌强度

在喷灌系统中，喷洒面积上各点的平均喷灌强度，称作组合喷灌强度。组合喷灌强度可用公式计算：

$$\rho = K_\omega C_\rho \rho_s \tag{5-4}$$

式中 C_ρ—— 布置系数，查表 5-2；

$K\omega$ —— 风系数，查表 5-3。

表 5-2　不同运行情况下的 C_ρ 值

运行情况	C_ρ
单喷头全园喷洒	1
单喷头扇形喷洒（扇形中心角 α）	$\frac{360}{\alpha}$
单支管多喷头同时全园喷洒	$\frac{\pi}{\pi-(\pi/\theta)\arccos(a/2R)+(a/R)\sqrt{1-(a/2R)^2}}$
多支管多喷头同时全园喷洒	$\frac{\pi R^2}{ab}$

注：表内各式中 R 为喷头射程，a 为喷头在支管上的间距，b 为支管间距。

表 5-3　不同运行情况下的 K_{ω} 值

运行情况		K_{ω}
单喷头全园喷洒		$1.15\ \upsilon^{0.314}$
单支管多喷头同时全园喷洒	支管垂直风向	$1.08\ \upsilon^{0.194}$
	支管平行风向	$1.12\ \upsilon^{0.302}$
多支管多喷头同时喷洒		1.0

注：1. 式中 υ 为风速，以 m/s 计；

2. 单支管多喷头同时全园喷洒，若支管与风向既不垂直又不平行时，可近似地用线性插值方法求取 K_{ω}；

3. 本表公式适用于风速 υ 为 1 ~ 5.5m/s 的区间。

喷灌工程中，组合喷灌强度不应超过土壤的允许入渗率（渗吸速度），使喷洒到土壤表面上的水能及时渗入土壤中，而不形成积水和径流。对定喷式喷灌系统的设计喷灌强度不得大于土壤的允许喷灌强度。行喷式喷灌系统的设计喷灌强度可略大于土壤的允许喷灌强度。

不同质地土壤的允许喷灌强度可按表 5-4 定。当地面坡度大于 5% 时，允许喷灌强度应按表 5-5 进行折减。

表 5-4　各类土壤的允许喷灌强度

土壤类别	允许喷灌强度（mm/h）	土壤类别	允许喷灌强度（mm/h）
砂土	20	黏壤土	10
沙壤土	15	粘土	8
壤土	12		
说明	有良好覆盖时，表中数值可提高 20%。		

表 5-5　坡地允许喷灌强度降低值（%）

地面坡度（%）	允许喷灌强度降低值	地面坡度（%）	允许喷灌强度降低值
5~8	20	13~20	50
9~12	40	＞ 20	75

2. 均匀系数

是衡量喷灌面积上喷洒水量分布均匀程度的一个指标。规范规定：定喷式喷灌系统喷灌均匀系数不应低于 0.75，对于行喷式喷灌系统不应低于 0.85。喷灌均匀系数在有实测数据时应按公式（5-5）计算：

$$Cu = 1 - \frac{\Delta h}{h} \tag{5-5}$$

式中 Cu—— 喷灌均匀系数；

h—— 喷洒水深的平均值，mm；

Δ h—— 喷洒水深的平均高差，mm。

在设计中可通过控制以下因素实现：设计风速下喷头的组合间距；喷头的喷洒水量分布；喷头工作压力。

3. 喷灌的雾化指标

雾化程度是反映水滴打击强度的一个指标，是喷射水流的碎裂程度。一般用喷头工作压力与喷嘴直径的比值表示，可按公式（5-6）计算，并应符合表 7-9 的要求。

$$W_h = \frac{h_p}{d} \tag{5-6}$$

式中 W_h —— 喷灌的物化指标；

h_p —— 喷头的工作压力水头，m；

d—— 喷头的主喷嘴直径，m。

五、管道及附件

管道是喷灌工程的重要组成部分，管材必须保证在规定的工作压力下不发生开裂、爆管现象，工作安全可靠。管材在喷灌系统中需用数量多，投资比重较大，需要在设计中按照因地制宜、经济合理的原则加以选择，此外，管道附件也是管道系统中不可缺少的配件。

（一）喷灌管材

喷灌管道按照材质分为金属管道和非金属管道；按照使用方式分为固定管道和移动管道。

目前，喷灌工程中可以选用的管材主要有塑料管、钢管、铸铁管、混凝土管、薄壁铝合金管、薄壁镀锌钢管以及涂塑软管等。一般来讲，地埋管道尽量选用塑料管，地面移动管道可选用薄壁铝合金管以及涂塑软管。

1. 塑料管

塑料管是由不同种类的树脂掺入稳定剂、添加剂和润滑剂等挤出成型的。按其材质可以分为聚氯乙烯管（PVC）、聚乙烯管（PP）和改性聚丙烯管（PP）等。喷灌工程中常采用承压能力为 400 ~ 1000KPa 的管材。

塑料管的优点是重量轻，便于搬运，施工容易，能适应一定的不均匀沉陷，内壁光滑，不生锈，耐腐蚀，水头损失小。其缺点是存在老化脆裂问题，随温度升降变形大。喷灌工程中如果将其作为地埋管道使用，可以最大限度地克服老化脆裂缺点，同时减小温度变化幅度，因此地埋管道多选用塑料管。

塑料管的连接形式分为刚性连接和柔性连接，刚性连接有法兰连接、承插粘接和焊接等；柔性连接多为一端 R 型扩口或使用铸铁管件套橡胶圈止水承插连接。

2. 钢管

常用的钢管有无缝钢管（热轧和冷拔）、焊接钢管和水煤气钢管等。

钢管的优点是能够承受动荷载和较高的工作压力，与铸铁管相比较，管壁较薄，韧性强，不易断裂，节省材料，连接简单，铺设简便。其缺点是造价较高，易腐蚀，使用寿命较短。因此，钢管一般用于系统的首部连接、管路转弯、穿越道路及障碍等处。

钢管一般采用焊接、法兰连接或者螺纹连接方式。

3. 铸铁管

铸铁管可分为铸铁承插直管和砂型离心铸铁管及铸铁法兰直管。。

铸铁管的优点是承压能力大，一般为 1MPa；工作可靠；寿命长，可使用 30 ~ 50 年；管件齐全，加工安装方便等。其缺点是重量大，搬运不方便；造价高；内部容易产生铁瘤阻水。铸铁管一般采用法兰接口或者承插接口方式进行连接。

4. 钢筋混凝土管

钢筋混凝土管分为自应力钢筋混凝土管和预应力钢筋混凝十管，均是在混凝土浇制过程中，使钢筋受到一定拉力，从而保证其在工作压力范围内不会产生裂缝。

钢筋混凝土管的优点是不易腐蚀，经久耐用；长时间输水，内壁不结污垢，保持输水能力；安装简便，性能良好。其缺点是质脆、重量较大，搬运困难。

钢筋混凝土管的连接，一般采用承插式接口，分为刚性、柔性接头。

5. 薄壁铝合金管

薄壁铝合金管材的优点是重量轻；能承受较大的工作压力；韧性强，不易断裂；不锈蚀，耐酸性腐蚀；内壁光滑，水力性能好；寿命长，一般可使用 15 ~ 20 年。其缺点是价格较高；抗冲击能力差；耐磨性不及钢管；不耐强碱性腐蚀等。薄壁铝合金管材的配套管件多为铝合金铸件和冲压镀锌钢件。铝合金铸件不怕锈蚀，使用管理简便，有自泄功能；冲压镀锌钢件转角大，对地形变化适应能力强。

薄壁铝合金管材的连接多采用快速接头连接。

6. 涂塑软管

用于喷灌工程中的涂塑软管主要有锦纶塑料软管和维纶塑料软管两种。锦纶塑料软管是用锦纶丝织成网状管坯后在内壁涂一层塑料而成；维纶塑料软管是用维纶丝织成网状管坯后在内、外壁涂注聚氯乙烯而成。

涂塑软管的优点是重量轻，便于移动，价格低。其缺点是易老化，不耐磨，怕扎、怕压折，一般只能使用 2 ~ 3 年。

涂塑软管接头一般采用内扣式消防接头，常用规格有 Φ50、Φ65 和 Φ80 等几种。这种接头用橡胶密封圈止水，密封性能较好。

（二）管道附件

喷灌工程中的管道附件主要为控制件和连接件。它们是管道系统中不可缺少的配件。

控制件的作用是根据喷灌系统的要求来控制管道系统中水流的流量和压力，如阀门、逆止阀、安全阀、空气阀、减压阀、流量调节器等。

连接件的作用是根据需要将管道连接成一定形状的管网，也称为管件，如弯头、三通、四通、异径管、堵头等。

1. 阀门

阀门是控制管道启闭和调节流量的附件。按其结构不同，可有闸阀、蝶阀、截止阀几种，采用螺纹或法兰连接，一般手动驱动。

给水栓是半固定喷灌和移动式喷灌系统的专用阀门，常用于连接固定管道和移动管道，控制水流的通断。

2. 逆止阀

逆止阀，也称止回阀。是一种根据阀门前后压力差而自动启闭的阀门，它使水流只能沿一个方向流动，当水流要反方向流动时则自动关闭。在管道式喷灌系统中常在水泵出口处安装逆止阀，以避免水泵突然停机时回水引起的水泵高速倒转。

3. 安全阀

安全阀用于减少管道内超过规定的压力值，它可以防护关闭水锤和充水水锤。喷灌系统常用的安全阀是 A49X-10 型开放式安全阀。

4. 空气阀

喷灌系统中的空气阀常为 KQ42X-10 型快速空气阀。它安装在系统的最高部位和管道隆起的顶部，可以在系统充水时将空气排出，并在管道内充满水后自动关闭。

5. 减压阀

减压阀的作用是管道系统中的水压力超过工作压力时，自动减低到所需压力。适用于喷灌系统的减压阀有薄膜式、弹簧薄膜式和波纹管式等。

6. 管件

不同管材配套不同的管件。塑料管件和水煤气管件规格和类型比较系列化，能够满足使用要求，在市场中一般能够购置齐全。钢制管件通常需要根据实际情况加以制造。

1）三通和四通

主要用于上一级管道和下一级管道的连接，对于单向分水的用三通，对于双向分水的用四通。

2）弯头

主要用于管道转弯或坡度改变处的管道连接。一般按转弯的中心角大小分类，常用的有 90°、45° 等。

3）异径管

又称大小头。用于连接不同管径的直管段。

4）堵头

用于封闭管道的末端。

7. 竖管和支架

竖管是连接喷头的短管，其长度可按照作物茎高不同或同一作物不同的生长阶段来确定，为了拆卸方便，竖管下部常安装可快速拆装的自闭阀（插座）。支架是为稳定竖管因喷头工作而产生的晃动而设置的，硬质支管上的竖管可用两脚支架固定，软质支管上的竖管则需用三脚支架固定。

六、喷灌系统规划设计方法

喷灌工程规划设计的要求：

（1）喷灌工程规划设计应符合当地水资源开发利用规划，符合农业、林业、牧业、园林绿地规划的要求，并与灌排设施、道路、林带、供电等系统建设，与土地整理复垦规划、农业结构调整规划相结合。

（2）喷灌工程应根据灌区地形、土壤、气象、水文与水文地质、作物种植以及社会经济条件，通过技术经济分析及环境评价确定。

（3）在经济作物、园林绿地及蔬菜、果树、花卉等高附加值的作物，灌溉水源缺乏的地区，高扬程提水灌区，受土壤或地形限制难以实施地面灌溉的地区，有自压喷灌条件的地区，集中连片作物种植区及技术水平较高的地区，可以优先发展喷灌工程。

喷灌系统规划设计前应首先确定灌溉设计标准，按照 GB/T50085-2007《喷灌工程技术规范》的规定，喷灌工程的灌溉设计保证率不应低于 85%。

下面以管道式喷灌系统为例，说明喷灌系统规划设计方法。

（一）基本资料收集

进行喷灌工程的规划设计，需要认真收集灌区的一些基本资料。主要包括自然条件（地形、土壤、作物、水源、气象资料），生产条件（水利工程现状、生产现状、喷灌区划、农业生产发展规划和水利规划、动力和机械设备、材料和设备生产供应情况、生产组织和用水管理）和社会经济条件（灌区的行政区划、经济条件、交通情况、市、县、镇发展规划）。

（二）水源分析计算

喷灌工程设计必须进行水源水量和喷灌用水量的平衡计算。当水源的天然来水过程不能满足喷灌用水量要求时，应建蓄水工程。

喷灌水质应符合现行《农田灌溉水质标准》（GB5084-2005）的规定。

（三）系统选型

系统类型应因地制宜，综合以下因素选择：

水源类型及位置；地形地貌，地块形状、土壤质地；作物生长期降水量，灌溉期间风速、风向；灌溉对象；社会经济条件、生产管理体制、劳动力状况及劳动者素质；动力条件。

具体选择如下：

（1）地形起伏较大、灌水频繁、劳动力缺乏，灌溉对象为蔬菜、茶园、果树等经济作物及园林、花卉和绿地，选用固定式喷灌系统。

（2）地面较为平坦的地区，灌溉对象为大田粮食作物；气候严寒、冻土层较深的地区，选用半固定式和移动式喷灌系统。

（3）土地开阔连片、地势平坦、田间障碍物少；使用管理者技术水平较高；灌溉对象为大田作物、牧草等；集约化经营程度相对较高，选用大、中型机组式喷灌系统。

（4）丘陵地区零星、分散耕地的灌溉；水源较为分散、无电源或供电保证率较低的地区，选用轻、小型机组式喷灌系统。

（四）喷头的布置

1. 喷头的选择

选择喷头时，需要根据作物种类、土壤性质、以及当地喷头与动力的生产与供需情况，考虑喷头的工作压力、流量、射程、组合喷灌强度、喷洒扇形角度可否调节、土壤的允许喷灌强度、地块大小形状、水源条件、用户要求等因素，进行选择。喷头选定后要符合下列要求：

（1）组合后的喷灌强度不超过土壤的允许喷灌强度值。

（2）组合后的喷灌均匀系数不低于《喷灌工程技术规范》规定的数值。

（3）雾化指标应符合作物要求的数值。

（4）有利于减少喷灌工程的年费用。

2. 喷头的布置

喷灌系统中喷头的布置包括喷头的喷洒方式、喷头的组合形式、组合的校核、喷头沿支管上的间距及支管间距等。喷头布置的合理与否，直接关系到整个系统的灌水质量。

1）喷头的喷洒方式

喷头的喷洒方式因喷头的型式不同可有多种，如全园喷洒、扇形喷洒、带状喷洒等。在管道式喷灌系统中，除了在田角路边或房屋附近使用扇形喷洒外，其余均采用全园喷洒。全园喷洒能充分利用射程，允许喷头有较大的间距，并可使组合喷灌强度减小。

2）喷头的组合形式

喷头的组合形式，就是指喷头在田间的布置形式，一般用相邻的四个喷头的平面位置组成的图形表示。喷头的组合间距用和表示：表示同一支管上相邻两喷头的间距；表示相邻两支管的间距。喷头的组合形式可分为正方形组合、矩形组合。喷头组合形式的选择，要根据地块形状、系统类型、风向风速等因素综合考虑。

3）喷头组合间距的确定

喷头的组合间距合理与否，直接影响喷灌质量。因此喷头的组合间距，不仅直接受喷头射程的制约，同时也受到喷灌系统所要求的喷灌均匀度和喷灌区土壤允许喷灌强度的限制。

通常可按以下步骤确定喷头的组合间距

（1）根据设计风速和设计风向确定间距射程比

为使喷灌的组合均匀系数达到75%以上，旋转式喷头在设计风速下的间距射程比可按表5-6确定。

表 5-6 喷头组合间距

设计风速 (m/s)	组合间距	
	垂直风向 K_a	平行风向 K_b
0.3 ～ 1.6	(1.1 ～ 1) R	1.3R
1.6 ～ 3.4	(1 ～ 0.8) R	(1.3 ～ 1.1) R
3.4 ～ 5.4	(0.8 ～ 0.6) R	(1.1 ～ 1) R
说明	1.R 为喷头射程；2. 在每一档风速中可按内插法取值；3. 在风向多变采用等间距组合时，应选用垂直风向栏的数值；4. 表中风速是指地面以上 10m 高处的风速值。	

（2）确定组合间距

根据初选喷头的射程 R 和选取的间距射程比 K_a、K_b 值，按下式计算组合间距：

喷头间距 $$a = K_a R \tag{5-7}$$

支管间距 $$b = K_b R \tag{5-8}$$

计算得到 a、b 值后，还应调整到可适应管道的规格长度。对于固定式喷灌系统和移动式喷灌系统，计算的喷头的组合间距可按调整后采用，但对于半固定喷灌系统则需要把 a、b 值调整为标准管节长的整数倍。调整后的 a、b 值，如果与式（5-7）、（5-8）计算的结果相差较大，则应校核计算间距射程比 a、b 值是否超过表 5-5 中规定的数值，如不超过，则 $C_u \geq 75\%$ 仍满足，如超出表中所列数值，则需重新调整间距。

4）组合喷灌强度的校核

在选喷头、定间距的过程中已满足了雾化程度和均匀度的要求，但是否满足喷灌强度的要求，还需进行验证。验证的公式为：

$$\rho \leq [\rho] \tag{5-9}$$

代入上式，得

$$K_\omega C_\rho \rho_s \leq [\rho] \tag{5-10}$$

式中 $[\rho]$——灌区土壤的允许喷灌强度，mm/h;

其它符号意义同前。

如果计算出的组合喷灌强度大于土壤的允许喷灌强度，可以通过以下方式加以调整，直至校核满足要求：

（1）改变运行方式，变多行多喷头喷洒为单行多喷头喷洒，或者变扇形喷洒为全园喷洒；

（2）加大喷头间距，或支管间距；

（3）重选喷头，重新布置计算。

5）喷头布置

喷头布置要根据不同地形情况进行布置。

（四）管道系统的布置

喷灌系统的管道一般由干管、分干管和支管三级组成，喷头通常通过竖管安装在最末一级管道上。管道系统需要根据水源位置、灌区地形、作物分布、耕作方向和主风向等条件进行布置。

1. 布置原则

（1）管道总长度最短、水头损失最小、管径小，且有利于水锤防护，各级相邻管道应尽量垂直；

（2）干管一般沿主坡方向布置，支管与之垂直并尽量沿等高线布置，保证各喷头工作压力基本一致；

（3）平坦地区，支管尽量与作物的种植方向一致；

（4）支管必须沿主坡方向布置时，需按地面坡度控制支管长度，上坡支管据首尾地形高差加水头损失小于0.2倍的喷头设计工作压力、首尾喷头工作流量差小于等于10%确定管长，下坡支管可缩小管径抵消增加的压力水头或者设置调压设备；

（5）多风向地区，支管垂直主风向布置（出现频率75%以上），便于加密喷头，保证喷洒均匀度；

（6）充分考虑地块形状，使支管长度一致；

（7）支管通常与温室或大棚的长度方向一致，对棚间地块应考虑地块的尺寸；

（8）水泵尽量布置在喷洒范围的中心，管道系统布置应与排水系统、道路、林带、供电系统等紧密结合，降低工程投资和运行费用。

2. 布置形式

管道系统的布置主要有“丰”字形和梳齿型两种。

（五）喷灌制度设计

1. 喷灌制度

1）灌水定额

最大灌水定额根据试验资料确定，或采用公式（5-11）确定：

$$m_m = 0.1\gamma h(\beta 1 - \beta 2) \tag{5-11}$$

式中 m—— 最大灌水定额，mm；

h—— 计划湿润层深度，cm；一般大田作物取40～60cm，蔬菜取20～30cm，果树取80～100cm；

β_1 —— 适宜土壤含水量上限（重量百分比），可取田间持水量的85%～95%；

β_2 —— 适宜土壤含水量下限（重量百分比），可取田间持水量的60%～65%；

γ —— 土壤容重，g/cm^3；

设计灌水定额根据作物的实际需水要求和试验资料按（5-12）式选择：

$$m \leqslant m_m \tag{5-12}$$

式中 m—— 设计灌水定额，mm。

2）灌水周期

灌水周期和灌水次数，根据当地试验资料确定。缺少试验资料时，灌水次数可根据设计代表年，按水量平衡原理拟定的灌溉制度确定。

灌水周期按公式（5-13）计算：

$$T \leqslant m / ETd \quad (5\text{-}13)$$

式中 T —— 设计灌水周期，计算值取整，d；

m—— 设计灌水定额，mm；

ETd—— 作物日蒸发蒸腾量，取设计代表年灌水高峰期平均值，mm/d，对于缺少气象资料的小型喷灌灌区，可参见表 5-7。

表 5-7　作物蒸发蒸腾量 ET　（mm/d）

作物	ET	作物	ET
果树	4 ～ 6	烟草	5 ～ 6
茶园	6 ～ 7	草坪	6 ～ 8
蔬菜	5 ～ 8	粮、棉、油等作物	5 ～ 8

2. 喷灌工作制度的制定

喷灌工作制度包括喷头在一个喷点上的喷洒时间、喷头每日可工作的喷点数（即喷头每日可移动的次数）、每次需要同时工作的喷头数、每次同时工作的支管数以及确定轮灌编组和轮灌顺序。

1）喷头在一个喷点上的喷洒时间

单喷头在一个位置上的喷洒时间与设计灌水定额、喷头的流量及喷头的组合间距有关，按公式（5-14）计算：

$$t = \frac{mab}{1000 q_p \eta_p} \quad (5\text{-}14)$$

式中 t—— 喷头在一个工作位置的灌水时间，h；

m—— 设计灌水定额，mm；

a—— 喷头布置间距，m；

b—— 支管布置间距，m；

q_p —— 喷头的设计流量，m^3/h。

η_P ——田间喷洒水利用系数，根据气候条件可在下列范围内选取：风速低于 3.4m/s，η =0.8 ～ 0.9；风速为 3.4 ～ 5.4 m/s，η =0.7 ～ 0.8。

2）单喷头一天内可以工作的位置数

单个喷头一天内可以工作的位置数，按公式（5-15）计算

$$n_d = \frac{t_d}{t + t_Y} \quad (5\text{-}15)$$

式中 n_d —— 一天工作位置数；

t_d —— 日灌水时间，h；参见表 5-8

t—— 一个工作位置的灌水时间，h；

t_Y —— 移动喷头时间，h，有备用喷头交替使用时取零，可据实际情况确定。

表 5-8 适宜日灌水时间（单位：h）

喷灌系统类型	固定管道式			半固定管道式	移动管道式	定喷机组式	行喷机组式
	农作物	园林、	运动场				
灌水时间	12 ～ 20	6~12	1 ～ 4	12 ～ 18	12 ～ 16	12 ～ 18	14 ～ 21

3）灌区内可以同时的工作喷头数

灌区可以同时的工作喷头数，按公式（5-16）计算

$$n_P = \frac{N_P}{n_d T} \tag{5-16}$$

式中 n_P —— 同时工作喷头数；

N_P —— 灌区喷头总数。

其余符号含义同前。

4）同时工作的支管数

半固定式喷灌系统和移动式喷灌系统，由于尽量将支管长度布置相同，所以同时工作的喷头数除以支管上的喷头数，就可以得到同时工作的支管数。

$$n_{支} = \frac{n_p}{n_{喷头}} \tag{5-17}$$

式中 n 支 —— 同时工作的支管数；

n 喷头 —— 支管上的喷头数。

当支管长度不同时，需要考虑工作压力和支管组合的喷头，来具体计算轮灌组内的支管及支管数。

5）轮灌组划分

喷灌系统的工作制度分续灌和轮灌。续灌是对系统内的全部管道同时供水，即整个喷灌系统同时灌水。其优点是灌水及时，运行时间短，便于管理；缺点是干管流量大，工程投资高，设备利用率低，控制面积小。因此，续灌的方式只用于单一且面积较小的情况。绝大多数灌溉系统一般采用轮灌工作制度，即将支管划分为若干组，每组包括一个或多个阀门，灌水时通过干管向各组轮流供水。

（1）轮灌组划分的原则

①轮灌组的数目满足需水要求，控制的灌溉面积与水源可供水量相协调；

②轮灌组的总流量尽可能一致或相近，稳定水泵运行，提高动力机和水泵的效率，降低能耗；

③轮灌组内，喷头型号一致或性能相似，种植品种一致或灌水要求相近；

④轮灌组所控制的范围最好连片集中便于运行操作和管理。自动灌溉控制系统往往将同一轮灌组中的阀门分散布置，最大限度地分散干管中流量，减小管径，降低造价。

（2）支管的轮灌方式

支管的轮灌方式，就是固定式喷灌系统支管的轮流喷洒顺序，半固定式喷灌系统支管的移动方式。正确选择轮灌方式，可以减少干管管径，降低投资。两根、三根支管的经济轮灌方式如下图 5-4 所示：如 a、b 两种情况干管全部长度上均要通过两根支管的流量，干管管径不变；c、d 两种情况只有前半段干管通过全部流量，而后半段干管只需通过一根支管的流量，这样后半段干管的管径可以减少，所以 c、d 两种情况较好。

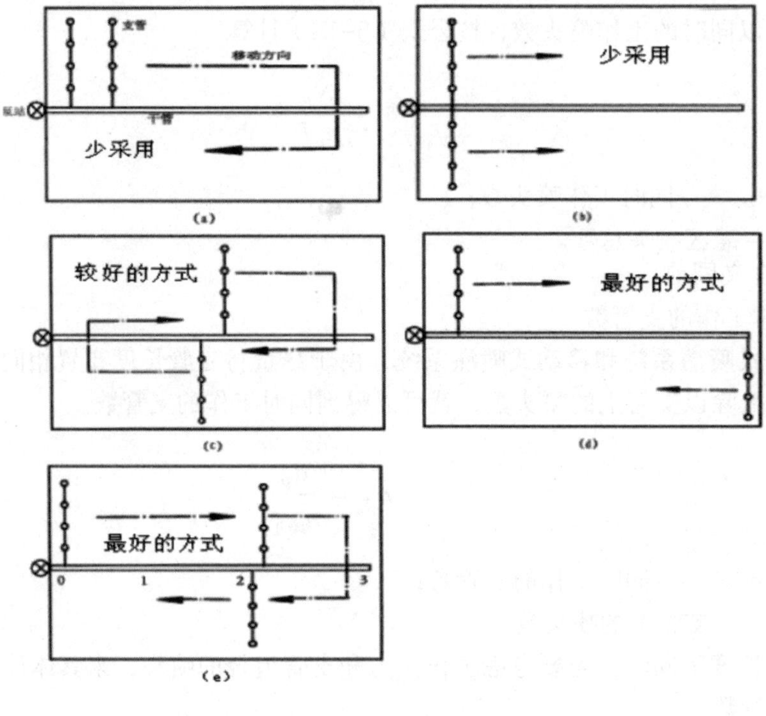

图 5-4　两根、三根支管的经济轮灌方式

（六）管道水力计算

管道水力计算的任务是确定各级管道管径和计算管道水头损失。

1. 管径的选择

1）干管管径确定

对于规模不太大的喷灌工程，可用如下经验公式来估算这类管道的管径。

$$\text{当}\ Q < 120m^3/h\ \text{时，}\quad D = \text{ß}\sqrt{Q} \qquad (5\text{-}18)$$

$$\text{当}\ Q \geq 120m^3/h\ \text{时，}\quad D = 1\ .5\sqrt{Q} \qquad (5\text{-}19)$$

式中：　Q —— 管道流量，m^3/h；

D —— 管径，mm。

2）支管管径的确定

支管管径的确定，为使喷洒均匀，要求同一条支管上任意两个喷头之间的工作压力差应在设计喷头工作压力的 20% 以内。显然，支管若在平坦的地面上铺设，其首末两端喷头间的工作压力差应最大。若支管铺设在地形起伏的地面上，则其最大的工作压力差并不一定发生在首末喷头之间。考虑地形高差 ΔZ 的影响时上述规定可表示为

$$h_\omega + \Delta Z \leqslant 0.2\ h_p \tag{5-20}$$

式中　h_ω —— 同一支管上任意两喷头间支管段水头损失，m；

ΔZ —— 两喷头的进水口高程差，m，顺坡铺设支管时，ΔZ 的值为负，逆坡铺设支管时，ΔZ 的值为正；

hp—— 喷头设计工作压力水头，m。

因此，同一支管上工作压力差最大的两喷头间的水头损失即为

$$h_\omega \leqslant 0.2 h_p - \Delta Z$$

当一条支管选用同管径的管子时，从支管首端到末端，由于沿程出流，支管内的流速水头逐次减小，抵消了局部水头损失，所以计算支管内水头损失时，可直接用沿程水头损失来代替其总水头损失，即 h/f = h_ω，式（5-21）可改定为

$$h/f \leqslant 0.2hp - \Delta Z \tag{5-21}$$

设计时，一般先假定管径，然后计算支管的沿程水头损失，再按上述公式校核，最后选定管径。计算出管径后，还需要根据现有管道规格确定实际管径。

2. 管道水力计算

1）管道沿程水头损失

管道沿程水头损失可按公式（5-22）计算，各种管材的 f、m 及 b 值可按要求进行确定。

$$h_f = f\frac{Q^{\ m}}{d^b} \tag{5-22}$$

式中　h_f —— 沿程水头损失，m；

f—— 摩阻系数；

L—— 管长，m；

Q—— 流量，m^3/h；

d—— 管内径，mm；

m—— 流量指数；

b—— 管径指数。

2）等距等流量多喷头（孔）支管的沿程水头损失

可按公式（5-23）、（5-24）计算：

$$h_{f}^{\prime}=Fh_{f} \tag{5-23}$$

$$F=\frac{N\left(\frac{1}{m+1}+\frac{1}{2N}+\frac{\sqrt{m-1}}{6N^{2}}\right)-1+X}{N-1+X} \tag{5-24}$$

3）管道局部水头损失

应按公式（5-25）计算，初步计算可按沿程水头损失的 10% ~ 15% 考虑。

$$h_{j}=\xi\frac{v^{2}}{2g} \tag{5-25}$$

式中 h_j —— 局部水头损失，m；

ξ—— 局部阻力系数；

v—— 管道流速 ,m/s；

g—— 重力加速度，9.81 m/s^2。

七）水泵及动力选择

1. 喷灌系统设计流量

喷灌系统设计流量按公式（5-26）计算：

$$Q=\sum_{i=1}^{n_{p}}\frac{q_{p}}{\eta_{c}} \tag{5-26}$$

式中 Q—— 喷灌系统设计流量，m^3/h；

q_p —— 设计工作压力下的喷头流量，m^3/h；

n_p —— 同时工作的喷头数目；

η_c —— 管道系统水利用系数，取 0.95 ~ 0.98。

2. 喷灌系统的设计水头

按公式（5-27）计算：

$$H=Z_{d}-Z_{S}+h_{s}+h_{P}+\sum h_{f}+\sum h_{j} \tag{5-27}$$

式中 H—— 喷灌系统设计水头，m；

Z_d —— 典型支管入口的地面高程，m；

Z_S —— 水源水面高程，m；

h_s —— 典型喷点的竖管高度，m；

h_p —— 典型喷点喷头的工作压力水头，m；

$\sum h_f$ —— 由水泵进水管至典型支管入口之间管道的沿程水头损失，m；

$\sum h_j$ —— 由水泵进水管至典型支管入口之间管道的局部水头损失，m。

自压喷灌支管首端的设计水头的计算见喷灌规范。

（八）结构设计

结构设计应详细确定各级管道的连接方式，选定阀门、三通、四通弯头等各种管件规格，绘制纵断面图、管道系统布置示意图及阀门井、镇墩结构等附属建筑物结构图等。

（1）固定管道一般应埋设在地下，埋设深度应大于最大冻土层深度和最大耕作层深度，以防被破坏；在公路下埋深应为0.7 ~ 1.2m；在农村机耕道下埋深为0.5 ~ 0.9m。

（2）固定管道的坡度，应根据地形、土质和管径确定，土质差和管径大时，管坡应缓些，反之可陡些，土质和管径管坡通常采用1：1.5~1：3，以利施工，便于满足土壤稳定性；

（3）管径D较大或有一定坡度的管道，应设置镇墩和支墩以固定管道、防止发生位移，支墩间距为（3 ~ 5）D，镇墩设在管道转弯处或管长超过30m的管段；

（4）随地形起伏时，管道最高处应设排气阀，在最低处安装泄水阀；

（5）应在干、支管首端设置闸阀和压力表，以调节流量和压力，保证各处喷头都能在额定的工作压力下运行，必要时，应根据轮灌要求布设节制阀。

（6）为避免温度和沉陷产生的固定管道损坏，固定管道上应设置一定数量的柔性接头。

（7）竖管高度以作物的植株高度以不阻碍喷头喷洒为最低限度，一般高出地面0.5~2m。

（8）管道连接。硬塑料管的连接方式主要有扩口承插式、胶接粘合式、热熔连接式。扩口承插式是目前管道灌溉系统中应用最广泛的一种形式。附属设备的连接一般有螺纹连接、承插连接、发蓝连接、管箍连接、粘合连接等。在工程设计中，应根据附属设备维修、运行等情况来选择连接方式。公称直径大于50mm的阀门、水表、安全阀、进排气阀等多选用法兰连接；对于压力测量装置以及公称直径小于50mm的阀门、水表、安全阀等多选用螺纹连接。附属设备与不同材料管道连接时，需通过一段钢法兰管或一段带丝头的钢管与之连接，并应根据管材不同采用不同的方法。与塑料管连接时，可直接将法兰管或钢管与管道承插连接后，再与附属设备连接。

（九）技术经济分析

规划设计结束时，最后列出材料设备明细表，并编制工程投资预算，进行工程经济效益分析，为方案选择和项目决策提供科学依据。

第四节　农田水利灌溉微灌工程

世界各国的实践证明，微灌是一种最省水而灌溉效果显著的先进灌溉技术。由于世界上水资源越来越紧张，若干年后，在干旱地区主要依赖于微灌，而在非干旱地区，必须提高水的利用率。我国幅员辽阔，自然条件各异，包括干旱区、半干旱区、半湿润区和湿润区。降雨量少的地区急需发展节水灌溉技术，在降雨量充沛的地区，由于降雨时空分布不均，也经常发生季节性春旱、夏旱和秋旱，微灌将会得到广泛的应用。

一、微灌的概念

微灌，即是按照作物需水要求，通过低压管道系统与安装在末级管道上的特制灌水器，将水和作物生长所需的养分以较小的流量均匀、准备的直接输送到作物根部附近的土壤表面或土层中的灌水方法。与传统的地面灌溉和全面积都湿润的喷灌相比，微灌只以少量的水湿润作物根区附近的部分土壤，因此又叫做局部灌溉。

（一）优点

1．省水

微灌系统全部四管道输水，很少有沿程式渗漏和蒸发损失：微灌属局部灌溉，灌水时一般只湿润作物根部附近的部分土壤，灌水流量小，不易发生地表径流和深层渗漏；另外，微灌能适时适量地按作物生长需要供水，较其它灌水方法，水的利用率高。因此一般比地面灌溉省水1/3~1/2，比喷灌省水15~25%。

2．节能

微灌的灌水器在低压条件下运行，一般工作压力为50~150Kpa，比喷灌低；又因微灌比地面灌溉省水，灌水利用率高，对提水灌溉来说意味着减少了能耗。

3．灌水均匀

微灌系统能够做到有效地控制每个灌水器的出水量，灌水均匀度高，均匀度一般可达80~90%。

4．增产

微灌能适时适量地向作物根区供水供肥，有的还可调节棵间的温度和湿度，不会造成土壤板结，为作物生长提供了良好的条件，因而有利于实现高产稳产，提高产品质量。许多地方的实践证明，微灌较其它灌水方法一般可增产30%左右。

5．对土壤和地形的适应性强

微灌系统的灌水速度可快可慢，对于入渗率很低的粘性土壤，灌水速度可以放慢，使其不产生地面径流；对于入渗率很高的沙质土，灌水速度可以提高，灌水时间可以缩短或进行间歇灌水，这样做既能使作物根系层经常保持适宜的土壤水分，又不至于产生深层渗漏。由于微灌是压力管道输水，不一定要求对地面整平。

6．在一定条件下可以利用咸水资源

微灌可以使作物根系层土壤经常保持较高含水状态，因而局部的土壤溶液浓度较低，渗透压比较低，作物根系可以正常吸收水分和养分而不受盐碱危害，实践证明，使用咸水滴灌，灌溉水中含盐量在2~4g/L作物仍能正常生长，并能获得较高产量。

便是利用咸水滴灌会使滴水湿润带外围形成盐斑，长期使用会使土壤恶化，因此，在干旱和半干旱地区，在灌溉季节末期应用淡水进行洗盐。

7．节省劳动力

微灌系统不需平整土地，开沟打畦，可实行自动控制，大大减少了田间灌水的劳动量和劳动强度。

（二）微灌的缺点

1．易于引起堵塞

灌水器的堵塞是当前微灌应用中最主要的问题，严重时会使整个系统无法正常工作，甚至报废。引起堵塞的原因可以是物理因素、生物因素或化学因素，如水中的泥沙、有机物质或是微生物以及化学沉淀物等。因此，微灌对水质要求较严，一般均应经过过滤，必要时还需经过沉淀和化学处理。

2．盐分积累

当在含盐量高的土壤上进行微灌或是利用咸水微灌时，盐分会积累在湿润区的边缘，在半干旱区如遇小雨，这些盐分可能会被冲到作物根区而引起盐害；在干旱地区，降水极少，土壤盐分的积累会对中耕作物来年的播种出苗造成伤害。前者可通过下雨时开启微灌系统灌水加以解决；后者，如果降雪量大，溶雪水可起到压盐洗盐效果，不会产生问题。降雪量很少地区，需在秋末冬初进行一次洗盐压盐。

3、限制根系发展

由于微灌只湿润部分土壤，加之作物的根系有向水向肥性，如果湿润土体太少或靠近地表，会影响根系下扎和发展，严寒地区可能产生冻害，此外抗旱能力也弱。但这一问题可通过合理设计，正确布置灌水器和科学的田间管理加以解决。

总之，微灌的适应性较强，使用范围较广，各地就根据当地自然条件、作物种类等因地制宜地选用。

三、微灌系统的组成

（一）微灌系统的组成

典型的微灌系统通常由水源工程、首部枢纽、输配水管网和灌水器 4 部分组成。

（二）微灌系统各部分的作用

1．水源工程

微灌系统的水源可以是机井、泉水、水库、渠道、江河、湖泊、池塘等，但水质必须符合灌溉水质的要求。微灌系统的水源工程一般是指：为从水源取水进行微灌而修建的拦水、引水、蓄水、提水和沉淀工程，以及相应的输配电工程。

2．首部枢纽

微灌系统的首部枢纽包括动力机、水泵、施肥（药）装置、过滤设施和安全保护及量测控制设备。其作用是从水源取水加压并注入肥料（农药）经过滤后按时按量输送进管网，担负着整个系统的驱动、量测和调控任务，是全系统的控制调配中心。

微灌常用的水泵有潜水泵、离心泵、深井泵、管道泵等，水泵的作用是将水流加压至系统所需压力并将其输送到输水管网。动力机可以是电动机、柴油机等。如果水源的自然水头（水塔、高位水池、压力给水管）满足微灌系统压力要求，则可省去水泵和动力。

过滤设备是将水流过滤，防止各种污物进入微灌系统堵塞灌水器或在系统中形成沉淀。过滤设备有拦污栅、离心过滤器、砂石过滤器、筛网过滤器、叠片过滤器等。当水源为河流和水库等水质较差的水源时，需建沉淀池。各种过滤设备可以在首部枢纽中单独使用，也可以根据水源水质情况组合使用。

施肥装置的作用是使易溶于水并适于根施的肥料、农药、除草剂、化控药品等在施肥罐内充分溶解，然后再通过微灌系统输送到田间。

流量、压力测量仪表用于管道中的流量及压力测量，一般有压力表、水表等。安全保护装置用来保证系统在规定压力范围内工作，消除管路中的气阻和真空等，一般有控制器、传感器、电磁阀、水动阀、空气阀等。调节控制装置一般包括各种阀门，如闸阀、球阀、蝶阀等，其作用是控制和调节微灌系统的流量和压力。

3．输配水管网

输配水管网包括干、支管和毛管 3 级管道。毛管是微灌系统的最末一级管道，其上安装或连接灌水器。输配水管网的作用是将首部枢纽处理过的水流按照要求输送分配到每个灌水单元和灌水器，包括干管、支管、毛管及所需的连接管件和控制、调节设备。由于微灌系统的大小及管网布置不同，管网的等级划分也有所不同。

4．灌水器

灌水器是微灌设备中的关键部件，是直接向作物施水的设备，其作用是消减压力，将水流变为水滴或细流或喷洒状施入土壤，包括微喷头、滴头、滴灌管（带）等。

（三）微灌系统的分类

根据微灌灌水器的不同，微灌工程可分为滴灌、微喷灌、涌泉灌和渗灌等，其灌水器分别为滴头、微喷头、涌水器和渗灌管等多种形式。

1. 滴灌

滴灌是通过安装在毛管上的滴头、滴灌带等灌水器使水流成水滴状滴入作物根区土壤内的灌水形式。滴灌时，滴头周围的土壤水分处于饱和状态，并借毛细管作用向四周扩散。润湿土体的大小和几何形状取决于土壤性质、滴头水量和土壤前期含水量等因素。

2. 微喷灌

微喷灌是灌溉水通过微型喷头喷洒在植物枝叶上或植株冠下地面上的灌水形式。它与喷灌的主要区别在于微喷头的工作压力小、流量小，在果园灌溉中仅湿润部分土壤，因此将其划分在微灌范围内。

3. 涌泉灌

涌泉灌是通过安装在毛管上的涌器而形成的小股水流，以涌流方式进入土壤的灌水形式，又称小管出流灌。它的流量比滴灌和微喷灌大，一般都超过土壤入渗速度。为防止产生地面径流，需在涌水器附近挖掘小的灌水坑以暂时储水。涌泉灌可避免灌水器堵塞，适于水源丰富的地区或林、果灌溉。

4. 渗灌

渗灌是借助工程设施将水送入地面以下并从渗灌管缝隙或小孔渗出以浸润根层土壤的灌水方法。这种灌溉方式能充分满足作物在生长过程中不同时期所必需的水和肥，准确适量地直接送到作物根系周围，从而达到大量节水、节肥、增产和减少病虫害等目的。

5. 膜下滴灌

膜下滴灌是把工程节水——滴灌与农艺节水——覆膜栽培两项技术集成的一项崭新的节水农业技术，从而产生了一系列新的功能，它是干旱绿洲农业现代化的一项具有可控性、基础性和战略性的关键技术。

膜下滴灌这一关键技术是把滴灌带（毛管）铺于地膜之下，同时嫁接其它有关技术和管道输水技术以及水资源可持续利用的供水技术，构成大田膜下滴灌系统工程。具体说是在传统灌溉的斗口设供水站，水源可用渠水、井水等，包括泥沙过滤系统、电力系统和施肥、量测装置等，用塑料干、支管代替斗、农、毛渠，用滴灌带代替沟、畦、漫灌，以膜下滴灌为主，兼用秸秆等覆盖技术和其它灌溉技术，如微喷、微喷带、渗灌、地下灌、涌泉灌、管灌等，以适应各种作物和乔木、灌木、人工草地的灌水要求。

根据微灌工程配水管道在灌水季节中是否移动，可以将微灌系统分成以下 3 类：

1. 固定式微灌系统

在整个灌水季节，系统各个组成部分都是固定不动的。干管、支管一般埋在地下，根据条件，毛管有的进入地下，有的放在地表或悬挂在离地面一定高度的支架上。这种系统主要用于宽行大间距果园灌溉，也可用于条播作物灌溉，因其投资较高，一般应用于经济价值较高的经济作物。

2. 半固定式微灌系统

首部枢纽及干、支管是固定的，毛管连同其上的灌水器可以移动。根据设计要求，一条毛管可以在多个位置工作。

3. 移动式微灌系统

系统的组成部分都可以移动，在灌溉周期内按计划移动安装，在灌区内不同的位置进行灌溉。

半固定式和移动式微灌系统提高了微灌设备的利用率，降低了单位面积微灌的投资，常用于大田作物，但操作管理比较麻烦，仅适合在干旱缺水而又经济条件较差的地区使用。

四、微灌工程常用材料设备

（一）水泵与变频设备

1. 水泵

微灌工程中常用的水泵有井用潜水电泵、离心泵（单吸单级和单吸多级）、管道泵等数十种。各中结构型式的水泵对适用条件都有具体要求，在选用时，主要根据工程所在位置的环境、水源条件和设计扬程等实际情况，参照水泵制造厂商提供的性能指标参数表及水泵的性能曲线图选定所需的水泵型号。当水源为河流和水库，且水质较差时，需建沉淀池，一般选用离心泵。水源为机井时，一般选用潜水泵。

（1）井用潜水电泵

井用潜水电泵是电机与水泵直联一体潜入清水中工作的提水工具，具有结构简单、体积小、重量轻、移动灵活、安装维修方便、运转安全可靠、高效节能等特点。主要适用于农田灌溉、城乡供水、园林绿化等领域。

（2）离心泵（单吸单级和单吸多级）

常用的离心泵有单吸单级和单吸多级两种。SLS 单吸单级立式离心泵是按最新国家标准设计制造的高效节能产品。泵体结构紧凑、体积小、外形美观，运行平稳，无渗漏，安装维修方便，并可依据设计流量和扬程的要求，采用并、串联方法，增加所需的流量和扬程。SLS 单吸单级立式离心泵是 IS 卧式离心泵的更新换代产品。SLD 型单吸多级离心泵是常规产品的新颖立式离心泵。离心泵主要适用于农田排灌，粮田、果树、园林、经济作物等喷微灌，乡镇供水等领域。

离心泵的适用介质为无腐蚀性液体，灌溉水中的介质固体不溶物，其体积不得超过单位体积的 0.1%，粒度不小于 0.2mm，周围环境温度不超过 40℃，使用介质温度在 80℃以下，海拔高度不超过 1000m，相对湿度不超过 95%。

2. 变频设备

变频设备是微灌管网实现全自动化变频调速恒压供水的关键配套设备。全自动恒压供水设备可根据给水管网瞬间用水量的变化，自动调节给水泵的转速和启动台数，使管网始终保持在恒定的设定压力以满足用户所需的水量，它可取代传统给水系统中的高水箱（水池）、水塔和气罐。

主要特点：自动化程度高，节电效果明显，综合造价低，减少对电网的影响，运行可靠，管理方便，保护功能齐全，安装简单，减少供水二次污染。主要适用在农业灌溉、工业用水、生活用水等领域。

变频柜根据其用途，系列型号很多，常用的有 ZQK 型系列水泵控制柜和 MCS 系列深井变频高速恒压供水设备。

3. 动力设备

在微灌系统中，与微灌设备配套的动力设备主要有柴油机、汽油机、电动机及风力电动机等设备。

（二）过滤设备与施肥器

1. 过滤设备

微灌系统中灌水器出吕孔径一般都很小，灌水器极易被水源中的污物和杂质堵塞。任何水源（如湖泊、库塘、河流和沟溪水）中，都不同程度地含有各种污物和杂质，即使良好的井水，也会含有一定数量的砂粒和可能产出化学沉淀的物质，因此对灌溉水质进行严格的净化处理是微灌不必不可少的首要步骤，是保护微灌系统正常运行、延长灌水器使用寿命和保证灌水质量的关键措施。

灌溉水中所含污物及杂质分为物理、化学和生物3类。微灌系统中对物理杂质的处理设备与设施主要有：拦污栅（筛、网）、沉淀池、过滤器等。选择净化设备和设施时，要考虑灌溉水源的水质、水中污物种类、杂质含量，同时还要考虑系统所选用灌水器的种类规格、抗堵塞性能等。

微灌常用的过滤器从过滤器结构原理分为旋流式水砂分离器、砂过滤器、筛网过滤器、叠片过滤器、全自动和半自动旋转清洗式过滤器。各种过滤器可以在首部枢纽中单独使用，也可以根据水源水质情况组合使用。

（1）旋流式水砂分离器

旋流式水砂分离器又称离心式过滤器或涡流式水砂分离器，常见的形式有圆柱形和圆锥形两种。

用途：离心式过滤器主要用于含砂水流的初级过滤，可分离水中的砂子和小石块。在满足过滤要求的条件下，采用60~150目的离心式过滤器，分离砂石的效果为92%~98%。

原理：此类过滤器基于重力及离心力的工作原理，清除重于水的固体颗粒。水由进水管切向进入离心式过滤器体内，旋转产生离心力，推动泥沙及密度较高的固体颗粒沿管壁移动，形成旋流，使砂子和石块进入集砂罐，净水则顺流沿出水口流出，即完成水砂分离。过滤器需定期进行排砂清理，时间按当地水质情况而定。

注意事项：

1）离心式过滤器在开泵与停泵的工作瞬间，由于水流失稳，影响过滤效果。因此，常与网式过滤器同时使用效果更佳。

2）在进水品前应安装一段与进水口等径的直能管，长度是进水口直径的10~15倍，以保证进水水流平稳。

（2）砂过滤器

砂过滤器又称砂介质过滤器，它是利用砂石作为过滤介质的一种过滤设备，分为单罐反冲洗砂过滤器和双罐反冲洗砂过滤器两种。

用途：主要用于灌溉水质较好或水质较差时与其他形式的过滤器组合使用，作为末级过滤设备。

原理：此砂石过滤器是通过均质颗粒层进行过滤的，其过滤精度视砂粒大小而定。过滤过程为：水从壳体上部的进水口流入，通过在介质层孔隙中的运动向下渗透，杂质被隔离在介质层上部。过滤后的净水经过过滤器里面的过滤元件进入本水口流出，即完成水的过滤过程。砂石过滤器根据灌溉工程用量及过滤要求，可单独使用，也可多个组合或与其他过滤器组合使用。

注意事项：

1）要严格按设计流量使用，因为过大的流量可造成砂床流道效应，导致过滤精度下降。

2）过滤器的清洗通过反冲洗装置进行，当进出口压力降大于0.07Mpa时就应进行反冲洗。

3）砂床表面污染最严重的地方，应用干净砂粒代替，视水质情况而定，一年处理1~4次。

4）该过滤器可单独使用，也可与其他过滤器组合使用。

（3）筛网过滤器

筛网过滤器是一种简单而有效的过滤设备，它的过滤介质是尼龙筛网或不锈钢筛网。

用途：主要用于水库、塘坝、沟渠、河源及其他开放水源。可分离水中的水藻、漂浮物、有机杂质及淤泥。

原理：此种过滤器价格低，结构简单，使用方便。过滤过程为：水由进水口进入罐内，通过不锈钢网芯表面，将大于网芯孔径的物质截留在外表面，净水则通过网芯流入出水口，即完成水的过滤过程。

注意事项：

1）当过滤网上积聚了一定的污物后，过滤器进、出水口之间的压力降会急剧增加，当压力降超过0.07Mpa时需要将网芯抽出，进行冲洗。

2）本过滤器规定进水方向必须由网芯表面进入网芯内表面，切不可反向使用。

3）如发现网芯、密封圈损坏，必须及时更换，否则将失去对水的过滤效果。

（4）叠片式过滤器

叠片式过滤器一般是用带沟槽的塑料圆片作为过滤介质。

（5）组合式过滤系统

根据水质处理的需要，常对各种过滤器组合使用，组成过滤站：离心式过滤器与网式过滤器组合；砂石过滤器与网式过滤器组合；也可以离心、砂石、网式三种过滤器组合。

2. 施肥装置

微灌系统中向压力管道内注入可溶性肥料或农药溶液的设备及装置称为施肥（药）装置。常用的施肥装置有压差式施肥罐、开敞式肥料罐自压施肥装置、文丘里注入器、注射泵等。

为了确保微灌系统施肥时运行正常并防止水源污染，必须注意以下三点：

（1）化肥或农药的注入一定要放在水源与过滤器之间，肥液先经过过滤器之后再进入灌溉管道，使未溶解化肥和其他杂质被清除掉，以免堵塞管道及灌水器。

（2）施肥和施农药后必须利用清水把残留在系统内的肥液或农药全部冲洗干净，防止设备被腐蚀。

（3）在化肥或农药输液管出口处与水源之间一定要安装逆止阀，防止肥液或农药流进水源，更严禁直接把化肥和农药加进水源而造成环境污染。

四、管材与管件

（一）微灌用管材与管件的基本要求

1. 能承受一定的水压力。微灌系统各级管网均为压力管网，必须能承受一定的压力才能保证安全输水与配水。

2. 抗老化性能强。微灌管网中，干管、支管使用年限一般都很长，因此要求具有较强的抗老化性能，以保证管道长期安全、可靠地运行。

3. 规格型号多样化、系列化。为满足各种微灌系统的不同供水要求，微灌工程中往往需要各种规格型号的管材。必须有多种规格、多种型号、系列化的产品供用户选用。

4. 规格尺寸与公差必须符合技术标准。各种管道必须按照有关部门的技术标准要求进行生产。

5. 价格低廉。微灌用管材、管件在整个工程中所占比重较大，应力求选择满足微灌工程要求且价格便宜的管道。

6. 便于运输和施工安装。各种管道均应按规定制成一定长度，以便于运输及安装和减少连接管件用量，节省投资。

（二）硬聚氯乙烯（PVC–U）管材、管件

PVC–U 管是给水用硬聚氯乙烯管材，主要优点是重量轻、易于运输和安装，耐化学腐蚀性优良，管壁光滑不结垢，对介质的流动阻力小，卫生无毒，对输送的介质不会造成污染，施工便捷，使用寿命长，维修方便等。PVC 管的抗紫外线和抗冻性能差，一般不宜直接铺设在地面裸露使用，最好埋设在冻土层以下使用。

PUC–U 给水管的形式分为平放口管和柔性承插管两种，管道的结构图如图所示。这两种管材的规格系列相同，仅区别于一端的扩口形状和安装连接不同，平放口管施工连接方式采用的是涂胶粘接法，柔性承插管施工连接方式采用的是加止水胶圈。

微灌用硬聚氯乙烯（PVC–U）管材，应符合中华人民共和国国家标准 GB/T10002.1–1996 、JB/T5152–91 产品标准和行业标准 SL/T96.1–1994。

硬聚氯乙烯（PVC–U）管材还应符合如下一些要求：

颜色一般为灰色，长度一般为 4m、6m、8m、12m，也可由供需双方协商确定。管材内外壁应光滑平整，不允许有气泡、裂口、分解变色线及明显的波纹杂质颜色不均等。管的内外壁应光滑、平整、清洁，没有划痕，不允许有气泡、裂口、分解变色线及显著的颜色不均、沟纹、凹陷、杂质等。两端应切割平整，并与管的轴线垂直，同一截面的壁厚偏差不得超过 14%。

与不同规格的管道配套用的管件主要有正三通、斜三通、异径三通、弯头、双承直通、伸缩异径接头、平承法兰、抢修接头、堵头等 100 多个种类规格，选用时可参照厂家产品说明书。

（三）PE管材、管件

目前国内微灌工程中普遍使用的聚乙烯管（PE 管）分为低密度 LDPE 和高密度 HDPE 等系列管材。LDPE 管材又分为外径公差系列和内径公差系列，二者的区别在于管件的结构和连接形式不同：一种是直接把管子插入管件锁紧连接；另一种是先把管子接口处加热后把带倒扣的管件插入，现用铁丝捆扎。LDPE 管主要应用于微灌工程输配水管路。HDPE 管材分为 PE63、PE80、PE100 三个系列，PE63 管材一般应用于城镇及乡村给水工程，PE80 管材主要用于城市给水工程，HDPE100 管材特别适用于大口径、高压力给水工程。

PE管材除具有PVC管材所具有的大部分优点外，还有优异的抗磨性能，柔韧性好，耐冲击强度高，接头少，管道连接采用插入式、熔焊接或螺纹连接，施工方便，工程综合造价低等优点。

微灌用低密度聚乙烯管应符合中华人民共和国国家标准GB6674-86和行业标准SL/T96.2—1994。

低密度聚乙烯管材还应符合如下一些要求：

微灌用低密度聚乙烯管颜色一般为黑色或本色，也可由供需双方协商确定。管一般为卷盘，每卷重量为30-50kg，每卷允许断头数不超过一个。内外壁应光滑、平整、清洁，没有划痕，不允许有气泡、裂口、分解变色线及显著的沟纹、凹陷、杂质等。两端应切割平整，并与管的轴线垂直，同一截面的壁厚偏差不得超过14%。

微灌系统干管一般采用PVC管，支管、辅助支管一般选用PE管或薄壁PE管。干管为微灌系统输送全部灌溉水量。根据微灌系统灌溉面积可采用一级或两级干管系统，一级干管系统只有一条主干管。两级干管系统由一条主干管和若干条分干管组成。支管和辅管在微灌系统中起控制毛管适宜长度、划分轮灌区的作用。一般在滴灌系统当中，支管采用企标薄壁PE管，辅管采用国标厚壁PE管。

五、微灌工程规划设计

（一）微灌工程规划设计的任务

微灌工程规划设计是微灌工程必不可少的前期技术工作，根据SL103-95《微灌工程技术规范》规定，平原区灌溉面积大于100 hm^2、山丘区灌溉面积大于50 hm^2的微灌工程应分为规划、设计两个阶段进行，面积小的可合为一个阶段进行。规划设计阶段进行可行性研究，编制出“可行性研究报告”；设计阶段对微灌工程进行全面设计，提交达到施工要求的“工程设计”技术文件。面积小的滴灌工程两阶段合二为一，提交有可行性研究内容的“实施文字”技术文件即可。

1. 可行性研究

可行性研究是进行项目决策的重要依据，其任务是：收集项目区与该工程规划设计有关的自然条件资料和社会经济条件资料，根据当地的资源条件、资源优势、技术力量、社会经济状况论证工程的必要性和可行性；根据水资源状况进行水土平衡计算，确定工程规模和灌区范围；根据水源位置、地表地貌、作物情况通过方案比选择合理布置引、提、蓄水源工程，确定首部枢纽位置和管网布置；预测工程施工可能的植被破坏和水土流失进行环境影响评价；进行典型设计，计算工程量、设备材料种类、规格、数量，估算工程投资并进行经济效益分析。重点是论证水源保证、工程规模和方案比选问题。典型设计应达到施工设计深度，规划应符合当地农业区划和农田水利规划的要求，并与农村发展规模相协调。

2. 工程设计

设计阶段应对所批标准工程规模范围内的所有微灌工程进行全面设计，提交达到施工要求的工程设计技术文件。工程设计技术文件一般由说明书、计算书、图纸和预算书四部分组成，工程规模较小时可将说明书、计算书和预算书合并，工程规模很小甚至可将四部分合为一个文件。图纸是工程师的语言，工程设计的最主要任务是设计绘制出齐全、规范、达到施工要求的全套设计图纸。

（1）说明书

设计说明书反映设计者对工程的构思和最终形成产品的技术要求，也是解读设计图纸的文字说明和审查预算书是否合理的依据。一般情况下设计说明书应包括以下内容：1）基本资料；2）设计依据；3）工程规划布置；4）水源分析和水量平衡计算；5）水源工程设计；6）首部枢纽设计；7）田间管网灌水系统设计；8）附属建筑物设计；9）施工和运行管理要点。

（2）计算书

工程设计中涉及大量计算问题，为使说明书简明扼要并便于审查计算是否正确，应编制计算书，将设计中的主要计算问题的计算方法和计算过程汇集在计算书中。

（3）预算书

按水利水电工程概预算的标准编制概预算书。

（4）设计图纸

设计图纸是工程设计成果的最主要部分，要求设计并绘制出齐全、规范、达到施工要求的全套设计图纸。主要图件有：工程规划图、工程平面布置图、管道纵剖面图、节点压力图、系统运行图、节点大样图、首部枢纽设计图、附属建筑物设计图等。

（二）微灌工程规划设计的原则及内容

进行微灌工程规划设计时，应该树立系统工程的观念、因地制宜的观念和突出效益的观念。

1. 可行性研究报告编制原则

（1）与有关规划协调一致

微灌工程规划应在调查项目区自然、社会经济和水土资源利用现状基础上，根据农业生产、生态保护对灌溉的要求进行规划，微灌工程规划应与当地所制定的经济发展规划、生态保护规划、农业发展规划和节水灌溉发展规划协调一致。

（2）对项目水源保证进行充分论证

对拟建微灌工程所用水源的水量、水质情况必须进行充分论证。地表水源应重视洪水期的泥沙问题；地下水必须论证清楚项目区真实可靠的补给量、可开采量和单井出水量、特别是干旱地区，工程规模应控制在水资源条件允许范围之内，必须避免建设无水源保证工程和使生态环境遭到破坏的工程。

（3）扬长避短，突出效益

任何技术都有其一定适用条件，微灌也不例外，在进行微灌工程规划时必须坚持扬长避短原则。我国地域辽阔，不同地区的自然气候差异很大，经济发展水平不一，规划应从实际出发，实事求是，充分考虑自然资源和社会经济条件的可能与需要。同时要认真进行方案比选，找出最佳方案。因地制宜、扬长避短、减轻劳动者的劳动强度、突出效益是进行微灌工程规划的最基本原则。

（4）注意与其他用水需求相结合，与农业节水措施相配套

规划时应综合考虑项目区内农田、林带和畜牧、水产、居民用水等其他用水方面的要求，使其他用水不受影响并尽量做到相互结合发挥综合效益。微灌工程措施应与节水农艺措施、节水管理措施相配套，以发挥最大的节水效益。

（5）经济、社会、环境效益综合考虑，环境效益优先

微灌工程规划必须坚持经济、社会、环境效益综合考虑，环境效益优先的原则。特别是生态脆弱的干旱地区。经济效益主要体现在节水、节能、省工、省地、增产、增效等方面；社会效益主要表现在缓解农业、工业、生活和生态用水矛盾，微灌工程兼顾向当地工业和人畜用水供水等；环境效益表现为保护水资源，控制地下水位下降，防止超采地下水，降低灌溉定额，化肥农药污染地下水等。

2. 工程设计的原则

（1）工程设计应与规划相一致

微灌工程可行性研究报告批准之后，即应作为设计的依据。可行性研究阶段所确定的工程规模、投资规模、工程类型、主要设计参数、水源工程等主要内容，在设计院中应与可行性研究报告相一致。设计中如发现可行性研究报告中有不合理之处，特别是工程规模、投资规模、工程类型等有大的方案改变，必须报项目审批单位同意，修改重新审批后方可进行设计，不能擅自改动可行性研究报告中的主要内容。

（2）工程设计应严格按规范

SL103-95《微灌工程技术规范》是在总结国内外大量的工程实践和科学试验基础上经过国内权威微灌专家严格审查编制出来的，进行微灌工程设计时必须严格按照规范进行，所有技术参数选取、计算公式选用应遵照规范的规定。由于规范反映的是一定时代的技术水平和技术要求，如在设计中发现规范不能适应新技术发展或规范有不完善之处，应在设计中回收说明，并在规范的修订中提出相应的修改意见。

（3）工程设计必须紧密结合实际，方便管理，追求低成本高效益

微灌工程是一种地域性强、涉及面广的涉农工程。不同地区的自然条件不同、经济条件不一、作物种类繁多、栽培条件不同、管理模式不同，必须紧密结合实际情况因地制宜地进行设计。针对不同作物、不同栽培条件的微灌设备种类也很多，应该与之相对应。作物栽培还有田间管理等方面的要求，应在充分掌握微灌设计基本原理的基础上根据实际情况灵活运用。在保证工程质量的前提下，低成本、高效益并方便管理是必须坚持的重要原则。

（4）坚持灌溉与栽培技术的协调统一原则，充分发挥最大的水效益

灌溉技术与栽培技术相互协调一致才能最充分的发挥水效益。微灌是一种局部灌溉技术，只对作物根系供水；而作物不但要求根系土壤中有充分的水分供应，某些生育阶段对冠层空气湿度也有一定要求。不同的灌溉方式湿润土体面积和造成的近地层空气湿度不同。微灌系局部灌溉，施水范围有限，作物种植方式应适应改变，采取科学的株行距以保证作物根系水分供应并减少毛管用量，降低工程造价。

（5）工程设计应达到满足施工需要的深度要求

工程设计是微灌工程规划设计的最终阶段，它是为工程项目实施服务的，设计深

度应达到满足施工要求的深度。规划阶段主要解决的是规模和方案可行性和必要性问题，只作典型设计；设计阶段解决的是工程项目的实施问题，必须进行全面设计。例如：设计阶段所提供的图纸必须满足施工放线的要求；对工程所有的材料设备的型号、规格和数量必须满足招标和采购的要求等。

3. 规划内容

（1）勘测收集基本资料

通过勘测、调查和试验等手段，收集灌区自然条件、社会经济条件、已在灌溉试验资料、现有工程设施，以及有关灌溉区划、农业区划、水利规划等基本资料，作为工程规划的依据。对收集到的资料和试验成果应进行必要的核实和分析，做到选用数据切实可靠。

（2）水量平衡和灌溉用水量分析

根据微灌工程和其他用水单位的需水要求和水源供水能力，进行水量平衡计算和分析，确定微灌工程的规模。在进行水量平衡计算时，必须首先考虑生态用水，在灌区水源兼顾工业、城市生活用水的情况下，应先保证工业和城市生活用水。因此，要根据水源情况，遵循保证重点、照顾一般的原则，统筹兼顾，合理安排。灌溉用水量是指为满足作物生长需要，由水源向灌区提供的水量。在进行灌溉用水量分析时，要综合考虑微灌工程面积，作物种植情况，土壤、水文地质和气象条件等因素。

（3）水源工程规划

1）选择取水方式及取水位置。根据水源条件，选择引水到高位水池、提水到高位水池、机井直接加压、地面蓄水池配机泵加压等，需根据水源条件及地形、地质等具体条件选择。

2）选择蓄水工程的类型、数理与位置。蓄水工程有小水库、蓄水池等类型，其形式工、数量与位置应根据水源类型、地块分布、地形地貌、地质条件，以及施工、管理等因素合理规划，做到经济、安全、可靠。

3）蓄水工程容积的确定。根据设计标准满足灌溉用水要求，并尽量节省工程量的原则，通过来水和用水的水量平衡计算，确定蓄水工程容积。

（4）微灌类型选择

根据灌区自然条件和社会经济条件，因地制宜地选择微灌类型，并常需对可能选择的几种类型从技术和经济上加以分析比较，择优选定。

（5）工程规划布置和总体布局

在综合分析水源位置、地块形状、耕作方向、地形、地质、气象，以及现有排水、道路、林带和供电系统等因素的基础上，作出微灌工程规划布置，绘出规划布置图，以有利于工程达到安全可靠、投资较低和方便运行管理的目的。

（6）投资概算和效益分析

对主要材料和设备的用量和投资造价以及工程运行费用作出估算，面上的工程和设备可以典型地块的计算结果为指标，扩大概算出全灌区的数值。对工程建成后的增产、增收效益及主要经济指标作出分析计算。

（7）工程实施方案和项目管理机构

根据灌区的规模，选用的微灌技术、工程投资筹集等情况进行综合研究，制定工程的实施方案。实施方案包括交错筹措计划、项目总体实施计划和分期实施计划。为确保工程项目能按计划实施，必须成立相应的项目管理机构。

4. 规划成果

（1）工程规划书

1）灌区基本情况：简要简明灌区的自然条件、生产条件和社会经济条件。

2）微灌可行性分析：根据自然、生产和社会经济条件从技术和经济两方面对微灌的必要性和可能性作出论证。

3）微灌类型的选择：从技术和经济是论证所选系统的合理性。

4）水源分析及水源工程规划：阐明设计标准的选定，水源来水量和微灌用水量的计算方法与成果，以及水源工程的规划文字。

5）微灌工程的规划布置：阐明规划布置的原则，对骨干管道的位置、走向以及枢纽工程的布置作出必要的说明。

6）投资概算及效益分析：列出工程提交概算的方法和成果，以及对工程建成后可能获得的经济效益的分析预计成果。

（2）规划布置图

在地形图上绘出灌区的边界线，压力分区线，水源工程、泵站等主要建筑物和骨干管道的初步布置。为使图幅大小适用，所用地形图比例尺：灌区面积 333 hm^2 以下者宜为 1/2000~1/5000，333 hm^2 以上者宜为 1/5000~1/10000。

（3）主要材料设备和工程概算书

列出各种设备和建筑材料的规格型号及用量清单，对主要材料和设备的用量和投资造价以及工程运行费用作出估算，面上的工程和设备以典型地块的计算结果为指标，扩大概算出全灌区的数值。工程概算书包括编制依据和投资估算两部分。

（三）微灌工程设计的基本资料

为使微灌工程规划设计经济合理、切实可行，首先必须对规划区进行基本资料的调查、收集和整理工作。基本资料是微灌工程规划设计的基础，只有基本资料准确、齐全、可靠，才有可能做出正确、合理、科学、符合实际的规划设计。

1. 自然条件资料

自然条件资料主要包括项目区的地理位置与地形资料、气象资料、水源资料、土壤和工程地质资料、农作物栽培和灌溉试验资料等。

（1）地理位置与地形资料

地理位置资料应包括项目所处的经纬度、海拔高度、范围和面积及其东南西北相邻地区等。

地形资料是进行工程规划设计的最主要资料，地形资料一般用地形图反映，进行微灌工程规划设计时要收集或测量绘制比例适合、绘制规范的地形图。

灌溉面积在 333 ~ 667hm^2 以上的微灌工程，规划布置图定用 1/10000-1/5000 比例尺的地形图，灌溉面积超过 667hm^2 的微灌工程可用更小比例尺的地形图；灌溉面积小于 333hm^2 的微灌工程宜用 1/5000-1/2000 比例尺的地形图。

规划阶段典型设计和设计阶段用地形图，地形平坦情况下的一般微灌系统，宜采用 1/2000-1/1000 比例尺地形图；若地形比较复杂或低压滴灌系统，宜采用 1/1000-1/500 比例尺地形图。

（2）气象资料

气象资料包括项目区的降水、蒸发、气温、湿度、日照、积温、无霜期、风速风向、冻土深度、气象灾害等与灌溉密切相关的农业气象资料。气象资料是确定作物需水量和制定灌溉制度的基本依据。所需气象资料可到邻近的气象台收集。

降水资料包括项目区历年的年平均降水量、月平均降水量、旬平均降水量、季节降水量特征等，可从当地气象台站获得。当实测资料不具备或不充分时，可根据当地降水量等值线图进行查算。当进行作物需水量计算时，需选用作物生育期内的逐日、逐旬或逐月降水量，还要考虑历年最大降水量及发生的日期等。

蒸发资料包括项目区的多年平均蒸发量、月蒸发量、最大日蒸发量、历年最大蒸发量及发生的日期等。根据蒸发的性质不同，可将蒸发分为水面蒸发、土面蒸发、叶面蒸发三种类型。在当地缺乏作物需水量资料时，可利用水面蒸发资料估算作物需水量。

气温直接影响作物生长所需的灌水量和灌溉系统统计。当计算作物需水量时，应选用日或旬或月平均气温、平均最低和平均最高气温。

湿度分绝对湿度和相对湿度。绝对湿度系指空气中的水汽含量，当采用重量单位时以 g/m^3 表示，当采用压力单位时以 Pa 表示。相对湿度系空气绝对湿度与同一时刻的饱和水汽含量之比。

日照是每日阳光照射在地面上的时间长短。当计算作物需水量时，选用按日或月统计日照小时数后按日或旬或月数平均。

积温是作物在其他生活因子得到满足的情况下，完成生长发育周期所要求的日平均温度的总和。一般包括年平均积温、大于 0 和大于 10 积温。

无霜期是指露地作物不受霜降影响的首尾时间。应收集年平均无霜期天数、早霜和晚霜的日期。

风速风向是条田防护林设计的重要依据，直接影响到微灌管网的布置以及作物栽培方式和滴头的布设。当计算作物需水量时，需用 2m 高处旬或月的平均速度、白天平均风速和夜晚平均风速，若系其他高度的风速，则应得相关公式进行换算。

冻土深度是指温度 0℃或 0℃下，因冻结而含冰的各种土层深度。微灌工程规划设计必须知道项目区的最大冻土层深度，以确定选用何种材质管道及埋设深度。

（3）水源资料

水源资料系指为工程项目提供水源的水库、河流、渠道、塘坝、井泉等的逐年供水能力，年水量、水位变化情况，水质、水温、泥沙含量变化情况，特别是灌溉季节的供水、用水情况。

水源水质包括水温和水中杂质含量，水温影响作物正常生长，也是进行输配水管路水力计算的影响因素。微灌工程对水源水质有特殊要求，应对水源的水质进行化验分析，测定水源中的泥沙、污物、水生物、含盐量、氯离子的含量及PH值，以便决定采取相应的处理措施，保证微灌工程正常运行。

（4）土壤与工程地质资料

土壤资料主要包括土壤质地、土壤容重、田间持水量、土壤孔隙度、土壤渗吸速度、土层厚度、土壤PH值和土壤肥力等。对于盐碱地，还包括土壤盐分组成、含盐量、盐渍化及次生盐碱化情况、地下水埋深和矿化度。

土壤质地是指在特定土壤或土层中不同大小类别的矿物质颗粒的相对比例。土壤结构是指土壤颗粒在形成组群或团聚体时的排列方式。土壤质地与结构两者一起决定了土壤中水和空气的供给状况，是影响微灌条件下土壤水分分布和湿润模式的最主要和基础因素。

土壤容重是指单位体积自然干燥土壤的重量，单位为克/立方厘米，有时也用吨/立方米。土壤容重可以反映土壤的孔隙状况和松紧程度，它是计算土壤孔隙度、估算土壤水分和养分储量及评价土壤结构等的基本参数。土壤容重应实测确定。

土壤孔隙度指土壤孔隙的体积占整个土壤体积的百分数。土壤孔隙是水分、空气的通道和贮存场所，因此土壤孔隙的数量和质量在农业生产和农业工程中极为重要。

土壤田间持水量是在灌溉条件或降水条件下，田间一定深度的土层中所能保持的最大毛管悬着水量。当土壤含水量超过这一限度时，过剩的水分将以重力水的形式向下渗透。田间持水量是划分土壤持水量与向下渗透量的重要依据，也是指导灌溉的重要依据。

土壤渗吸速度指单位时间入渗土壤的水层厚度。土壤渗吸速度与土壤质地、结构状况、孔隙度、耕作状况及土壤原始含水量等因素密切相关。在灌溉过程中土壤渗吸速度是变化的，开始由于土壤比较干燥吸水很快，随着土壤水分的增加渗吸速度逐渐减小，最后趋向一个稳定数值。

（5）作物栽培和灌溉试验资料

收集项目区规划设计作物的栽培资料。对于一年生作物，收集作物种类、品种、栽培模式、耕作层深度、生长季节、种植比例、种植面积、种植分布图及轮作倒茬计划、条田面积和规格、防护林布设等；对于多年生作物，应收集树种、行向、株距和行距、冬季是否埋土、田间管理要求等。同时还要了解原有的高产、稳产农业技术措施，产量和灌溉制度等。

当地的灌溉试验资料是进行微灌工程规划设计的最宝贵资料，在无当地灌溉试验资料情况下出可收集条件类似地区的灌溉试验资料进行参考。

必须指出：在进行微灌工程规划设计时，应坚持灌溉与栽培技术的协调统一原则。在进行微灌作物栽种模式设计时，应注意听取作物栽培专家的意见。

2. 生产状况资料

生产状况资料包括项目区的水利工程现状资料、节水灌溉工程现状资料、农业生产现状资料、动力资料、当地材料及设备生产供应情况资料、用水状况及水资源管理资料。

（1）水利工程和灌溉现状资料

收集项目区水利工程现状及管理情况资料，在进行滴灌工程规划设计时应考虑充分利用现有的水利设施，确保在可靠的水源并尽可能减少投资；特别应收集农村人畜饮水工程的有关资料，规划设计时应注意保护其水资源。

（2）农业生产资料

农业生产资料包括土地资源面积，耕地面积，作物资料，各种主要作物单位面积产量，农、林、牧、渔在农业结构中所占比例、现状和发展计划、产值等。同时还应收集项目区能反映现状的和工程建设后的作物产量与农业措施。作物资料包括项目区的作物种类、播种面积、复种指数、品种、种植面积及比例、分布位置、生育期、各生育阶段及天数、主要根系层活动深度、需水量、灌溉制度等。

作物资料是确定灌溉制度和灌溉用水量的主要依据，也是确定水源工程和整个微灌工程规模的主要依据。农业资料是进行项目前后经济效益分析比较的基本资料，向当地农业、水利等部门收集。

（3）动力资料

动力资料包括现有的动力、电力及水利机械设备情况，电网供电情况以及动力设备价格、电费及柴油价格等。要了解当地目前拥有的动力及机械设备的数量、规格及使用情况，了解输变电线路和变压器数量、容量及现有动力装机容量，还应收集当地的施工队伍和施工机械情况。

（4）材料和设备供应资料

当地材料和设备生产供应资料包括水泥、砂、石、建筑材料、微灌设备、管材、管件等材料的规格、型号、性能、价格以及当地的生产供应情况，以供规划设计时选择和进行投资估算和概算。

（5）用水状况和水资源管理资料

用水状况资料包括工业、生活、农业及生态用水量情况。

水资源管理资料包括水资源费征收情况、水价情况、水费征收情况等，用以进行项目前和项目后的效益分析。水资源管理资料向水利部门收集。

3. 社会经济状况资料

社会经济状况资料包括项目区的行政区划资料、经济情况资料、交通情况资料和有关发展规划及相关文件资料。

（1）项目区的行政区划资料

项目区的行政区划资料包括项目区所属的省（自治区、直辖市）、县（市、兵团团场）的名称，国土面积，所管辖县（区）、乡（镇）、村（街道委员会）的数量、总人口、农业非农业人口、外出劳力、现村内常年劳力、从事农业生产的劳力数量及文化素质等。工程建设后必须便于管理，因此应了解现行的行政区划界线，生产管理制度，尽量使所建滴灌工程的管理和生产管理范围相一致。行政区划资料向统计部门收集。

（2）经济情况资料

经济情况资料包括当地工农业生产水平，乡镇企业发展，工矿企业生产状况，工农业生产总值，农业生产总值，现有耕地、荒地、草场及森林的分布和面积、牲畜状况、缺水地区的范围与缺水程度，产品价格，经营管理水平，组织管理机构的体制和人员配备情况等，是选择微灌工程时必须考虑的因素。

（3）交通情况资料

交通情况资料包括项目区对外的交通运输能力及运输价格情况，以便进行投资效益计算。

（4）有关发展规划和相关文件资料

进行微灌工程规划设计时，主要收集以下与滴灌工程规划设计有关的规划及文件资料：

1）有关批准文件。主要包括立项申请的批件、可行性研究报告的批件、与工程项目有关的资金筹措承诺文件和环保单位的审批评估文件、有关部委要求的文件等。

2）有关行业发展规划。主要包括所在地区的五年、十年中长期国民经济发展计划和规划、水利发展规划、水资源功能发展区划、农业发展规划及区划、节水灌溉发展规划、水土保持规划、城镇国民经济发展规划等。

3）有关标准。主要包括 SL207-98《节水灌溉技术规范》、SL103-95《微灌工程技术规范》等。

4）相关材料。主要包括作物生产资料、土壤普查实测资料、不同作物灌溉制度资料、灌溉成本、用水定额与节水灌溉发展相关的资料。

（四）微灌工程的设计标准

1. 设计标准的概念

我国灌溉规划中常采用灌溉保证率法确定灌溉设计标准。微灌工程设计保证率应根据自然条件和经济条件确定。灌溉用水量得到保证的年份称为保证年，在一个既定的时期内，保证年在总年数中所占的比例称为灌溉用水保证率。在农田水利工程设计中，灌溉用水保证率时常是给定的数值，称之为设计保证率。设计保证可因各地自然条件、经济条件的不同而有所不同，就全国范围来讲，在 50%-90% 之间。由于自然和经济条件的关系，一般在南方采用值较高，在北方采用值较低；在水资源丰富的地区采用值较高，水资源紧缺地区采用值较低；在自流灌区采用值较高，扬水灌区采用值较低；在作物经济价值较高地区采用值较高，在作物经济价值不高地区采用值较低；在近期计划中采用值较低，在远景规划中采用值较高。国家质量技术监督局和建设部联合发布的 GB50288-99《灌溉与排水工程设计规范》中规定灌溉设计保证率应根据水文气象、水土资源、作物组成、灌区规模、灌水方法及经济效益等因素。

2. 设计代表年及其选择方法

设计代表年即作为设计依据的年份，通常是以往的年份中选出符合保证率的某一年作为设计代表年，并以此作为规划水源工程的依据。设计代表年的选择，应视掌握资料的情况，按气象资料或来水量资料或用水量资料进行选择，也可按来水、用水情况综合进行选择。

（1）按气象资料选择

1）用降水量资料

以灌区多年降水量资料组成系列，进行频率计算，推求符合设计保证率的降水量，并按照年降水量与其相近而其降水分布又对灌溉不利的原理，选择年份作为设计代表年。根据实际计算经验，可以选 5 个设计代表年，即降雨量频率为 5% 者为湿润年，25% 者为中等湿润年，50% 者为中等年，75% 者为中等干旱年，95% 者为干旱年。当灌区作物单一或存在主要作物时，如用年降水量计算，可能出现作物生长期降水频率与设计保证率不符的情况，故宜用主要作物灌水临界期的降水量进行频率计算，并据此设计代表年。

2）用蒸发量资料

用项目区年水面蒸发量（或主要作物灌水临界期的水面蒸发量）系列，以递增次序排列进行频率计算，选择频率和设计保证率相同（或相近）的年份作为设计代表年。

3）用蒸发量与降水量的差值

用年水面蒸发量与降水量的差值（或主要作物灌水临界期两者的差值）组成系列，以递增次序排列进行频率计算，并选择设计代表年。

（2）按来水量资料

用水源的来水量组成系列进行频率计算，选择频率和设计保证率相同（或相近）的年份作为设计代表年。采用此法时，应注意根据不同的水源类型对其供水量资料作认真分析，排除人为影响因素，以避免因没有考虑现状用水情况而造成的误差。

（3）按用水量资料选择

利用本地区的灌溉试验与生产实践资料或利用水文气象资料推求历年作物需水量，并通过频率计算符合设计保证率的代表年。此法需要较长系列的灌溉试验或调查资料，一般不易获得，且对所得资料应作分析修正，以建立在同一基础上。如用气象资料推算历年作物需水量，则计算工作量较大。

（4）按来水、用水资料综合选择

用来水和用水的差值或用调节后的蓄水容积组成系列进行频率计算，并选择设计代表年。此法反映了灌溉设计保证率的真实含义，但所需资料甚多，计算工作量大，工程规模较大的有条件项目区可以考虑采用。

六、微灌工程规划布置

（一）微灌工程总体布置

规划阶段工程布置主要是确定灌区具体位置、面积、范围及分区界限；确定水源位置，对沉淀池、泵站、手部等工程进行总体布局；合理布设主干管线。地形状况和水源在灌区中的位置对管道系统布置影响很大，一般应将首部枢纽与水源工程布置在一起。

1. 灌区范围的确定

根据工程建设方案的要求和行政区划及土地的具体情况，结合微灌技术的特点，选定微灌工程的位置，并确定微灌面积、范围及灌区的界限。

2. 水源工程的布置

沉淀池、泵站、蓄水池、首部枢纽等统称为微灌水源工程。在布置水源工程时，一个重要的影响因素是水源的位置和地形。当有几个可用的水源时，应根据水源的水量、水位、水质以及微灌过程的用水要求进行综合考虑。通常在满足灌水量、水质需要的条件下，优先选择距灌区最近的水源，以便减少输水干管的投资。在平原地区利用井水作为微灌的水源时，应尽可能地将井打在灌区中心。蓄水和供水建筑物的位置应根据地形地质条件确定，必须有便于蓄水的地形和稳固的地质条件，并尽可能使输水距离短。在有条件的地区尽可能利用地形落差发展自压滴灌。为了节省能源可以一级或多级提水灌溉，并应经过技术经济比较确定。在需建沉淀池的灌区，可以与蓄水池结合修建。

3. 系统首部枢纽和输水干管的布置

系统首部枢纽通常与水源工程布置在一起，但若水源工程距离灌区较远，也可单独布置在灌区附近或灌区中间，以便于操作和管理。

（二）工程规模的确定

规划阶段应该首先进行水量平衡计算，以确定合理的控制面积。水源为机井时，应根据机井出流量确定最大可能的控制面积。水源为河、塘、水渠时，应同时考虑水源水量和经济两方面的因素确定最佳控制面积。

目前地表水滴灌工程，一个首部控制的灌溉面积一般为 33.3~200hm^2（500—3000亩），根据新疆特点，较为经济的控制面积为 33.3~100hm^2（500~1500 亩），最好不要超过 200 公顷（3000 亩），而且大多数是灌溉单一作物。

目前可依据收集到的基本资料用下列方法计算：

1. 在水源供水流量稳定且无调蓄能力时，如利用机井灌溉，可用下式确定灌溉面积，称之为“以水定地”。反之，灌溉面积已定时可求得系统供水量，如河、渠水源，也可用式计算，称之为“以地定水”：

$$A=\frac{\eta QC}{10I_a} \tag{5-28}$$

$$Q=\frac{10mA}{TC}\text{或}Q=\frac{10I_aA}{\eta C} \tag{5-29}$$

式中：A—— 可灌面积，hm^2；

Q—— 可供流量，m^3/h；

I_a—— 设计供水强度，mm/d；　Ia =Ea-P0

E_a—— 设计耗水强度，mm/d；

P_o—— 有效降雨量，mm/d；

C—— 水源每日供水时数，h/d；

η —— 灌溉水利用系数。

2. 在水源有调蓄能力且调蓄容积已定时，可按下式确定滴灌面积：

$$A=\frac{\eta_{蓄}KV}{10\sum I_iT_i} \tag{5-30}$$

式中：K—— 塘坝复蓄系数，K=1.0—1.4；

η 蓄 —— 蓄水利用系数，η=0.6—0.7；

V—— 蓄水工程容积，m^3；

I_i—— 灌溉季节各月的毛供水强度，mm/d；

T_i—— 灌溉季节各月的供水天数，d。

（三）微灌管网的布置

1. 毛管和灌水器布置

（1）单行毛管直线布置

毛管顺作物行向布置，一行作物或几行作物布置一条毛管，滴头安装在毛管上或采用滴灌管（带）。这种布置方式适用于窄行密植作物（如蔬菜、花卉、棉花等）和密植果树。

（2）双行毛管平行布置

当滴灌高大作物时，可采用双行毛管平行布置的形式，沿树行两侧布置两条毛管，每株树两边各安装 2-4 个滴头。这种布置形式使用的毛管数量较多。

（3）单行毛管环状布置

当滴灌成龄果树时，可沿一行树布置一条输水毛管，围绕每一棵树布置一条环状灌水管，其上安装 3-6 个单出水口滴头。

以上各种布置方式中毛管均沿作物行向布置，在山丘区一般采用等高种植，故毛管是沿等高线布置的。对于果树，滴头（或滴水点）与树干的距离通常为树冠半径的 2/3。

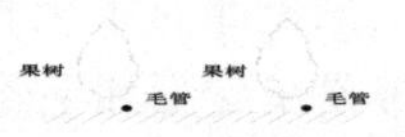

图 5-5 单行毛管直线布置图

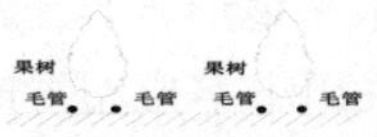

5-6 双行毛管平行布置

图 5-7　单行毛管环状布置

毛管的长度直接影响灌水的均匀度和工程费用，毛管长度越大，支管间距越大，支管数量越少。工程投资越少，但灌水均匀度降低。因此，布置的毛管长度应控制在允许的最大长度以内，而允许的最大毛管长度应满足设计均匀的要求，并由水力计算确定。

（4）新疆大田作物滴灌毛管的布置形式

经过新疆各地不断的实践和探索，目前棉花、加工番茄膜下滴灌毛管的布置形式，，已形成一膜两管四行（一幅地膜布置两条滴灌带种植四行作物）、一膜一管四行、机械采棉等多种布置方式。几种大田膜下滴灌作物种植模式及毛管布置形式如图 5-8、5-9、5-10 所示。

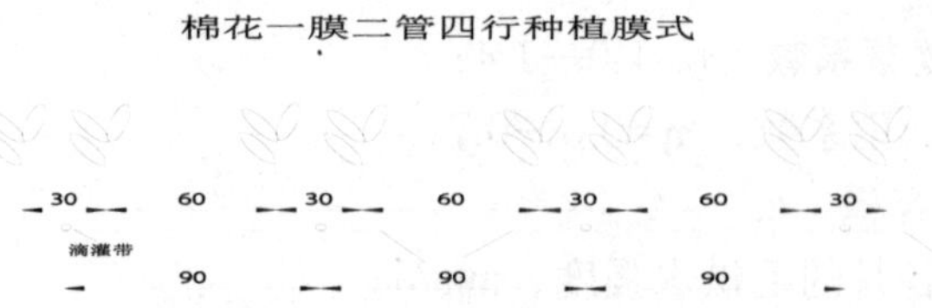

图 5-8　一膜两管四行布置图

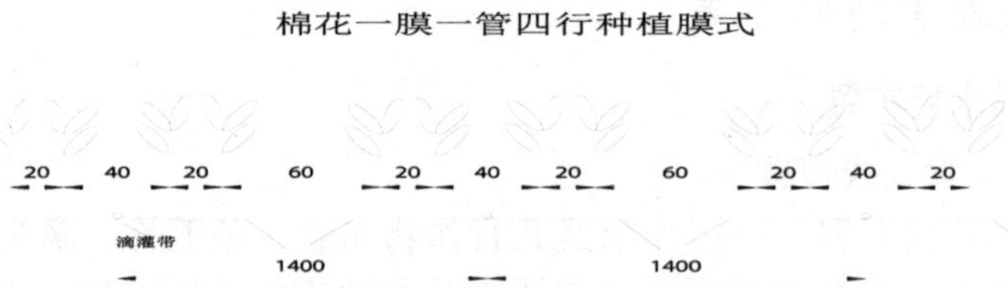

图 5-9　一膜一管四行布置图

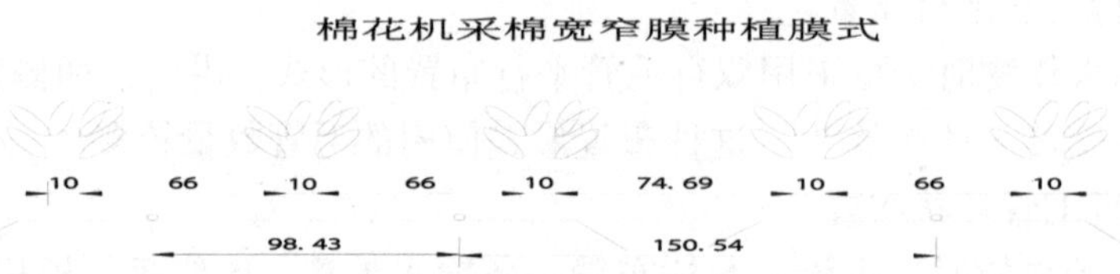

图 5-10　机采棉毛管布置图

2. 干、支管的布置

干、支管的布置取决于地形、水源、作物分布和毛管的布置，应达到管理方便、工程费用少的要求。在山丘地区，干管多沿等高线布置。支管则垂直于等高线向两边的毛管配水。在水平地形，干、支管应尽量双向控制，两侧布置下级管道，以节省管材。当地形水平时，采用丰字形布置时，干、支管可分别布置在支管和毛管的中部，如图 5-7 所示。当沿毛管方向有坡度时，支管应向上坡方向移动，使上坡毛管长度短于下坡毛管。即存在支管定位问题，将在后面相关内容中详述。

目前，新疆应用面积较大的滴灌系统输水管网一般采用固定式管网，其布置形式主要采用树状管网，依据水源的种类和位置以及管网类型不同，其布置形式有如下几种。

水源位于田块一侧，树状管网一般呈“一”形、“T”形、和“L”形。这三种布置形式主要适用于控制面积较小的井灌灌区，一般控制面积为 10-33.3 公顷（150-500 亩），如图 5-11、5-12。

水源位于田块一侧，控制面积较大，一般为 40-100 公顷（600-1500 亩）。地块成方形或长方形，作物种植方向与灌水方向相同或不相同时可布置成梳齿形或丰字形，如图 5-13 所示。

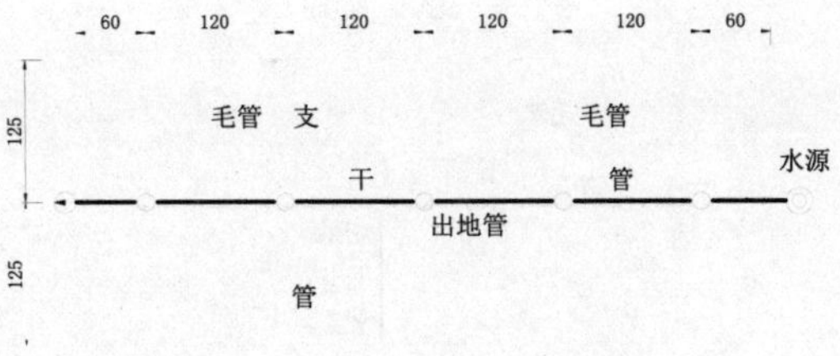

图 5-11　“一”字形布置

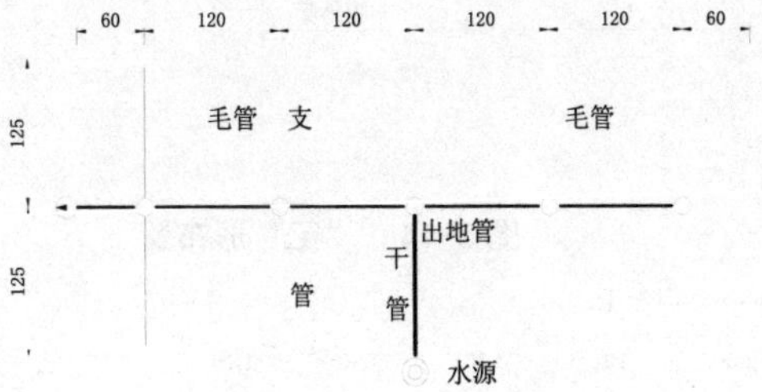

图 5-12　“T”形布置

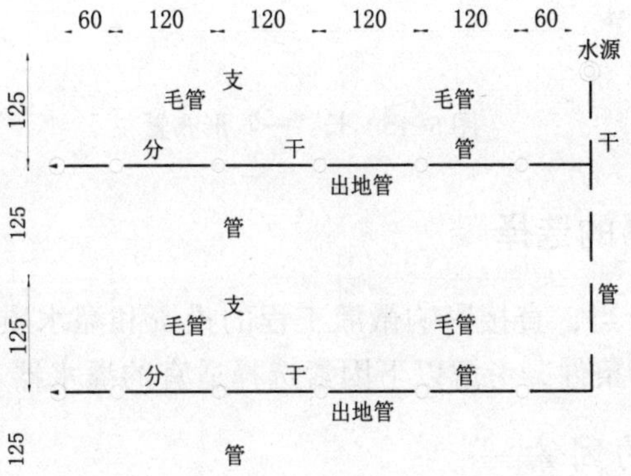

图 5-13　梳齿形布置

水源位于田块中心，控制面积较大时，常采用“工”字形和长“一”字形树枝状管网布置形式如图 5-14、5-15。

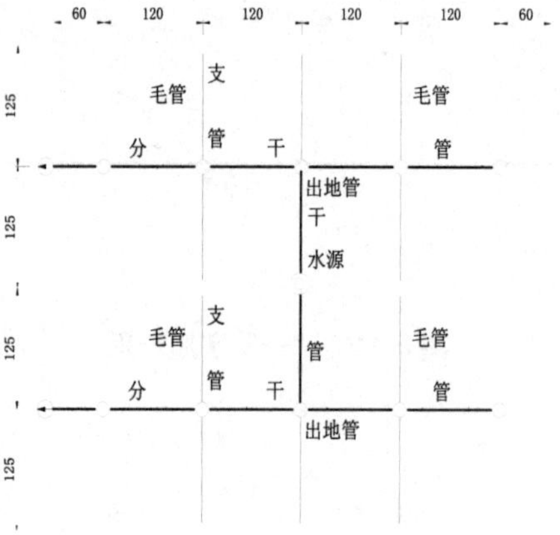

图 5-14　“工”形布置

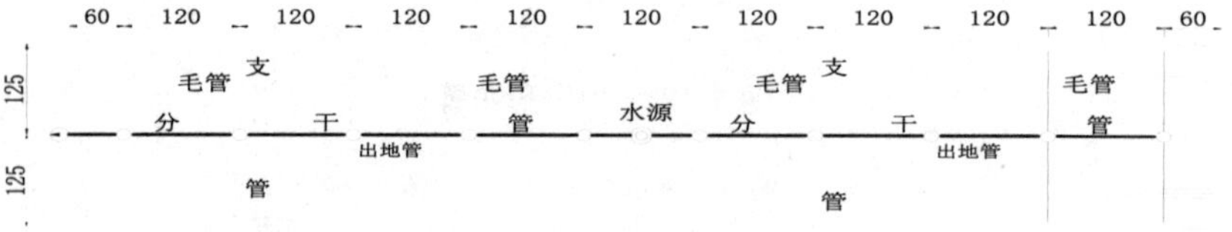

图 5-15　长“一”形布置

七、微灌灌水器的选择

灌水器选择是否恰当，直接影响微灌工程的投资和灌水质量。设计人员应熟悉各种灌水器的性能和适用条件，考虑以下因素选择适宜的灌水器。

（一）应考虑的因素

1．作物种类和种植模式

不同的作物对灌水的要求不同，相同作物不同的种植模式对灌水的要求也不同。如条播作物，要求沿带状湿润土壤，湿润比高；而对于果树等高大的林木，株、行距大，一棵树需要绕树湿润土壤。作物不同的株行距种植模式，对灌水器流量、间距等的要求也不同。

2．土壤性质

土壤质地对滴灌入渗的影响很大，对于沙土，可选用大流量的滴头，以增大土壤水的横向扩散范围；对于粘性土壤应用流量小的滴头，以免造成地面径流。

3．工作压力及范围

任何灌水器都有其适宜的工作压力和范围，工作压力大，对地形适应性好，但能耗大。例如：压力补偿式滴头需要较高的工作压力；一次性薄壁滴灌带不能承受较高的工作压力；温室、大棚需要的工作压力更低。

4．流量压力关系。

压力与流量变化之间的关系是灌水器的一个重要性值。流态指数 x 变化在 0~1，完全补偿灌水器 x=0，紊流灌水器 x=0.5，层流灌水器 x=1。X 值越大，流量对压力的变化越敏感。目前，层流灌水器已淘汰，国内外大量使用的滴灌灌水器的流态指数，滴头和滴灌管一般为 0.2~0.5；滴灌带一般为 0.4~0.6。各种形式的灌水器的流态指数在 0~1.0 之间变化，，见表 5-9。

表 5-9　灌水器流态指数及流态

灌水器形式		流态指数	流态
非压力补偿式	压力补偿式	0 0.1 0.2 0.3	
	涡流式	0.4	涡流
	孔口式、迷宫式、双腔式	0.5 0.6	全紊流
	长流道及螺旋流道式	0.7	光滑紊流

5. 灌水器的制造精度

灌水器的出水的均匀度与灌水器的精度密切相关，在许多情况下，灌水器的制造偏差所引起的流量变化，超过水力学引起的流量变化。灌水器质量的评价指标，参见表 5-10。

表 5-10　灌水器制造质量分类（Cv—灌水器的制造偏差）

质量分类	滴头或微喷头	滴灌管或滴灌带
好	Cv < 0.05	Cv < 0.1
一般	0.05 < Cv < 0.07	0.1 < Cv < 0.2
较差	0.07 < Cv < 0.11	
差	0.11 < Cv < 0.15	0.2 < Cv < 0.3
不能接受	0.15 < Cv	0.3 < Cv

6．对温度变化的敏感性

灌水器流量对水温度反应的敏感程度取决于两个因素：灌水器的流态，层流型灌水器的流量随水温的变化而变化，而紊流型灌水器的流量受水温的影响小，因此在温度变化大的地区，宜选用紊流型灌水器。灌水器的某些零件的尺寸和性能易受水温的影响，例如压力补偿滴头所用的弹性补偿片，可能随水温而变化，从而影响滴头的流量。

7．对堵塞的敏感性。

灌水器对对堵塞的敏感性主要取决于灌水器的流道尺寸和灌水器内的水流速度。流道过水断面尺寸与流道抗堵塞性的关系是：（1）非常敏感：小于 0.7mm；（2）敏感：

0.7~1.5mm；（3）比较敏感：大于1.5mm。根据经验，对于滴灌，需要把大于灌水器流道直径1/10的颗粒全部由过滤器过滤掉，对于微喷灌，需要把大于灌水器流道直径1/7的颗粒全部过滤掉。

8．成本与价格

一个微灌系统有成千上万的灌水器，其价格的高低对工程投资的影响很大。设计时，在保证系统正常运行的前提下，应尽可能选择价格低廉的灌水器。

（二）灌水器选择的原则

1. 满足设计湿润比的要求。在毛管和灌水器布置方式确定的情况下，选择合适的灌水器类型和流量，使其满足设计湿润比的要求。

2. 灌水器流量应满足灌溉制度的要求。在水量平衡的前提下，如在规定的灌水周期内和系统日最大允许小时数内，不能将整个灌溉面积灌完，就需调大滴头流量或重新选择流量比较大的灌水器。

3. 应尽可能选用紊流型灌水器。

4. 应选用制造偏差系数Cv值小的灌水器。

5. 选择抗堵塞性能强的灌水器。

6. 选择寿命长而价格低的灌水器。

一种灌水器不可能满足所有的要求，在选择灌水器时，应根据当地的具体条件选择满足主要要求的灌水器。

（三）常用滴灌灌水器的选型

在滴灌系统中，对于条播作物和瓜果蔬菜，选用沿毛管灌水器间距较小的滴灌带（管）较多，对于株行距较大的树木，应选用沿毛管间距较大的灌水器。表5-11是目前滴灌中普遍采用的出水孔流量和间距的范围，可供参考。

表5-11　常用滴灌灌水器选择参考表

作物种类	土壤质地	灌水器选择	
		流量（L/h）	滴孔间距（m）
作物、瓜果蔬菜	砂土	2.1~3.2	0.3
	壤土	1.5~2.1	0.3~0.5
	粘土	1.0~1.5	0.4~0.5

八、微灌系统工作制度与轮灌组的划分

（一）微灌系统工作制度

微灌系统的工作制度通常分为续灌、轮灌和随机供水3种情况。工作制度影响着系统的工程费用。在确定工作制度时，应根据作物种类，水源条件和经济状况等因素作出合理选择。

1．续灌

续灌是同时灌溉灌区内所有作物的一种工作制度。在灌溉面积小的灌区，例如，小于 6.67hm^2 的果园，种植单一的作物时可采用续灌的工作制度。

2．轮灌

较大的微灌系统为了减少工程投资，提高设备利用率，增加灌溉面积，通常采用轮灌的工作制度。一般是将干管、支管分成若干组，由干管轮流向支管供水，支管轮流向辅管或同时向毛管供水，一条支管（辅管）所控制的面积为一个灌水小区，由若干个小区构成一个轮灌组。

3．随机取水

当灌水小区很多，且各自的用水时间无法预计时，应采取能适应随机取水的供水方式进行设计。例如设施农业大棚温室群，往往有几十座甚至几百座温室或大棚。各温室大棚栽种的作物种类繁多，时间出前后不一；即使同一温室或大棚，受市场的影响或作物倒茬的需要，今年和明年所种的作物可能不同；即使种同种作物也有种植早晚的不同，而同种作物的生育阶段不同。

（二）划分轮灌组的原则：

1．控制面积相等

每个轮灌组控制的面积和流量尽可能相等或接近，以便水泵工作稳定，提高动力机和水泵效率，减少能耗。

2．与管理体制相适应

轮灌组划分应照顾农业生产责任制和田间管理的要求，尽可能减少农民之间的用水矛盾，并使灌水与其他农业技术措施较好的配合。

3．方便管理

为了便于运行操作和管理，手动控制时，通常一个轮灌组的控制范围宜集中连片，轮灌顺序可通过协商由下而上或由上而下进行。在采用自动控制时，为了减少输水干管的流量，宜采用插花操作的方法划分轮灌组。

（三）轮灌组划分方法

轮灌组的数目取决于灌溉面积、系统流量、所选灌水器的流量、日运行最大小时数、灌水周期和一次灌水延续时间等。首先利用式（5-31）粗估轮灌组的个数：

$$N=\frac{\sum q}{Q} \tag{5-31}$$

式中：N—轮灌组的数目，个；

Σ q—整个灌溉面积上的滴头总流量，m^3/h；

Q—水量平衡要求的最小系统设计流量，m^3/h。

最大轮灌组数目应满足：

$$N \le N_{最大} = \frac{CT}{t} \tag{5-32}$$

式中：N_{max}—最大轮灌组数目；

C—系统日最大运行时数，h/d；

T—最大设计灌水周期，d；

t——次灌水延续的时间，h。

如果 N 不为整数，可以采取两种办法，一为增大水泵流量，但不宜增大过多，否则会增大系统投资，并且水泵流量不能超过水源供水流量；二为通过微调灌水器设计水头来调整灌水器流量，最终使式（5-32）计算值成为整数。

九、灌水小区的水力设计

灌水小区是微灌系统的最基本设计单元，一个微灌系统，特别是大型微灌系统，往往由很多个进口压力一样的灌水小区所组成。一般情况下，一条支管及其所带毛管（一条支管所控制的面积）称为一个灌水小区；若采用辅管的滴灌系统，一条辅管及所带毛管称为一个灌水小区。因此，更确切的定义是：一条带毛管的输配水管（支管或辅管）及其所带毛管称为一个灌水小区。

明确灌水小区的非常重要，因为田间灌水的均匀性是通过灌水小区水力设计来实现的，灌水小区的大小涉及毛、支管长度，而毛、支管长短的确定又是涉及管理的一个技术经济问题。

（一）基本公式

微灌灌水小区水力设计的基本公式为：

$$q_v = \frac{q_{\max} - q_{\min}}{q_d} \le [q_v] \tag{5-33A}$$

或

$$h_v = \frac{h_{\max} - h_{\min}}{h_d} \le [h_v] \tag{5-33B}$$

或

$$q_d = q_a \tag{5-34A}$$

$$h_d = h_a \tag{5-34B}$$

$$[\Delta h] = [h_v] h_a \tag{5-35}$$

式中：q_v—灌水小区的灌水器流量偏差率；

h_v—灌水小区的灌水器水头偏差率；

q_{max}—灌水小区内流量最大灌水器的流量，L/h；

h_{max}—灌水小区内流量最大灌水器的工作水头，m；

q_{min}—灌水小区内流量最小灌水器的流量，L/h；

h_{min}—灌水小区内流量最小灌水器的工作水头，m；

q_d—灌水小区内所有灌水器流量的平均值，L/h；

h_d—流量为 qd 的灌水器的工作水头，m；

q_a—灌水小区内灌水器设计流量，L/h；

h_a—灌水小区的灌水器设计工作水头，m；

[$q_v$vi] 允许的灌水器流量偏差；

[$h_v$vi] 允许的水头偏差；

[ΔH] —灌水小区允许水头偏差，（采用补偿式滴头时，灌水小区内设计允许的水头偏差应为该滴头允许工作的水头范围），m。

上述公式中，式（5-33A）和式（5-33B）是使灌水小区各灌水器的出流量满足流量偏差率要求，两公式是等价的；式（5-34A）和式（5-34B）是使灌水小欧各灌水器流量的平均值等于灌水器设计流量，两公式也是等价的。

（二）灌水小区中允许水头偏差的分配

每个灌水小区中既有支管又有毛管，因此灌水小区中水头差由支管的水头差和毛管水头差两部分组成，它们各自所占的比例由于所采用的管道直径和长度不同，可以有许多种组合，因此存在着水头差如何合理地分配给支管和毛管的问题。

允许水头差的最优分配比例受所采用的管道规格、管材价格、灌区地形条件等因素的影响，应通过技术经济比较确定。均匀地形坡且支毛管的降比均不大于 1 时，分配比例参照 SL103-95《微灌工程技术规范》可由下式计算：

$$\beta_1 = \frac{[\Delta h] + L_2 J_2 - L_2 J_1 (\alpha_1 n_1)^{(4.3 -1.3\ a)(4.3 +a)}}{[\Delta h] \times \left[\frac{L_2}{L_1} (\alpha_1 n_1)^{(4.3 -1.3\ a)(4.3 +a)} + 1 \right]} \tag{5-36A}$$

（$r_1 \leqslant 1$，$r_2 \leqslant 1$）

$$\beta_2 = 1 - \beta_1 \tag{5-36B}$$

$$C = b_0 d^{\alpha} \tag{5-36C}$$

式中：β$_1$-- 允许水头偏差分配给支管的比例；

β$_1$-- 允许水头偏差分配给毛管的比例；

L_1-- 支管长度，m；

L_2-- 毛管长度，m；

J_1-- 沿支管地形比降；

J_2-- 沿毛管地形比降；

α$_1$-- 支管上毛管布置系数，单侧布置时为 1，双侧对称布置时为 2；

n_1-- 支管上单侧毛管的根数；

r_1、r_2—支、毛管的降比；

a—指数，由管道价格与管内径（mm），按式（5-33C）回归求出。

由于a值受材料和能耗价格等影响不是一个固定不变数，设计者很难获得，给公式的使用造成一定困难。胡卫东于2005年底对国内主要滴灌生产厂家所生产的PVC-U管材进行回归分析所得a值见表5-12，在使用时可参考。

表5-12　国内主要生产厂家管材管径指数表

生产厂家	PVC-U 管直径范（mm）	管径指数 a 值	(4.75-1.75a) / (4.75+a)
宝硕	50~400	1.9575	0.20
屯河	63~315	2.0599	0.17
天业	63~250	1.9654	0.20

上述分配方法是将压力调节装置装在支管进口的情况，故允许水头差分配给支、毛管两级。当采用在毛管进口安装调压装置在方法来调节毛管的压力，可使毛管获得均等的进口压力，支管上的水头变化不再影响灌水小区内灌水器出水均匀度，因此，允许水头差可全部分配给毛管，即

$$\Delta H_{毛}=\Delta H_s \qquad (5\text{-}37)$$

这种做法虽然安装较麻烦，但可以使支管和毛管的使用长度加大，降低了管网投资。

[例5-1]：某一微灌系统设计灌水器流量偏差率q_v=0.2，现有种灌水器，第一种灌水器的流量压力关系为$q=0.41h^{0.685}$，第二种灌水器的流量压力关系为$q=0.632h^{0.5}$，设计工作水头均为hd=10m，试求灌水小区中支、毛管允许的水头差。支、毛管长度分别为60m和90m，毛管根数40条，支管铺设方向地面坡度为0，毛管顺坡单向布置，其地面坡度为0.5%，试求支、毛管各自的允许水头差。

解：1、第一种灌水器，x=0.685

允许的最大水头：

$$h_{\max}=(1+0.65q_v)^{\frac{1}{x}}h_a=(1+0.65\times0.2)^{\frac{1}{0.685}}\times10=11.95(m)$$

允许的最小水头：

$$h_{\min}=(1-0.35q_v)^{\frac{1}{x}}h_a=(1-0.35\times0.2)^{\frac{1}{0.685}}\times10=8.99(m)$$

灌水小区允许的最大水头差为：

$$[\Delta h]=11.95-8.99=2.96\text{（m）}$$

分配给支管的允许水头差计算，若采用宝硕管材，（4.75-1.75a）/（4.75+a）=0.20，代入所给数据，由式（5-37A）得：

$$\beta_1=\frac{[\Delta h]+L_2J_2-L_2J_1(\alpha_1 n_1)^{(4.75-1.75a)/(4.75+a)}}{[\Delta h]\times\left[\frac{L_2}{L_1}(\alpha_1 n_1)^{(4.75-1.75a)/(4.75+a)}+1\right]}=\frac{[\Delta h]+L_2J_2}{[\Delta h]\times\left[\frac{L_2}{L_1}(\alpha_1 n_1)^{0.2}+1\right]}$$

$$=\frac{2.96+90\times0.005}{2.96\times\left[\frac{90}{60}\times(1\times40)^{0.2}+1\right]}=0.29$$

由式（5-37B）：$\beta_2=1-\beta_1=1-0.29=0.71$

因此，支、毛管的允许水头差为：

$$[\Delta h]_{支}=\beta_1[\Delta h]=0.29\times2.96=0.86(m)$$

$$[\Delta h]_{毛}=\beta_2[\Delta h]=0.71\times2.96=2.10(m)$$

2、第二种灌水器，x=0.5（略）

允许的最大水头：

$$h_{\max}=(1+0.65q_v)^{\frac{1}{x}}h_a=(1+0.65\times0.2)^{\frac{1}{0.5}}\times10=12.77(m)$$

允许的最小水头：

$$h_{\min}=(1-0.35q_v)^{\frac{1}{x}}h_a=(1-0.35\times0.2)^{\frac{1}{0.5}}\times10=8.65(m)$$

灌水小区允许的最大水头差为：

[Δh]=12.77-8.65=4.12（m）

分配给支管的允许水头差计算，若采用宝硕管材，由表 5-12，（4.75-1.75a）/（4.75+a）=0.20，代入所给数据，由式（5-35A）得：

$$\beta_1=\frac{[\Delta h]+L_2J_2-L_2J_1(\alpha_1 n_1)^{(4.75-1.75a)/(4.75+a)}}{[\Delta h]\times\left[\frac{L_2}{L_1}(\alpha_1 n_1)^{(4.75-1.75a)/(4.75+a)}+1\right]}=\frac{[\Delta h]+L_2J_2}{[\Delta h]\times\left[\frac{L_2}{L_1}(\alpha_1 n_1)^{0.2}+1\right]}$$

$$=\frac{4.12+90\times0.005}{4.12\times\left[\frac{90}{60}\times(1\times40)^{0.2}+1\right]}=0.27$$

由式（5-37B）：$\beta_2=1-\beta_1=1-0.27=0.73$

因此，支、毛管的允许水头差为：

$$[\Delta h_{支}]=\beta_1[\Delta h]=0.27\times4.12=1.11(m)$$

$$[\Delta h_{毛}]=\beta_2[\Delta h]=0.73\times4.12=3.01(m)$$

[例 5-2]：[例 5-1] 中，若已知灌水器制造偏差为 5%，每棵树安装 6 个滴头，要求 keller 设计灌水均匀度 Eu=90%，试求灌水小区允许的最大水头差。

解：1、第一种灌水器，$q=0.41h^{0.685}$，设计水头 10m 时，灌水器设计流量 q_a=2L/h。当设计均匀度 E_u 确定后，可以求出灌水小区中允许的灌水器最小流量 q_{min}。

$$q_{\min}=\left[\frac{E_u q_a}{\left(1-1.27\frac{C_v}{\sqrt{n}}\right)}\right]=\frac{0.90\times 2}{1-1.27\frac{0.05}{\sqrt{6}}}=1.8(L/h)$$

进而利用灌水器流量压力关系式计算出灌水小区中与最小流量对应的灌水器最小水头

$$h_{\min}=\left(\frac{q_{\min}}{k_d}\right)^{\frac{1}{x}}=\left(\frac{1.8}{0.41}\right)^{\frac{1}{0.685}}=8.7(m)$$

$$\Delta h=2.5(h_a-h_{\min})=2.5\times(10-8.7)=3.25(m)$$

2、第二种灌水器，$q=0.632h^{0.5}$，设计水头 10m 时，灌水器设计流量 q_a=2L/h。当设计均匀度 Eu 确定后，由式（5-18）可以求出灌水小区中允许的灌水器最小流量 q_{min}。

$$q_{\min}=\left[\frac{E_u q_a}{\left(1-1.27\frac{C_v}{\sqrt{n}}\right)}\right]=\frac{0.90\times 2}{1-1.27\frac{0.05}{\sqrt{6}}}=1.8(L/h)$$

进而利用灌水器流量压力关系式计算出灌水小区中与最小流量对应的灌水器最小水头

$$h_{\min}=\left(\frac{q_{\min}}{k_d}\right)^{\frac{1}{x}}=\left(\frac{1.8}{0.632}\right)^{\frac{1}{0.5}}=8.1(m)$$

$$\Delta h=2.5(h_a-h_{\min})=2.5\times(10-8.1)=4.75(m)$$

由上述两例结果明显看出，选用 x 值小的灌水器，可以有较大的允许水头差，当毛管直径和要求的灌水均匀度一定时，可以增加毛管铺设长度。

（三）毛管极限孔数和极限长度

1. 毛管极限孔数的计算

极限孔数是毛管满足水头偏差要求的最多孔数，使用孔数应不超过极限孔数。

（1）平坡，依据《微灌工程技术规范》按下式计算：

$$N_m=INT\left[\frac{5.446(\Delta h_{毛})d^{4.75}}{kSq_d^{1.75}}\right]^{0.364} \tag{5-38}$$

式中：N_m —毛管的极限分流孔数；

INT（ ）-- 将括号内实数舍去小数成整数；

[$\Delta h_{毛}$]——毛管的允许水头差，m，

d——毛管内径；mm；

k——水头损失扩大系数，为毛管总水头损失与沿程水头损失的比值，一般为1.1 ~ 1.2；

q_d——滴头设计流量，L/h。

（2）均匀坡

坡地铺设的毛管极限滴头个数计算比较复杂，可参照《微灌工程技术规范》附录C所介绍的方法及公式进行计算确定。

1）一般规定

A. 地形比降以顺流下坡为正，顺流逆坡为负。

B. 毛管上分流孔编号，以最上游为1号，顺流向排序，末孔以N号示。

C. 参数

① 降比r为沿毛管的地形比降与毛管最下游管段水力比降的比值，应由下式计算：

$$r=\frac{Jd^{4.75}}{kfq_d^{1.75}} \tag{5-39}$$

式中：J——沿毛管地形比降；

d——毛管内径，mm；

K——水头损失扩大系数，K=1.1--1.2；

f——摩阻系数；

qd——单孔设计流量，L/h。

② 压比G为毛管最下游管段总水头损失与孔口设计水头的比值应由下式计算：

$$G=\frac{kfsq_d^{1.75}}{h_d d^{4.75}} \tag{5-40}$$

式中：h_d——孔口设计水头，与q_d相对应，m；

s——毛管上分流孔间距，m。

③极限孔数

当降比r ≤ 1时，应按下式试算极限孔数；

$$\frac{[\Delta h_{毛}]}{Gh_d}=\frac{(N_m-0.52)^{2.75}}{2.75}-r(N_m-1) \tag{5-41}$$

当降比r > 1时，应按下述方法确定极限孔数：

a. 计算　$p_n'=INT\left(1+r^{0.571}\right)$　（5-42）

b. 计算 $$\Phi = \frac{[\Delta h_2]}{Gh_d} \times \frac{1}{r(P_n^{'}-1) - \frac{(p_n^{'}-0.52)^{2.75}}{2.75}} \tag{5-43}$$

c. 根据 ϕ 值，计算 Nm：

当 ϕ ≥ 1 时，

$$\frac{[\Delta h_{毛}]}{Gh_d} = \frac{1}{2.75}(N_m - 0.52)^{2.75} - \frac{1}{2.75}(p_n^{'} - 0.52)^{2.75} - r(N_m - p_n^{'}) \tag{5-44}$$

当 Φ<1 时

$$\frac{[\Delta h_{毛}]}{Gh_d} = r(N_m - 1) - \frac{(N_m - 0.52)^{2.75}}{2.75} \tag{5-45}$$

2. 毛管极限长度的计算

满足设计均匀度要求的最大毛管长度称为毛管允许的极限长度或最大铺设长度，充分利用这个长度来布置管网，可节省投资。

$$L_m = S(N_m - 1) + S_0 \tag{5-46}$$

式中：L_m—毛管允许的极限长度，m；

S_0—毛管进口至第一个出水孔的距离，m。

[例 5-3]：某果园果树株距 S=5m，采用内径 16mm 的毛管，S0=2.5m，每棵树下安装 6 个带微管的滴头，滴头流量压力关系为 $q=0.632h^{0.5}$，设计工作水头均为 ha=10m，滴头设计流量 2L/h，滴头流态指数 x=0.5，局部水头损失扩大系数 k=1.1，试求地形坡度为 0 时，设计流量偏差率分别为 qv=20% 和 qv=10% 时的毛管的最大允许铺设长度。

解：毛管上每个出水孔的流量 qa=2 × 6=12（L/h）。

1）qv=20% 时。计算毛管允许的最大水头差；求得灌水小区允许的最大水头差为：[Δh]=4.12（m），平坡情况下毛管允许的最大水头差为：

$$\lfloor \Delta h_{毛} \rfloor = 0.55[\Delta h] = 0.55 \times 4.12 = 2.27(m)$$

由式（5-40）计算毛管的极限孔数：

$$N_m = INT\left[\frac{5.446(\Delta h_{毛})d^{4.75}}{kSq_d^{1.75}}\right]^{0.364} = INT\left[\frac{5.446 \times 2.27 \times 16^{4.75}}{1.1 \times 5 \times 12^{1.75}}\right]^{0.364} = 33$$

由式（5-48）计算毛管的极限长度：

$$L_m = S(N_m - 1) + S_0 = 5 \times (33 - 1) + 2.5 = 162.5(m)$$

2）q_v=10% 时。计算灌水小区允许的最大水头差为：

$$\Delta h = h_{max} - h_{min} = h_a(1+0.65q_v)^{\frac{1}{x}} - h_a(1-0.35q_v)^{\frac{1}{x}}$$

$$=10\left[(1+0.65\times10\%)^{\frac{1}{0.5}} - (1-0.35\times10\%)^{\frac{1}{0.5}} = 2.3\right]$$

$$[\Delta h_{毛}] = 0.55[\Delta h] = 0.55\times2.3 = 1.12(m)$$

由式（5-40）计算毛管的极限孔数：

$$N_m = INT\left[\frac{5.446(\Delta h_{毛})d^{4.75}}{kS\,q_d^{1.75}}\right]^{0.364} = INT\left[\frac{5.446\times1.12\times16^{4.75}}{1.1\times5\times12^{1.75}}\right]^{0.364} = 25$$

由式（5-48）计算毛管的极限长度：

$$L_m = S(N_m - 1) + S_0 = 5\times(25-1)+2.5 = 122.5(m)$$

由例题可以看出，允许流量偏差率越大，毛管的极限长度越长。

3. 毛管的实际铺设长度

在田间实际布置时，不一定要按极限长度来布置毛管，应该根据男声的尺寸并结合支管的布置，进行适当的调整，但实际铺设长度必须小于极限长度。然后根据毛管的实际铺设长度，考虑地形高差后，计算出毛管实际的水头差 Δh 毛实际，此时，支管的允许水头差变为：

$$\Delta h_{支实际} = [\Delta h] - \Delta h_{毛实际} \quad (5\text{-}47)$$

十、首部枢纽设计

微灌工程的首部通常有水泵及动力机、控制设备、施肥装置、水质净化装置、测量和保护设备等组成。其作用是从水源抽水加压，施入肥料液，经过过滤后按时尽量送进管网。采用水池供水的小型系统，可直接向池中加施可溶性肥料省去施肥装置；如果直接取水于有压水源（水塔、压力给水管、高位水池等），则可省去水泵和动力机。首部枢纽是全系统的控制调节器度中心。

（一）过滤设备选型

选择过滤设备主要考虑水质和经济两个因素。筛网式过滤器是最普遍使用的过滤器，但含有机物较多的水源使用砂过滤器能得到更好的过滤效果。含沙量大的水源可采用旋流式水砂分离器，但下游必须配置筛网或砂过滤器。筛网的尺寸或过滤器的砂料型号应满足灌水器对水质过滤的要求，对于滴灌，过滤器滤孔的有效尺寸应小于灌水器流道直径的 1/10；对于微喷灌，过滤器滤孔的有效尺寸应小于灌水器流道直径的 1/7。另外过滤器的过流能力要与水泵流量相适应。

对于滴灌，若已知灌溉水中各种污物的含量，则可根据以下条件选配过滤设备：

a. 当灌溉水中无机物含量小于 10ppm 或粒径小于 80μm 时，宜选用砂石过滤器或筛网过滤器。

b. 灌溉水中无机物含量在 10 ~ 100ppm 之间，或粒径在 80 ~ 500μm 之间时，宜先选用离心过滤器或筛网过滤器作初级处理，然后再选用砂石过滤器。

c. 灌溉水中无机物含量大于 100ppm 或粒径大于 500μm 时，应使用沉淀池（见沉淀池设计）或离心过滤器作初级处理，然后再选用筛网或砂石过滤器。

d. 灌溉水中有机污物含量小于 10ppm 时，可用砂石过滤器或筛网过滤器。

e. 灌溉水中有机污物含量大于 100ppm，应选用初级拦污筛作第一级处理，再选用筛网或砂石过滤器。

根据上述原则选择过滤设备类型后，再根据系统流量，即可选择过滤设备的型号。

（二）施肥设备选择

施肥装置的选择决定于设备的使用年限、注入肥料的准确度、注入肥料速率及化学物质，如酸对微灌系统的腐蚀性大小等。其效率取决于肥料罐的容量、用水稀释肥料的稀释度、稀释度的精确程序、装置的可移动性及设备的成本及其控制面积等。

（三）沉淀池设计

随着微灌技术在新疆的推广，渠水利用越来越引起人们的重视。渠水中含有两类容易堵塞灌水器的杂质：一类是藻类、水生物和漂浮物；另一类是悬浮泥沙。当水中泥沙含量大于过滤器的处理能力时，使用筛网过滤器和介质过滤器将因频繁的冲洗而不能正常工作，此时需借助沉淀池对灌溉水进行初级沉淀处理。沉淀池的主要目的是去除水中大量的泥沙，是给水工程常用的设施，设计方法比较完善，用于滴灌的关键是恰当的选用水质指标，使沉淀池处理后的水质达到滴灌对悬浮泥砂含量的要求，沉淀池的设计主要有以下一些内容。

1. 微灌用水水质

（1）悬浮泥沙粒径标准

大量观测资料表明，七、八个悬浮固体颗粒就可能在灌水器流道口形成一个弧形堆积带，从而引起堵塞。要防止这种弧形堆积带的形成，必须全部滤除大于 1/7—1/10 灌水器出口直径的颗粒。微喷头的喷嘴直径 0.6—2.0mm，滴灌带的滴孔直径 0.5—0.9mm。为了有效防止灌水器堵塞，按最小灌水器出口直径 0.5mm 的 1/10 来计算，滤出的泥沙颗粒应不大于 0.05mm。

（2）悬浮泥沙浓度标准

含有粒径小于 0.05mm 泥沙的水流进入微灌管道系统，就粒径而言虽然不致产生灌水器堵塞，但停灌期间却可在管道内产生沉积物，第二次灌水时，这些沉积物可能形成团块涌向灌水器，从而发生堵塞。因此有必要用实验方法建立悬浮物浓度与堵塞程度的关系（见表）。《微灌工程技术规范》（SL103—95）规定，当水中无机物为 10—100mg/L 时，可直接选用过滤器进行处理 。当浓度大于 100mg/L 时可用沉淀池进行初级过滤。

表 5-13　微灌用水悬浮物浓度与堵塞程度

等　级	悬浮物浓度（mg/L）	堵塞程度
0	<10	轻微
1	10——20	
2	20——30	
3	30——40	
4	40——50	
5	50——60	中度
6	60——80	
7	80——100	
8	100——120	严重
9	120——140	
10	>140	

综合上述两点可以认为：渠水经沉淀池处理后，所含悬浮泥沙粒径应不大于 0.05mm，浓度不大于 100mg/L。

（3）设计参数选用

1）表面负荷率（Q/A）

根据前述渠水泥沙中极细沙比例大的特点，沉淀池的表面负荷率宜选择较小值，以利提高沉淀效率。表面负荷率应根据渠水水质情况和不同的微灌系统对沉淀水的要求采用，建议采用 Q/A=0.2-2.0mm/s。

2）水平流速（υ）

在沉淀池中，增大水平流速，一方面提高了雷诺数 Red 而不利于泥沙颗粒下沉，但另一方面却提高了佛劳德数 Fr 而增加了水流的稳定性，利于提高沉淀效果。沉淀池的水平流速宜取 υ=10-25mm/s。

3）停留时间（T）

沉淀池的停留时间应考虑原水水质和沉淀水质要求，并根据沉淀池运行经验，采用 T=1-3 小时。

4）池的长宽比

一般认为，沉淀池沉淀区的长度和宽度之比不得小于 4。若计算得出沉淀池的宽度较大时，应进行分格每格宽度宜为 3-8m，最大不超过 15 米。

5）沉淀池的长深比

沉淀池沉淀区长度与深度之比不得小于 10。

（4）沉淀池设计计算

1）沉淀池表面积

沉淀池表面负荷率为：

$$u_0 = \frac{Q}{A}$$

在选定出表面负荷率 u_0（m/s）、产水量（m^3/s）两参数后，即可按上式算出沉淀池表面积 A（m^2）：

$$A=\frac{Q}{u_0}$$

2）沉淀池长度

$$L=3.6\upsilon t$$

式中 L——沉淀池长度（m）；

υ——水平流速（mm/s）；

T——停留时间（h）。

3）沉淀池宽度

$$B=\frac{A}{L}$$

式中 B——沉淀池宽度（m）；

A——沉淀池表面积（m^2）；

L——沉淀池长度（m）。

4）沉淀池有效水深（沉淀池水深）

$$H_1=\frac{Q}{B}$$

式中： H_1——沉淀池有效水深（m）；

Q——产水量（m^3/h）；

T——停留时间（h）；

B——沉淀池宽度（m）；

L——沉淀池长度（m）。

5）溢流堰高度

若堰顶厚度（即沿流向堰顶的长度）为 σ，H 为堰上水头，当 σ ＜ 0.67H 时，溢流可按薄壁堰计算。

自由出流的矩形薄壁堰的溢流量公式为：

$$Q=m_0b\sqrt{2g}\,H^{3/2}$$

$$m_0=0.403+0.053\frac{H}{a}+\frac{0.0007}{H}$$

式中：Q——溢流流量即产水量（m^3/s）；

b——溢流堰开度，应取沉淀池开度（m）；

H——堰上水头（m）；

g——重力加速度 9.81（m^3/s）；

m_o——流量系数；

a——上游堰高（m）；

6）存泥区深度

在一个微灌周期内，沉淀池下沉泥沙的容积即存泥区容积按下式计算：

$$V=1.2\times86400QCPT/\gamma$$

Q——产水量即流量（m^3/s）

C—— 原水即渠水所含泥沙的浓度（kg/m^3）

P—— 沉淀池的沉淀系数（%）

T—— 微灌的灌水周期（d）

γ —— 泥沙容重，可采用 1780（kg/m^3）

沉淀池存泥区深度为：

$$H_2=\frac{V}{B}$$

式中：H_2—— 沉淀池存泥区的深度（m）；

V—— 沉淀池存泥区的容积（m^3）；

B—— 沉淀池宽度（m）；

L—— 沉淀池长度（m）。

7）放空排泥管直径

沉淀池在工作一个设计灌水周期后，需将水放空，以便人工清除存泥区的泥沙。放空排泥管的内径按变水头放空容器公式计算。即：

$$d=\sqrt{\frac{0.7BLH_1^{0.5}}{T}}$$

式中：d—— 沉淀池的放空排泥管内径（m）；

B—— 沉淀池深度（m）；

L—— 沉淀池长度（m）；

H_1—— 沉淀池有效水深（m）；

T—— 放空时间，一般采用沉淀池停留时间（s）。

（5）水力条件复核

1）水流紊动性复核

沉淀池水流的紊动性用雷诺数 R_e 判别。

$$Re=\frac{vR}{\gamma}$$

式中：R_e—— 雷诺数；

v—— 水平流速（m/s）；

R—— 水力半径（m）；

γ —— 水的运动粘性系数，水温 20℃时为 1.01×106（m^2/s）。

一般认为，在明渠水流中，R_e>500 时水流呈紊流状态。沉淀池中水流 R_e 一般为 4000～15000，属紊流状态。此时水流除水平流速外，尚有上、下、左、右的脉动分速，且伴有小的涡流体，这些情况都不利于颗粒的沉淀。但在一定程度上可使浊度不同的水流混合，减弱分层流动现象。不过，通常要求降低 R_e 以利颗粒沉降。降低 R_e 的有效措施是减小水力半径 R。池中纵向分格可以达到这一目的。

2）水流稳定性复核

异重流是进入较静而具有重度差异的一股水流。异重流重于池内水体者，将下沉并以较高流速沿低部绕道前进；异重流轻于水体者，将沿水面前进至出水口。重度差异可能是由悬浮固体浓度、水温等的不同造成。若池内水平流速相当高，异重流将与池中水流汇合，影响流态甚微。这样的沉淀池具有稳定的流态。若异重在整个池内保持着，则具有不稳定的流态。

水流稳定性以弗劳德数 Fr 判别。该值反映推动水流的惯性力与重力两者之间的对比关系。

$$Fr=v2/Rg$$

式中：Fr—— 弗劳德数；

R—— 水力半径（m）；

v—— 水平流速（m/s）；

g—— 重力加数度 9.8（m/s^2）。

Fr 增大，表明惯性力作用相对增加，重力作用相对减小，水流相对密度差、温度差、异重流及风浪等影响抵抗能力强，使沉淀池中的流态保持稳定，沉淀池 Fr 宜大于 10-5。增大 Fr 的有效措施是减小水力半径 R，通常将池纵向分格来达到这一目的。

（6）沉淀池的构造

沉淀池分为进水区、沉淀区、存泥区和出水区四部分。

1）进水区

进水区的作用是使水流均匀地分布在整个进水截面上，并尽量减少扰动。为使梯形断面渠道与矩形断面沉淀池平顺衔接，在沉淀池进水区需要设置渐变段。渐变段可采用扭曲面形式，其长度应小于沉淀池水深（沉淀区水深 H_1 与存泥区水深 H_2 之和）的 4 倍。再者，在沉淀区末端应设置穿孔墙，以便将水流均匀分布于整个截面上。穿孔墙溢流率一般可采用小于 $500m^3/m.d$。洞口流速不宜大于 0.15-0.2m/s。为保证穿孔墙的强度，洞口总面积不宜过大。洞口断面形状宜沿水流方向渐次扩大，以减弱进口的射流。拦污栅格应设置在穿孔样上游侧。

2）沉淀区

沉淀区的长度 L 决定于水流速 v 和停留时间 T，即 $L=3.6vT$。沉淀区的宽度 B 决定于流量 Q，有效水深 H_1 和水流速 v，即 $B=Q/H_1v$。沉淀区的有效水深 H_1 一般大于 1.0m。其大小取决于流量 Q，停留时间 T，沉淀区的长度 L 和宽度 B，即 $H_1=QT/(BL)$。沉淀区的长、宽、深之间相互联系，应综合研究决定，还应核算表面负荷率。沉淀区高度 H_3 等于沉淀区深度 H_1 与存泥区深度 H_2 以及安全超高 △ 之和，即 $H_3= H_1+ H_2+ \Delta$。△值应小于 0.25m。

3）出水区

为使沉淀后的水在出水区均匀流出，一般采用溢流堰溢流，溢流堰的溢流口可适当高于 $500m^3/m \cdot d$[国家室外给水设计规范（GBJ13-86）标准]

4）存泥区

存泥区深度 H_2 按公式计算确定，可采用人工排泥方式，也可设置排沙孔排除泥沙。存泥区表面的高程应捎高出附近渠底，并设置泄水管（带闸门），以便放空池中积水后进到人工排泥工作。

（四）附属工程设计

微灌系统的附属工程主要有减压阀、排气阀、逆止阀、镇墩、排水井等。

进排气阀一般设置在微灌系统管网的高处，或局部高处，首部应在过滤器顶部和下游管上各设一个，其作用为在系统开启管道充水时排除空气，系统关闭管道排水时向管网中补气，以防止负压产生，系统运行是排除水中夹带的空气，以免形成气阻。

排气阀的选用，目前可按“四比一”法进行，即排气阀全开直径不小于排气管道内径的 1/4，如 100mm 内径的管道上应安装内径为 25mm 的排气阀。另外在干、支管末端和管道最低位置应该安装排水阀。

镇墩是指用混凝土，浆砌石等砌体定位管道，借以承受管中由于水流方向改变等原因引起的推力，以及直管中由于自重和温度变形产生的推、拉力。三通、弯头、变径接头、堵头、闸门等管件处也需要设置镇墩。镇墩设置要考虑传递力的大小和方向，并使之安全地传递给地基。

第五节　农田水利灌溉中微灌系统的运行及管理

一、组织管理

根据滴灌系统所有权的性质，应建立相应的经营管理机构，实行统一领导，分级管理或集中管理，具体实行工程、机泵、用水、用电等项目管理。为提高滴灌工程的管理水平，应加强技术培训，明确工作职责和任务，建立健全各项规章制度，实行滴灌产业化管理。

二、　运行管理

（一）管网的运行管理

① 系统每次工作前先进行冲洗，在运行过程中，要检查系统水质情况，视水质情况对系统进行冲洗。

② 定期对管网进行巡视，检查管网运行情况，如有漏水要立即处理。

③ 灌水时每次开启一个轮灌组，当一个轮灌组结束后，先开启下一个轮灌组，再关闭上一个轮灌组，严禁先关后开。

④ 系统运行时，必须严格控制压力表读数，应将系统控制在设计压力下运行，以保证系统能安全有效的运行。

⑤ 每年灌溉季节应对地埋管进行检查，灌溉季节结束后，应对损坏处进行维修，冲净泥沙，排净积水。

⑥ 系统第一次运行时，需进行调压。可通过调整球阀的开启度来进行调压，使系统各支管进口的压力大致相等。薄壁毛管压力可维持在 1 公斤左右，调试完后，在球阀相应位置做好标记，以保证在其以后的运行中，其开启度能维持在该水平。

⑦ 应教育、指导、监督田间管理人员在放苗、定苗、锄草时要认真、仔细，不要将滴管带损坏。

（二）首部枢纽的运行管理

① 水泵应严格按照其操作手册的规定进行操作与维护。

② 每次工作前要对过滤器进行清洗。

③ 在运行过程中若过滤器进出口压力差超过正常压差的 25%-30%，

④ 要对过滤器进行反冲洗或清洗。

⑤ 应严格按过滤器设计流量与压力进行操作，不得超压、超流量运行。

⑥ 施肥罐中注入的固体颗粒不得超过施肥罐容积的 2/3。

⑦ 每次施肥完毕后，对过滤器进行冲洗。

⑧ 系统运行过程中，应认真作好记录。

三、 系统的操作要点

（一）沉淀池

①开启水泵前认真检查沉淀池中各级过滤筛网是否干净，有无杂物或泥堵塞筛网眼的现象，以及筛网是否有破损现象，如有需及时更换。

② 检查过滤筛网边框与沉淀池边壁是否结合紧密，如有缝隙较大现象，应采取措施堵住。

③ 水泵泵头需用 50—80 目筛笼罩住，筛笼直径不小于泵头直径 2 倍。

④系统运行前先清除池中赃物，当水质较混浊时，应关闭进水口，待水清后再进入沉淀池，以免沉淀池过滤负担过重。

⑤ 系统运行时，对于积在过滤筛网前的漂浮物、杂物、应及时捞除，以免影响筛刚过水能力，对于较密如 30—80 目筛网被泥颗粒糊住，导致筛网两侧水位差达到 10 - 15cm，应换洗筛网。

⑥ 换洗方法：将脏网提起，将干净的网沿槽放下，脏网需用刷子和清水刷洗干净。停泵后应用清水冲洗各级筛网。

（二）水泵

①离心泵

a. 启动前准备：

试验电机转向是否正确。从电机顶部往泵为顺时针旋转，试验时间要短，以免使机械密封干磨损。

打开排气阀使液体充满整个泵体，待满后关闭排气阀。

检查各部位是否正确。

用手盘动泵以使润滑液进入机械密封端面。

b. 操作程序及要求：

合上柜内空气开关 ZK（该开关设有短路过流保护）。

通过面板切换开关 CKT 和电压表检查三相电压是否平衡，且均为 380V（如不平衡可检查三只 RD 是否熔断），否则严禁操作起设备。

泵体是否充满水（排气检查），严禁无水运行。

电流检查及水泵充水正常，可将“手动、自动”切换开关切于“自动”。

按“起动”按钮，注意观察柜体表计的变化和水泵的工作状态。

当水泵“起动”运转 10S-12S 左右渐平稳时，由时间继电器 SJ 自动将“起动”转为“运行”工况，此时，若无用水量，压力表应指示为 0.5MPa，“手动”运行时也应遵循这一原则。

如果一次“起动”失败，则需经过 7 分钟左右的时间后方可进行第二次“起动”操作，否则易造成变压器损坏。

应时常注意检查电机温升和异常噪声，如发现异常可按“停止”或“急停”按钮，禁止电机运转时拉闸。

应注意电压过低运行时，电机会过流运行（Ig ≤ 0.5%）, 其连续运行时间 t ≤ 4h, 待冷却一段时间再投入运行。

检查轴封漏情况，正常时机械密封泄露应小于 3 滴 / 分。

检查电机轴承处温升≤ 70℃。

非经专业人员及设备管理人员指导和许可，严禁他人擅自改变设备参数及操作设备。

设备管理人员应逐步熟知设备工作原理及熟练各项操作。

c. 维护要求：

进口管道必须充满液体，禁止泵在气蚀状态下长期运行。

定期检查电机电流值不得超过电机额定电流。

泵进行长期运行之后，由于机械磨损，使机组的噪音及震动增大时，应停机检查，必要时可更换易损零件及轴承，机组大修期一般为一年。

应保持电机及电控柜内外的清洁和干燥。

定期给电机加黄油（一般为四个月左右，且应为钙基或钙钠基黄油）。

经常起动设备会造成接触“动、静”触头烧损，应不定期检查并用砂纸打磨，触头接触面严重烧损的，触头应该及时更换（三周至二个月）。

机械密封润滑应无固体颗粒。

严禁机械密封在干磨情况下工作。

启动前应盘动（电机）几圈，以免突然启动造成石墨环断裂损坏。

停机维修时，检查设备接线是否松动或掉线，并加以坚固。所有以上操作及维护工作都必须严格执行国家有关电气设备工作安全的组织措施和技术措施之规定，确保自身和他人及电气设备不受损害。

②潜水泵起动、运转和停车

a. 下水以后用 500 伏遥表测电机对地电阻不低于 5 兆欧。

b. 查三相电源电压，是否符合规定，各种仪表，保护设备及接线正确无误后方可开闸起动。电机起动后慢慢打开阀门调整横到额定流量，观察电流 . 电压应在铭牌规定的范为内，听其运动声有无异常及震动现象，若存有不正常现象应立即停机，找出原因处理后方可继续开车。

c. 电泵第一次投入运转 4 小时后，停机速测热态绝缘电阻。

d. 电泵停车后，第二次起动要隔 5 分钟，防止电机升温过高和管内水锤发生。

（三）过滤器

①各级过滤器的性能及使用须知

a. 砂石过滤器（内装离心式过滤器）的工作原理及使用须知：

砂石过滤器是利用过滤器内的介质间隙过滤的，其介质层厚度是经过严格计算的，所以不得任意更改介质粒度和厚度，介质之间的空隙分布情况决定过滤效果的优劣。在使用该种过滤器时应注意。

必须严格按过滤器的设计流量操作，不得超流量运行，因为过多的超出使用范围，砂床的空隙会被压力击穿，形成空洞效应，使过滤效果丧失。

由于过滤器的机理是介质层的空隙过滤，所被过滤的混浊水中的污物、泥砂会堵塞空隙，所以应密切注意压力表的指示情况，当下流压力表压力下降，而上流压力表摆针上升时，就应进行反冲洗，其反冲洗理论界线为超过原压力差 0.02MPa。

反冲洗方法：

在系统工作时，可关闭一组过滤器进水中的一个蝶阀，同时打开相应排水蝶阀排污口，使由另一只过滤器过滤后的水由过滤器下体向上流入介质层进行反冲洗，泥砂、污物可顺排砂口排出，直到排出水为净水无混浊物为止。（每次可对一组两罐进行反冲洗）。反冲洗的时间和次数依当地水源情况自定。反冲洗完毕后，应先关闭排污口，缓慢打开蝶阀使砂床稳定压实。稍后对另一个过滤器进行反冲洗。

对于悬浮在介质表面的污染层，可待灌水完毕后清除，过污的介质，应用干净的介质代替，视水质情况应对介质每年 1~4 次进行彻底清洗，对于存在的有机物和藻类，可能会将砂粒堵塞，这时应按一定的比例加入氯或酸，把过滤器浸泡 24 小时，然后反冲洗直到放出清水。

过滤器使用到一定时间（砂粒损失过大，粒度减小或过碎），应更换或添加过滤介质。

b. 网式过滤器的工作原理及使用须知：

网式过滤器结构比较简单，当水中悬浮的颗粒尺寸大于过滤网孔的尺寸，就会被截流，但当网上积聚了一定期量的污物后，过滤器进出口间会发生压力差，当进出口压力差超过原压差 0.02MPa 时，就应对网芯进行清洗。

先将网芯抽出清洗，两端保护密封圈用清水冲洗，也可用软毛刷刷净，但不可用硬物。当网芯内外都清干净后，再将过滤器金属壳内的污物用清水冲净，由排污口排出。按要求装配好，重新装入过滤器。工作时应注意，过滤器的网芯为不锈钢网，很薄，所以在保养、保存、运输时格外小心，不得碰破，一旦破损就应立即更换过滤网。严禁筛网破损使用。

c. 离心过滤器的工作原理及使用要求

工作原理：

由水泵供水经水管切向进入罐内，旋转产生离心力，推动泥砂及其它密度较高的固体颗粒向管臂移动，形成旋流，促使泥砂进入砂石罐，清水则顺流进入本水口。完成第一级的水砂分离，清水经出水口、弯管、三通，进入网式过滤器罐内，再进行后面的过滤。

使用要求：

离心过滤器集砂罐设有排砂口，工作时要经常检查集砂罐，定时排砂，以免罐中砂量太多，使离心过滤器不能正常工作。滴灌系统不工作时，水泵停机，清洗集砂罐。进入冬季，为防止整个系统冻裂，要打开所有阀门，把水排干净。

② 运行前的准备

a. 开启水泵前认真检查过滤器各部位是否正常，抽出网式过滤器网芯检查，有无砂粒和破损。各个阀门此时都应处于关闭状态，确认无误后再启动水泵。

b. 在系统运行前，必须首先将过滤网抽出，对过滤站系统进行冲洗。

c. 检查网式过滤器网芯，确认网面无破损后装入壳内，不得与任何坚硬物质碰撞。

d. 水泵开启后，先运转 3 ~ 5 分钟，使系统中空气由排气阀排出，待完全排空后打开压力表旋塞，检查系统压力是否在额定的排气压力范围内，当压力表针不再上下摆动，无噪音时，可视为正常，过滤站可进入工作状态。

③ 运行操作程序：

a. 打开通向各个砂石罐进水的阀门。

b. 缓慢开启泵与砂石过滤器之间的控制阀，使阀门开启到一定位置，不要完全打开，以保证砂床稳定，提高过滤精度。

c. 缓慢开启砂石过滤器后边的控制阀门与前一阀门处于同一开启程度，使砂床稳定压实，检查过滤站两压力表之间的压差是否正常，确认无误后，开启管道进口闸阀将流量控制在设计流量的 60%--80%，待一切正常后方可按设计流量运行。

d. 过滤站在运行中，应对其仪表进行认真检查，并对运行情况做好记录。

e. 过滤站在运行中，出现意外事故时，应立即关泵检查，对异常声响应检查原因再工作。

f. 过滤站工作完毕后，应缓慢关闭砂石过滤器后边的控制阀门，再关水泵以保持砂床的稳定，也可在灌溉完毕后进行反复的反冲洗，每组中的两罐交替进行，直到过滤器冲洗干净，以备下次再用。如过滤介质需要更换或部分更换也应在此时进行，砂石过滤器冲洗干净后在不冻情况下应充满干净水。

g. 当过滤站两端压力差超过 0.03MP 时，应抽出网芯清洗污物后，封好封盖。但封盖不可压得过紧，以延长橡胶使用寿命。

h. 停灌后，应将过滤站所有设备打扫干净，进行保养。冬季应将过滤器中的水放净。

④ 注意事项

a. 过滤站按设计水处理能力运行，以保证过滤站的使用性能。

b. 过滤站安装前，应按过滤站的外形尺寸做好基础处理，保证地面平整、坚实、作混凝土基础，并留有排砂及冲洗水流道。

c. 应有熟知操作规程的人负责过滤站的操作，以保证过滤站设备的正常运行。

d. 在露天安装的过滤站，在冬季不工作时必须排掉站内的所有积水，以防止冻裂，压力表等仪表装置应卸掉妥善保管。

e. 为保证过滤站的外观整洁，安装时应尽可能防止损坏喷漆表面。

f. 砂石过滤器安装好后，有条件的应先将过滤介质冲洗干净后再装入过滤器内，其冲洗标准以在容器内冲洗后无混浊水为准。无此条件者先将介质装入过滤器，但使用前应关闭后边的阀门，对介质进行反冲洗，每组两罐交替进行，每次反冲洗最多清洗两罐，以无混浊水排出为准。

（四）施肥罐

① 操作程序

a. 打开施肥罐，将所需滴施的肥（药）倒入施肥罐中。

b. 打开进水球阀，进水至罐容量的 1 / 2 后停止进水，并将施肥罐上盖拧紧。

c. 滴施肥（药）时，先开施肥罐出水球阀，再打开其进水球阀，稍后缓慢关两球阀间的闸阀，使其前后压力表差比原压力差增加约 0.05Mpa，通过增加的压力差将罐中肥料带入系统管网之中。

d. 滴肥（药）约 20 - 40 分钟左右即可完毕，具体情况根据经验以及罐体容积大小和肥（药）量的多少判定。

e. 滴施完一轮罐组后，将两侧球阀关闭，先关进水阀后关出水阀，将罐底球阀打开，把水放尽，再进行下一轮灌组施滴。

② 注意事项

a. 罐体内肥料必须溶解充分，否则影响滴施效果堵塞罐体。

b. 滴施肥（药）应在每个轮灌小区滴水 1/3 时间后才可滴施，并且在滴水结束前半小时必须停止施肥（药）。

c. 轮灌组更换前应有半小时的管网冲洗时间，即进行半小时滴纯水冲洗，以免肥料在管内沉积。

（五）系统管网

① 检查水泵，闸阀是否正常，各级过滤器是否合乎要求。

② 每次运行前必须将干管、支管冲洗干净，方可使用。

③ 根据轮灌方案，打开相应分干管闸阀及相应支管的球阀和对应灌水小区的球阀，当一个轮灌小区结束后，先开启下一个轮灌组，再关闭当前轮灌组，先开后关，严禁先关后开。

④ 启动水泵，待系统总控制闸阀前的压力表读数达到设计压力后，开启闸阀使水流进入管网，并使闸阀后的压力表达到设计压力。

⑤ 检查支管和毛管运行情况。如毛管辅管漏水先开启邻近的一个球阀，再关闭对应球阀处理，支管漏水需关闭其控制球阀进行处理。

⑥ 系统应严格按照设计压力要求运行，以保证系统安全有效的运行。

第六章　水利风景区规划设计

第一节　相关概述

水是世界万物生存的根本，自古被视为“万物之本原，诸生之宗室也”，水对现实存在的每一件事物都有着深刻且广泛的影响。我国的疆域辽阔，江河湖泊众多，水利资源十分丰富，自古便是水利大国，我国历史上的第一个国家夏的产生就与古人的治水密切相关。古代著名水利工程有四川都江堰水利工程、京杭大运河等，不计其数。近现代的水利工程如上世纪初我国第一座昆明石龙坝电站、50年代新中国自行设计和建设的第一座水电站新安江水电站、90年代的小浪底和万家寨水利枢纽工程、现已建成的世界最大水利枢纽工程长江三峡工程等。如今，我国已建成8.6万多座的水库、3.9万多座的水闸，8亿多亩的灌区，以及数量众多的水土流失治理区等，这些水利工程在发挥其基本功能的同时，也形成了丰富的水利风景资源。这些都为今后我国建设和发展水利风景区的提供了资源基础。

我国的水利风景区的开发建设已进入一个高速发展期。但是由于各地的实际情况不同，各级政府认识不同，加上缺乏统一规划和正确指导，在取得丰富的水利风景区建设成果的同时，也出现了很多严峻的问题。例如，很多水利风景区在规划建设过程中，未能充分挖掘自身特色，盲目照搬其他景区的规划模式，表现出很大的雷同性。这些问题的出现很大程度限制了水利风景区发挥其应有的影响和作用，其主要原因正是我们尚缺乏对水利风景区的规划设计足够的理论研究，在规划建设过程中往往会缺乏地域文化特色，忽略对地域文化的挖掘。尤其是在地域文化底蕴深厚，风景资源丰富的水利风景区，如果不能充分的对这些资源进行整合与利用，往往会使景区缺乏特色，造成景观营造、旅游项目设置上的雷同。而一个缺乏地域文化特色的水利风景区，往往会丧失自身一流旅游资源的优势，而沦落为缺乏特色、容易被复制的二流旅游产品。地域文化不仅是一种潜在的旅游产品，更是旅游消费的亮点。缺乏地域文化特色的水利风景区将使景区的魅力大打折扣，不能完整的体现其功能价值。

正是基于以上的背景，如何在水利风景区规划建设过程中继承和发展地域文化；

通过深入挖掘地域文化价值，提升水利风景区的品位；增强水利风景区的吸引力和竞争力，实现我国水利风景区文化、生态发展的可持续性是规划设计人员面临的一个重大课题，具有重要的理论创新和实践意义。

水利风景区是属于旅游景区近年新增的一种类型。传统水利的功能以防洪灌溉、兴利除害、供水发电为主，在规划建设之初往往较少考虑旅游功能。但自从 2000 年在全国开展水利风景区的评审以后，水利风景区的建设开始得到高度重视，从而带动了水利风景区的高速发展。水利风景区开发与建设处于人类活动直接与自然生态交织的临界面上，这对于水利风景区的规划设计提出了更高的要求。但是由于种种原因，国内许多已开发的水利风景区在规划设计过程中都出现了失误，降低了旅游吸引力，以至于影响到整个水利风景区的经营效益。与此同时，许多规划设计师在水利风景区规划设计中不顾当地的实践情况，忽视与地域文化的融合，沿用或照搬其他地区的规划模式和设计方法，使各地水利风景区趋于同化。

文化是国家和民族的灵魂，是民族自尊心的体现。地域文化是中国传统文化的重要组成部分，是保护、传承地方文脉与民族文化的重要方面。在应对全球一体化和世界多元文化的冲击，对我国传统文化进行保护与传承是我们应当深思熟虑的问题。借助全国水利风景区规划建设的热潮，规划设计师更应主动抓住机遇，主动承担起在规划设计中对地方文脉与民族文化的保护、传承的重任。

因此，无论从促进旅游经济还是从地域文化传承的角度来看，我们都应当对地域文化在水利风景区规划设计中的体现给予高度的重视。所以，本文试图从研究地域文化的内涵入手，针对当前国内出现的水利风景区中地域文化特色缺失的现象，结合相关理论的研究和实践案例的分析，探讨基于地域文化的水利风景区规划设计策略，为今后我国水利风景区规划提供有力的理论支持和技术指导。

一、水利风景区概念及相关概念

（1）水利风景区

水利风景区是指以水域（水体）或水利工程为依托，具有一定规模和质量的风景资源与环境条件，可以开展娱乐、观光、度假或文化、教育、科学活动的区域。

（2）水利工程

水利工程是指对自然界的地表水和地下水进行控制和调配，以达到除水害和兴水利目的而修建的工程。

（3）风景区

风景区是指风景资源集中、环境优美、具有一定规模和游览条件，可供人们游览欣赏、休憩娱乐或进行科学文化活动的地域。

（4）水利风景资源

水利风景资源是指水域（水体）及相关联的岸地、岛屿、林草、建筑等能对人产生吸引力的人文景观和自然景观。

（5）水利旅游

水利旅游是指以水域（体）或水利工程及相关联的岸地、岛屿、林草、建筑等自然景观和人文景观为主体吸引物的一种旅游产品形式。在水利旅游资源开发中，既包括水利工程自身的文化，还包括与水利文化共生的水文化，同时还包括资源所属的地域文化，三者共同构成水利旅游资源的文化体系。

（6）水利风景区规划

水利风景区规划是指为了科学合理地开发、利用和保护水利风景资源，保障水利风景区可持续发展而进行的统筹安排和部署，包括总体规划和详细规划。

二、地域文化

文化（Culture）的复杂性决定了地域文化（RegionalCulture）界定的复杂性，地域文化的广义内涵是“指一定地域的人们在长期历史发展过程中通过体力和脑力劳动创造，并不断得以积淀、发展和升华的物质和精神的全部成果与成就。它不仅反映地域的自然环境本身，还涉及当地的经济水平，宗教信仰、社会风俗等社会生活的各个层面。”狭义的地域文化专指精神文化，包括社会的意识形态以及与之相应的制度和组织机构。本文所研究的则是基于广义的地域文化的概念展开讨论的。

三、其他相关概念

（1）水文化

水文化是指人类社会历史实践过程中，与水发生关系所发生的、以水为载体的各种文化现象的总和。

（2）水利文化

水利文化是人类在治理水患、开发利用水资源，以使人类与自然和谐相处，并造福人类的实践当中创造出来的具有水利特点的水利物质、精神和制度文化的总和。

第二节　水利风景区地域文化规划设计现状

一、景区文化理论欠缺，地域文化缺失

近年来各省纷纷兴起国家水利风景区申报的热潮，建设水利风景区也如火如荼地展开，但许多水利风景区的建设只为了申报成功，而对水利风景区的发展缺乏足够的认识，没有深入挖掘和展示景区的地域文化。对水利风景区规划理论研究也比较薄弱，大致分为三个阶段：第一阶段主要是围绕水利风景区的概念而展开的学术研究。主要以描述分析为主，相关的文献不多，研究的内容也比较分散，缺乏深度；第二个阶段主要是对开发规划的研究。主要对水利风景区建设热潮的总结和反思，从而形成了一个持续至今的学术热点；第三个阶段是进入全面的、深入的研究阶段、随着全国水利风景区如火如荼的开发建设，许多专家学者将其作为一个新兴领域来研究，而形成了专门的学术研究。尽管如此，对于水利风景区文化理论的研究仍然属于起步阶段，所以导致在水利风景区的地域文化规划设计方面也存在严重不足。而一个忽视了地域文

化的景区，是一个失去了记忆的景区，是没有生命力和没有灵魂的景区；游离于地域文化背景之外的水利风景区终究会因为失去了文化的给养，而干涸死亡。水利风景区不仅是人们开展休闲度假活动的主要空间场所，也是地域文化的传播场所，更是地域文化内涵的重要体现。只有植根于地域文化的沃土中，水利风景区才能具有独特的景区面貌、鲜明的地域特征，继承和延续地域文化。

二、景区景观缺乏特色，景观趋于雷同

人类对于自然有种本能的亲近，而水利风景区多建设于自然环境良好的区域，区域内秀美的山水景观，丰富的文化内涵十分迎合现今人们回归自然的心理需求，对大众旅游者有很大吸引力而成为首选之地，每年有大批游客前往旅游观光、休闲度假，各地也因此掀起了轰轰烈烈的水利风景区建设的热潮。水利风景区的规划建设自然也就涉及到地域文化与现代文明的问题。但目前许多水利风景区的规划建设由于受政府主导、外来文化的入侵等多种因素，没有充分考虑与当地的自然地理及人文环境结合，缺乏对地域文化的考虑。盲目的照搬其他景区的规划建设模式，景区开发与场地性格相脱离，简单的复制现代景观，无法体现出其地域特点，这是一种文化趋同的消极表现，是对文化盲目认同的结果，这些都给我们的本土文化带来了前所未有的冲击，侵蚀着我们地域文化赖以生存的环境。景区的开发过程中由于缺乏对文化的挖掘，不仅景观营造上缺乏地域特色，在景区项目设计上也诸多雷同。景区雷同现象不仅严重浪费了水利风景资源，而且因景区景观趋同，缺乏特色，地域文化内涵缺失而导致客源市场流动性低，无法吸引外地游客，重游率低，使景区逐渐丧失活力。

三、旅游开发深度不够，旅游产品单一

旅游产品开发是水利风景区旅游规划与开发中的一个关键环节。但目前国内水利风景区的旅游开发深度不够，出现旅游产品单一、缺乏特色等主要问题。水利风景区旅游资源丰富，有风景秀丽的真山真水，有丰富的文化遗产，而许多景区资源组合优势未发挥出来，许多景区老化，推陈出新跟不上，仅停留在老景区旧貌，没有突出景区新貌，水利风景区周边悠久而丰富的人文历史资源，深厚的文化内涵未能得到充分挖掘和展示，新时代的人文环境、文化氛围等也未形成自己的特色。旅游活动项目设计上也存在主观臆断、随意决策现象。各地水利风景区已设置的旅游项目大同小异，基本还处于传统的游览观光的层面，缺少结合水利风景区自身的特点设置具有参与性和互动性等特点的旅游项目；在旅游开发的格局上也未能形成水、陆、空的立体结构；对水利风景区的特有人文旅游资源也缺乏挖掘，民俗资源几乎处于未开发状态，在一些地区间具有一定号召力的水神庙会、渔船会、开渔节、泼水节等民间节庆活动，大都尚处在半开发或未开发状态，有的仅仅流行于民间，这些富有地域文化特色的民俗活动都还有待进一步挖掘；少量结合民俗活动开发的旅游产品也只停留在表象层面，难以体现地域文化的核心内涵，导致水利风景区旅游开发千篇一律，造成游客流失，未形成稳定的客源市场，缺乏市场占有力与知名度，从而使水利风景区的整体经济效

益低下。

四、人文环境遭到破坏，地域文化杂乱

人文环境是社会本体中隐藏的无形环境。文化变量包括人们的态度、观念、信仰和认知环境等。有些水利风景区在规划建设过程中缺乏对地域文化的充分思考和挖掘，无视当地地域文化的特殊性，肆意破坏当地传统的民居建筑，历史遗迹，简单的复制外来文化景观，对当地独特的风俗习惯、村寨民居、民俗活动等保护意识薄弱，忽视保护措施的制定，盲目地开发和混乱的管理造成了旅游开发与人文环境保护的失衡。

将地域文化融入水利风景区规划建设中是体现其地域特色的重要途径。它主要包括物质因素和人文因素两个方面。千差万别的地理环境，独具特色的建筑风格，以及多种多样的传统的民俗活动等都为建设具有地域文化特色的水利风景区创造了得天独厚的条件和基础。但是有些水利风景区规划建设往往会出现景区“城市化”的现象，与当地的文化环境格格不入，破坏了当地的人文氛围。而且有些水利风景区在表达地域文化时，往往不加筛选而将其全部表现在景区中，以为这样能将地域文化表达得更为完整和丰富，事实这样反而使人眼花缭乱，造成了传统文化内容和形式上的堆砌，主题不突出，条理不够清晰，未能将地域文化的精髓展示出来，反而造成了地域文化表达的杂乱。

第三节　水利风景区与地域文化

一、水利风景区的特征

（一）景区类型多样，风景资源丰富

根据水利风景资源的不同特点可分为水库型、自然河湖型、城市河湖型、灌区型、湿地型和水土保持型等六种类型水利风景区。不同类型的水利风景区在经济、人文、社会、水资源及水工程等方面的差异性较大。

水库型水利风景区指以水库为主体，具有自然多变的地文景观、丰富多样的生物景观并融入独具特色的人文景观而形成的一个可供人们游赏、娱乐、度假、休闲的区域。水库型水利风景区最主要的风景资源特点是景区拥有形式多样的水文建筑和气势宏伟的水工建筑和丰富优美的山水风景资源。

城市河湖型水利风景区是指以贯穿城市或居于城市中的河湖或水利工程为依托，具有一定规模的风景资源与环境条件，可开展观光、娱乐、休闲、度假或科学、文化教育等活动的区域。城市河湖型水利风景区位于城市之中，与城市的发展密切相关，其包含的河流往往是城市的母亲河，孕育了两岸的城市文明，积淀了深厚的文化内涵，在其规划建设中不能忽视其地域文化对城市居民的影响和作用。

自然河湖水利风景区是指以河流、湖泊的自然风貌为特色，依托山水风光和水利

工程开发的旅游风景区。自然河湖大多位于城郊外，较少受到工业污染而具有良好的生态环境，水质优良且水产资源丰富，尤其适宜人们休闲旅游观光度假。在规划建设时，应设立相关的条文法规，防止人类的不当行为造成对自然生态的破坏，还应采取科学的工程措施，保护自然河湖良好的生态环境。

灌区型水利风景区是依托灌区及水利工程形成的，具有典型的工程、渠网、自然等景观综合体。如赣抚平原水利风景区、滨州市小开河水利风景区、南湾水利风景区、红旗渠水利风景区等。这些风景区所拥有的沟渠、水闸、坝体通常都有一定的历史，这些水利工程在建设过程中往往都留下了大量的传说和可歌可泣的历史事迹。

水土保持型水利风景区是指在水土流失重点防治区采用工程措施与生物措施相结合的手段，综合治理、生态修复和产业开发并举，借助防治水土流失时形成的良好的自然生态环境，将自然生态风景资源转化为旅游资源，结合开发各种旅游项目，从而形成了水土保持型水利风景区。

湿地型水利风景区是指以水体或水利工程为依托，借助良好的生态环境，在保护湿地自然环境的基础上，开发形成物种及其栖息地保护、生态旅游和生态科普教育的湿地景观区域。湿地通常有丰富多样的水生植物、鸟类资源、优美的环境与优越的生态环境等，在涵养水源、调节气候、防洪排涝等方面也发挥着重要的作用。

（二）文化底蕴深厚，人文景观独特

水利风景区在长期治水实践中积累了丰厚水文化的基础上，大量汲取中国传统文化和审美观形成过程中的丰富营养，不仅满足人们的“亲水”“乐水”需求，且已经逐渐成为现代水利发展中不可或缺的亮点“工程”，发挥着规模集约多种功能作用的同时也体现出深厚的地域文化内涵和独特的人文景观。

（1）源远流长的水文化

水与人类的文明密切相关，没有水，就没有城市的繁华，也就没有辉煌的中国文明。对中国传统文化具有深远影响的道家和儒家思想中都把对水的评价上升到一个相对高的层面。道家老子说“上善若水，水善利万物而不争”，儒家孔子也将水赋予了人的种种美德，如以水比德的思想。水，因此成为智者所应具备德行的化身，成为了水文化的重要内容。

人类的历史也是一部治水的历史，人类的治水历程可分为四个阶段：第一阶段是在原始社会时期，是人类只简单利用河流进行生产劳动并受控于河流的自然阶段。第二阶段是在奴隶社会及封建社会时期，人类懂得进一步利用河流并初步改造河流的阶段。第三阶段是改造河流充分为人类服务的阶段。伴随科技的不断发展，人类的生产力得到了大幅度的提升，人类改造和控制河流的能力也得到了大幅度的提高，人类可以凭自己的意愿改造河流为自己提供最大的便利。但与此同时，由于人类过度的索求，无节制的开发，破坏了自然界的生态环境平衡，伤害了河流的健康，进而也危害了人类自身的生存环境。第四阶段是人类与河流和谐共处，可持续发展的阶段。在经过因对河流的过度开发而危及自身生存，吸取了大量的经验教训之后，人类终于开始反思自己与河流的关系，逐渐意识到人类不能仅是河流的征服者，更要是河流的保护者。

于是形成了现在“人水和谐”的发展理念，也为水文化添加了新的内涵。

（2）层面齐全的水利工程文化

水利风景区的建设依托于各种形式的水利工程，如水库、滚水坝、水渠等，这些丰富多样的水利工程设施也为日后各种类型的景区开发建设提供了大量的工程景观资源。同时在与水共同发展的历史中，我国劳动人民也创造了许多具有地域文化特色的行为文化，如在民间为了求免除水患困扰，常常会在江湖边铸铜牛以镇水。而且我国从很早起就制定了和水利相关的制度，早在商代，我国有关水利工程的文字记载了沟洫井田制度。最后，我国在长期的治水理水过程中形成了先进的水利科技文化。

（3）多姿多彩的地域文化

“十里不同风，百里不同俗”，我国的疆域辽阔，水利风景区所在不同的地域具有不同的地域文化，表现出各具特色的地域景观。当这些内容迥异，多姿多彩的地域文化融入水利风景区的规划建设时，便能创造出更具吸引力，具有当地特色的水利风景区。目前我国各省都已拥有数量不等的国家级水利风景区，这为日后全面、多样化发展水利旅游奠定了坚实的基础。

（三）生态环境良好，生态效应显得

水利风景区在兴修水利工程时，充分考虑了水资源保护、水土保持、生态修复等生态环境问题。所以在水利风景区建成时，往往也能形成具有良好生态效应的自然环境，景区内山清水秀，为动物提供了良好的栖息地，也为人们亲近自然，开展观光、旅游和科普文化教育等活动提供了理想的场所。

二、水利风景区的功能

水利风景区具有多种功能，不但在水利工程，包括发电、供水、防洪、灌溉、水土保持等水利功能发挥重要作用，而且在维护工程安全、涵养水源、保护生态、改善人居环境、拉动区域经济发展诸方面都有着极其重要的功能作用。水利风景区还为旅游者提供完善的旅游服务，在保持旅游业的持续增长的同时也促进了水利风景区居民的生活改善。

（一）保护生态和美化环境功能

水利风景区具有改善生态环境、调节生态平衡、保护自然资源、防灾减害、美化环境、维持水环境的可持续发展的重要功能。在水利风景区的开发建设的同时，通过植树造林、消除污染源等生态防护手段，大多也建立了山清水秀，远离污染的良好生态环境。水利工程在建设之初多是为生产需要考虑，所建设的水利工程多是从实用功能出发，外观较为粗犷。同时，工程建设在一定范围内也造成了一定程度的生态环境的破坏。但是通过后期水利风景区的景观营造，林相改造、水利工程景观美化等风景化处理，便可建成了集生态修复、山水风光、水利工程和人文景观与一体，清波碧水，峰峦叠翠的优美环境。

（二）旅游观光和休闲度假功能

水利风景区有供人游览，开展娱乐活动，陶冶身心，休闲养生，旅游度假的功能。各地的水利风景区依托水域（水体）和水利工程，形成了生态工程、乡村休闲、民族风情、传统文化等各具特色的景区，拓展了水利功能。水利风景区的建设完善了当地的服务基础设施，道路交通等，将水利工程建设与风光带、生态带、经济带建设相统一，既发挥了水利工程的基本功能，又成为人们休闲、娱乐的好去处。如有些水利风景区水域面积较大，自净能力较强，适应开展滑翔、游泳、垂钓、漂流潜水、游艇等空中、水面、水底立体交叉的水上运动；有些水利风景区水环境、生态环境条件优异，甚至拥有某些特殊的有益物质，如温泉、森林内含有大量的负氧离子，这些资源都可被用于开发度假旅游和各类疗养度假村。水利风景区大多拥有特殊的地形地貌、种类丰富的水生动植物、丰富的人文历史等风景旅游资源，经过科学适当的开发就能形成山水秀丽，生态环境良好的景区，人们可以充分利用节假日到大自然中游览观光，调节身心。

（三）科普教育和陶冶情操功能

水利风景区有展现水利科技文化、传播科普知识、纪念历史文化、陶冶情操的功能。水利工程庞大壮观，具有较高的游赏、科普教育的价值，可有组织地向游人展示、普及水利工程的基本知识和工程景观，结合合理的游线组织，展现人类治水理水的杰出成果，让游客们受教于其中。此外水利风景区往往拥有着许多具有典型意义的地质、地貌，存在一些极为珍贵，甚至濒临灭绝的动植物，有些景区还保留了许多原生的自然环境。这些都是研究地球变迁、生物演替、生态平衡等良好的天然博物馆和实验室，便于向人们普及自然科学知识方面的教育，增长植物、动物、地质、环境等许多科学方面的知识。

水利风景区的气势恢宏的水工工程，丰富多样的风景资源使人们在享受现代文明和大自然的同时，也使人们寓教于乐，陶冶了情操。几千年来，中华民族积累了极为丰富的山水审美体验，“仁者爱山，智者乐水”，历代许多著名的文人墨客，都留下了大量赞美、描写自然美景的诗词、画卷，在这样的文化背景之下游览景区，潜移默化地提升了对自然的审美能力。水利风景区中的大中型水利工程，充分展示了人类征服自然、改造自然的伟大成就，体现了当时的科技发展水平，凝结了先辈们的智慧和汗水，人们在参观游览游览地受到这些文化潜移默化地熏陶，鼓舞了斗志，心灵受到震撼，情操受到陶冶，精神得到了升华。

（四）推动经济和社会效益功能

水利风景区有促进区域经济发展、调节城乡结构等推动经济、社会效益的功能。水利风景区通过其宏大的水利工程、优美的自然风光、独特的人文景观等风景资源和完善的服务配套设施吸引了大量的旅游者前来旅游消费，有力地推动地区经济的发展，为当地剩余劳动力解决再就业的难题，促进了社会的和谐，维护了地方的稳定；同时，也能够有效的调整区域经济产业结构，使资源地得到科学合理有效的利用。水利风景区的建设在改善生态环境、人居环境等方面做出了杰出的贡献，也促进了地方经济尤其是旅游业的发展。而且，旅游业是一项综合性产业，它的发展同时也可通过产业联动链带动一系列的相关产业的发展，如种植业、餐饮业、零售业等的发展。可见水利风景区的规划建设，开发建设水利风景区对推动地域经济具有多么重大的社会经济意义。

三、地域文化

（一）地域文化构成要素

地域文化是由于不同地域的地形地貌、自然气候等地理环境的差异，人们改造自然的生活力水平，生产关系的不同，而自发形成的各具特色的文化差异。地域文化构成因子可以分为自然和人文两要素。

自然要素包括地貌、动植物、水文、气候和土壤等。不同地域的自然环境也不同，从而影响了当地的生产力水平发展和生活方式等的不同，进而导致可当地形成具有地域特色的历史人文。例如，北方地域辽阔，尺度宏大，北方皇家园林规模浩大、面积广阔、建设恢宏、金碧辉煌，具有帝王的气度与豪情；南方水乡泽国，催生的园林细腻、婉约。而不同地域的自然要素的之间的组合也形成了丰富多彩，多种多样的具有地域特色的地域文化景观，如草原文化，沙漠文化，平原文化、热带雨林文化。

人文要素主要包括地域的传统文化，历史文化遗存，城市或村落的形态风貌特色及肌理，民间艺术及风俗，地方材料的选用、地方建筑的风格特征等。人文要素可分为物质形态和非物质形态。物质形态包括生产资料、民族服饰、建筑风格、村落形态、生产工具等；非物质形态包括生产方式、民俗信仰、意识形态、生活习俗、生产关系、社会制度、经济结构、道德观念等。

（二）地域文化的特征

我国地域辽阔，水利风景区所在的不同的地域具有不同的地域文化特色。本文试图从规划设计学的角度出发，分析地域文化的主要特性，以望能够在水利风景区规划设计中更好地运用地域文化的特质为其服务。地域文化具有以下特性：

（1）地域文化具有地域性

地域性是地域文化最鲜明的特征。地域文化的地域性是指在空间上占有一定的地域单元，它是由在特定地区长期生活的人们在生产劳动和社会历史的推演中沉淀形成的，具有独特性、典型性而与其他地域文化特征相区别。如，岭南文化、巴蜀文化、江南文化等等地域文化个体。该地域文化发源于本地并逐渐向地域外繁衍，在自身文化特征的基础上产生变化。所以不管是民族服饰、建筑风格、生产工具等显性文化，还是民俗习惯、道德观念和经济结构等隐性文化都具有其地域性的。因此，掌握和理解地域文化的这种特征进行基于地域文化的水利风景区规划设计的前提条件。

（2）地域文化具有潜在性

对生活在特定地域的个体而言，起先是被动地接受该地域文化，但是随着个体长期在特定的地域文化氛围中生活劳动，潜移默化中留下了种种文化印记，自觉不自觉地影响了周围的环境，对其他人也产生了影响，正如客家人所言，“宁卖祖宗田，不卖祖宗言”。水利风景区规划设计师可以从地域文化这种特性提取设计语言，创作出具有地域特色的设计符号，从而使景区的景观营造更具地域文化特色。

（3）地域文化具有亲缘性

地域文化是特定地域的人们生活中直接接触并亲身经历，联系紧密的文化，他们的日常生活便是地域文化的载体。当地的居民不仅是地域文化的体验者，而且还是地域文化的创造者，个体与地域文化之间融合一体，难解难分。可见，地域文化在作用于人的活动的同时，人的活动也影响了地域文化的形成，人的活动与地域文化具有相辅相成，对立统一的关系。所以在水利风景区规划设计中，要充分考虑人的活动对当地地域文化的影响和地域文化对人的活动的影响。以更好地运用地域文化进行水利风景区的规划设计创作。

（4）地域文化具有边缘性

随着经济全球化的进一步加强，西方文化在社会结构、经济体系、政治制度、思想文化等各方面对我国产生了的影响和同化，使传统文化略显暗淡，在有些地区和方面甚至受到完全否定和摒弃。加上长期以来，与中国文化的共性相比，地域文化个性尚未受到足够的重视；因此，地域文化还具有边缘性。这对于水利风景区规划设计而言，继承和延续地域文化具有重要的意义，是维持地方特色的重要途径。所以应该深入研究地域文化，将其发扬光大，同时要随着时代的变化也变化，不能脱离于现实，但也不能让地域文化消亡。

四、地域文化与水利风景区的关系

（一）地域文化对水利风景区价值与意义

地域文化是底蕴，是土壤，水利风景区的规划设计要尊重当地的地域文化，符合于当地的社会风俗习惯。规划设计师的任务就是要掌握当地的地域文化背景，将其融入于景区的规划建设中，使景区建设与当地居民的生活和谐共处。我国五千年传统文化的深厚底蕴，丰富多样的地域文化是孕育民族精神和文化多元绽放的基础。可以说，地域文化的发展既是推动地域社会文化经济各方面发展的重要内容，更是水利风景区发展繁荣的必然动力。

（1）为水利风景区规划设计提供素材

地域文化是具有地域文化特色的水利风景区规划设计的重要源泉之一。任何具有地域文化特色的水利风景区规划设计，都需要深入理解和把握当地的历史文脉，遵从于当地的风俗信仰，结合景区自身的特点，充分展现地方传统文化和风土人情，营造独具特色的人文景观。而地域文化作为该地域文脉发源地，能源源不断地为水利风景区的文化建设提供大量的创作素材。不管是具有地域文化特色的当地民居建筑风格，如粉墙黛瓦马头墙的徽派建筑，层楼叠院、高脊飞檐的江南民居等，还是具有典型性的地域文化特征的人文符号，如窗花、脸谱图案等，更或是具有地方文化特色的民俗活动，都能为规划设计师们带来层出不穷的灵感，也为建设具有地域文化特色的水利风景区提供了宝贵的历史文化资源。

（2）延续地方历史文脉

地域文化作为一个特定地区的产物，是该地区人们生产劳动的历史积淀，留存于地方之中，与当地居民的日常生活密切相关，它能够润物无声地影响着生活在其中的人们。水利风景区具有公共性，所以它不仅要满足人们休闲娱乐，旅游度假的需求，同时它还要承担着继续、延续、发展地域文化的重任。在水利风景区中，我们往往可以看到源于当地的历史典故或含有地域文化符号的景观。这些不仅为水利风景区提供了素材，更是延续了当地的历史文脉。

（3）提高水利风景区文化内涵

旅游消费是典型的文化消费，随着社会经济的发展，旅游者的文化素养不断提高，旅游者越来越注重景观的文化意义。因此水利风景区作为展示当地地域文化的重要载体，是体现当地地域特色的名片，它的规划建设需要深入挖掘和提炼地域文化的精髓，为景区的建设注入灵魂。任何一个具有文化内涵的水利风景区绝不只是靠建筑、小品、游步道、服务设施等的简单组合，而应该是一个有机的组合，是一个可以自我更新的生命体。缺少地域文化的水利风景区是乏味的，没有灵魂的，没有内涵的，只是一个靠简单复制的景观综合体，不能发挥其应有的影响和作用。所以在在进行水利风景区景区规划设计时，要尽量挖掘景区的地域文化内涵，结合自身的特点，使其能满足旅游者健康高雅的精神追求，使景区更具有完整性和生命力。

水利风景区的规划模式和景观营造可以不断地复制移植的，但是其所含有的地域文化的精髓是无可重复的，它是由特定区域的人们在特定环境下和特定时期中的生产生活的历史产物。所以只有具有地域文化特色的水利风景区才具有强大的生命力，才能够提升水利风景区的文化内涵。

（4）地域文化有利于增加水利风景区的访客量

水利风景区挖掘地域文化有助于景区吸引力的提升和促成旅游者的再次消费。对景区进行文化性体验的设计若能使游客不仅限于一般的观光旅游，而且通过亲身体会地域文化的魅力，使其留下深刻的印象，继而口口相传，使景区的知名度得到大幅提升，同时也会促使旅游者产生再次消费的需求，访客量的增加刺激了旅游业收入的增加，也促进了景区的进一步完善和更新，形成良性循环。所以在水利风景区规划设计时应深入研究地域文化的精髓，将其与景观营造和旅游项目的开发相结合，使旅游者越游越有味道，越玩越有兴趣。

（5）帮助游客缅怀历史

当今世界科学技术飞速发展，人类已经进入了一个充斥着“现代化”这个字眼的时代。然而当人们沉浸在丰厚的物质生活所带来的便利和愉悦时，却无意中发现很多历史正在被我们忽视和淡忘。在万象更新的今天，人们才开始逐渐认识到地域文化对于自己的重要性，它代表着一种场所精神，是历史的产物。一些水利风景区的水利工程设施在建设中往往也留下许多可歌可泣的英雄事迹和历史典故。如果将这些与水利风景区的规划建设相融合，创作出具有地域文化特色的水利风景区，不仅能让游客缅怀历史，更能触动游客的理性思考，引起感情上共鸣，如纪念先辈的丰功伟绩，弘扬革命传统，开展爱国主义教育，歌颂地域文化中的杰出人物，宣传名言警句，展示该地域的历史典故或是表现传统民俗活动等。所以，将地域文化融入水利风景区的规划建设中可以使游客在情感上得到慰藉，精神上得到升华，帮助了游客缅怀历史。

（二）地域文化对水利风景区的限定

水利风景区的景观营造需要符合当地的地形地貌、气候环境、植被状况以及社会风俗、经济结构、民俗信仰等这地域文化环境，即地域文化对于水利风景区的限制。吴家骅在《景观形态学》一书说道：“景观，是人们在特定的文化环境中通过特定的媒介进行的表达。”这里的说的“特定的文化”便是指地域文化。

地域文化对水利风景区的限制，主要体现在水利风景区表达的内容的一致性和形式的差异性两个方面。水利风景区的内容是指构成景区景观各种内在要素的总合。水利风景区的形式指的是景区内各要素之间的组合结构、表现形态和存在方式。

（1）地域文化对水利风景区内容的限定

中国地域辽阔，由于各地的水利风景区因自然环境不同产生了各自不同的地域景观，但一般都是依托于水利工程或水体，借助良好的山水景观资源开展休闲观光、养生度假等旅游活动。

第一，人类建造水利风景区的目的具有一致性。人类起源于自然，对于自然有一种本能的亲近感，建设水利风景区的主要目的便是“回归”。因此，人类通过建设水利风景区，改造自然的方法来满足自己对亲近自然，回归自然的需求。根据不同地域文化产生的各具特色水利风景区一经形成，便会从思想意识、行为活动、心理反应等各个方面影响着活动在其中的游客和当地居民。因此水利风景区成为了地域文化展示、传播的载体，其内容体现某种地域特征。

第二，自然一般表征具有一致性。水利风景区的规划建设是利用人的能动性对自然的再一次的改造和整合，而即使在不同地域环境中的自然环境也基本包括地形、山石、水体、植物等这些基本元素。规划设计师从这些自然环境中提取自然的一般表征作为水利风景区规划建设的内容。而建筑、水利工程设施等这些物质形式又是与水利风景区关系最为密切的。因此，无论在任何地域，任何自然环境，地域文化对水利风景区内容的限制都是一致的。

（2）地域文化对水利风景区形式的限定

我国的疆域辽阔，不同地域存在着地形地貌、温度气候等自然环境和风俗习惯、经济结构等人文环境的差异，所以不同的地域文化形成了不同的地域文化景观，即地域文化的多样性决定了水利风景区形式的不一致性。

第一，地域文化中自然环境对水利风景区形式的限定自然环境是人类生存的基础，不同的自然环境造就了不同类别的地域文化景观。如哈尔滨的“冰雪文化”、内蒙古的“草原文化”、海南的“椰风文化”等。每一地域的水利风景区景观经过自然的修饰形成了各具特色的自然地域形态，这些自然形态在人类的修堤筑坝、挖渠建闸等人类用水、治水过程中变得更加独特，从而促使形成了特征明显的几大水利风景区类别，包括水库型、城市河湖型、水土保持型、自然河湖型、灌区型、湿地型等六种类型。这些地域的自然环境都对水利风景区的形式有所限定。

第二，地域文化中社会环境对水利风景区形式的限定

不同的地域的生产方式和生产力水平的差异产生了风俗习惯、经济结构、道德观念的差异，形成具有不同地域特色的社会环境和文化传统，表现出不同的地域文化。所以，丹纳在《艺术哲学》里指出“有一种精神的气候，就是民风民俗与时代精神，和自然环境具有同样的作用。”可见，同一类型的水利风景区，在相似的自然环境下，因其社会环境的差异，景区的形式也会有不同的差异。

（三）水利风景区是地域文化的重要载体和展示平台

地域文化是一种无形的存在，要使无形的地域文化为人们所感知，必须依赖某一载体，并借助于载体展示出来。水利风景区的规划建设与地域文化的发展密切相关，地域文化的载体可以有很多种，水利风景区就是其中最重要的载体之一，它为地域文化的继承和发扬提供了展示平台。如在城市河湖型水利风景区中，其城市的河流往往是城市历史和文化积淀最为深厚的地方，记载了整个城市历史变迁的演变过程。又如水库型水利风景区中的大型水利工程设施，是凝结了众多劳动人民的智慧与汗水，体现了当代科技的发展水平。因此水利风景区的规划设计也可以说是地域文化的规划设计。如何在规划设计中挖掘和保护水利风景区的地域文化，将社会风俗、民俗活动等地域文化融入规划设计中，展示地域文化的精髓是具有地域文化特色的水利风景区规划设计中应该重点思考的问题。

地域文化的延续和传承需借助形象的视觉语言并结合景观设计、园林美学、生态设计等相关理论塑造水利风景区中的地域文化景观。景观之美包括了色彩、光泽、质料、静态、动态、听觉及味觉等不同方面。水利风景区中地域文化景观的是围绕其独特的地域特色而设计的，地域文化以可供人观赏、体验及感受等各种形式与水利风景区景观融为一体，通过景区内的建筑、小品、植物、水体、饮食、服饰、以及民间信仰等形式表现出来，这些以地域文化背景创造的景观，不仅能使游客在休闲观光中的过程中，感到感官上的愉悦，而且也能引发情感上的共鸣，对该地域文化的认同感和民族的自豪感，不游览休憩中受到地域文化潜移默化地感染和熏陶。

（四）水利风景区的发展反作用于地域文化

文化是由“内核”文化和“外缘”文化共同构成。“内核”文化是古老的、纯粹的、发育完善而自生根的文化，是一种文化长期以来形成的本质的东西。而“外缘”文化是年青的、非纯粹的，发育尚不完全，也非自生根的文化，它是新形成的文化，或对外来文化的吸收、包容。文化会随着时代的发展、历史的推演、社会的进步，而发展、更新。引起文化的变化主要有两种途径，一种是由“内核”文化自身发生变化。另一种是“外缘”文化对“内核”文化产生影响而变化。文化发生变化的这两条途径通常是同时存在的，共同推动着文化的发展和进步，在持续不断的量变积累中最终实现质的改变。因此在水利风景区发展的同时，由于不断有人的行为活动参与其中，从而形成了新的文化因素，这些新的内容最初的影响是极其微小的，但是经过足够充分的时间，最终将与众多因素共同作用于地域文化，对地域文化的发展趋势产生影响。

第四节 基于地域文化的水利风景区规划设计探讨

一、相关理论研究

（一）场所精神

场所精神（GeniousLoci）一词来源于拉丁文，有两个含义，一是指场地的守护神，二是表示场所的独特气氛。诺伯格·舒尔茨在《场所精神——迈向建筑现象学》一书中对场所的概念解释道："场所是指由具有物质的本质、形态、质感及颜色的具体的物所组成的一个整体"。场所精神所表达的正是古代人类文明的一种观念，即任何独立的事物都有自己的守护神，场所精神便是人们在场所中的守护神。在古罗马文明中，人们认为在一个自然环境获得生存，必须依赖于人与环境之间、灵与肉的良好契合关系，因此，必须依靠守护神，才能体会其生活的环境所具有的确定特征，即任务事物都有其独特而内在的特质。

诺伯格·舒尔茨认为场所都具有可读性，规划设计师需要依靠历史经验去理解和把握场所中所含有的自然信息和人文信息。在富有记忆的场所中，我们可以凭着场所记忆开拓更为宽广的精神空间。普鲁斯特说："现实中的美让人失望，是因为我们的想象力总是为不在场的事物产生"。

诺伯格·舒尔茨强调场所是一个由自然环境和人文环境组成的复杂的整体，对场所的研究必须直接面对和关照事物，反对将场所简化为所谓功能结构、空间关系和系统组织等各种抽象范畴。场所是生活发生的空间，包含着人类社会生活中各种各样，有形无形的存在，它不是一个永久固定不变的存在，场所就像一个有机的生命体，能够一直更新循环，它是由具象的事物和情境组成的整体，其中任何一部分的改变最终都将引起场所本质的变化。但是，恰恰正是这种本质是我们获得对地域的认同感的动力。

现今很多水利风景区规划设计师开始表达出对场所精神的重视，开始尝试将场地解读作为规划设计的立足点，将场所精神融入规划设计中，营造出具有场地特质的景观，强调了对场所的体验和感受。但是，这并不是指将场所当作永恒不变的事物，而是将其视为不断更新变化的，有着深厚内涵的场所来探究，将场所精神应用于实际的规划项目中来。如在石漫滩水利风景区在规划建设中采用大量的乡土植物，保护、恢复与重建生态环境，保留了以前大水冲毁后的大坝遗迹来来表达对场所精神的理解与尊重。

在"地域文化"理论中，很多层面是与"场所精神"是相通的，它们都是独特的、个性的，都受到自然环境、社会环境等诸多元素的决定性影响。如果把特定的地域理解为场所，则该地域文化便是场所精神的所在。

（二）批判的地域主义

20世纪40年代，美国建筑师路易斯·芒福德为了抵制当时国际上流行的现代主义风格提出了“地域主义”思想，虽然地域主义尊重场所的意识和传统的态度值得肯定，但他们在摒弃早期工业时代的古典风格定式的同时，也拒绝了现实的时代和社会。之后丽莲·勒斐芙和阿历克斯佐·尼斯在《网络与路径》提出了“批判的地域主义（Critical Regionalism）”这一概念。其核心思想在于利用间接从某一特定造点中提取特征要素来缓冲全球性文明的冲击，表现自身的地域文化特色。它可以从该地区的光照角度、季风风向、地形地貌等一些要素获得进行设计创作的灵感。

批判的地域主义是一次缓解全球化和多元化之间矛盾的积极探索。一种文化只有在不断与外来文化的碰撞的同时，还能保持自身文化特色，并有选择性的汲取和融合对自身有益的成分才能得以发展。真正纯粹的保守的文化只能留存于历史记录中了，如金字塔文化和玛雅文化消失。所以一个有着旺盛生命力的文化，都是能够在于外来文化的冲突和融合中，利用开放和杂交的优势使自身文化得到不断的发展。批判的地域主义的思想尊重特定地区具有悠久历史的文化底蕴，注重从地形地貌、自然气候、人文环境等条件中获得规划的依据和设计的灵感，同时也尊重当地居民的生活习俗，很符合基于地域文化的水利风景区规划设计的实践和理论。

（三）文脉延续理论

文脉这一概念最初来自语言学的定义，意思为“上下文”。文脉主义是由城市渊源主义发展而来，它由C·罗依（Colin Rowe）教授提出，他认为城市文脉与城市发展具有重要的关系，城市文脉影响城市性格。后现代城市规划学家舒马什在《文脉主义：都市的理想和解体》中将文脉延续地理解为：在城市建设中，要保留城市中已经存在的内容，设法将它们融入到城市的整体规划建设中，使它们成为这个城市有机整体的一部分。简单地说，文脉主要指人、城市、文化背景相互之间的关系。城市不是仅仅由这些钢筋水泥，木头砖石等这些纯物质因素组成，其中人类的活动才是整个城市的灵魂。文脉主义强调地域文化的继承和延续，认为一部城市的兴衰史，就是一部人类的奋斗史，城市是在人类的理想与现实之间的微妙的平衡和辩证关系中产生了永恒的活力。一切影响的城市的产生和发展都是文脉的研究内容，它们是人类长期改造和利用自然不断沉积下来的历史文化，形成不同的地域文化，从而形成了多姿多彩的城市形象，这也大大影响了水利风景区，这些与城市关系密切的水利风景区，因而也拥有了各自不同的地域文化特色。

（四）可持续发展理论

可持续发展（Sustainable development）的概念最先是在1972年联合国人类环境研讨会上正式讨论的，它是一种注重长远发展的经济增长模式。1987年，世界环境与发展委员会出版《我们共同的未来》报告，将可持续发展定义为：“既能满足当代人的需要，又不对后代人满足其需要的能力构成危害的发展。”可持续发展主要包括社会可持续发展、生态可持续发展、经济可持续发展。可持续发展思想强调人与自然环境的和谐相处、共同发展，在保证人类发展的同时，也要避免人类对环境造成重大破坏。在保障生态系统的平衡的基础上，对环境、资源进行有限度的开发利用来满足自身的生存和发展。

水利风景区的可持续发展是指把人类活动与自然环境相互作用的各个因素都纳入可持续发展的研究框架内，将水利风景区与生态环境视为同一个发展系统，使水利风景区的经济、生态、社会、文化等各个因素相互促进，相互协调，实现可持续发展。水利风景区的可持续发展首先要维护景观多样性、物种多样性、结构稳定性及生态功能多样化等各种特性。为实现这一目的，将地域文化融入水利风景区规划是重要手段之一，如尊重景观的自然环境、民俗习惯、宗教信仰等。在水利风景区规划建设过程中，保护景区的自然生态环境和自然与文化景观资源，还必须遵循环境容量等相关理论，将旅游活动和游客数量控制在资源和环境的可承载力范围之内，及时协调旅游的活动与环境的相互关系，以免超出景区承载能力而破坏自然文化资源及环境，使景区能够实现自然、社会、经济、文化可持续发展。

（五）真实性和完整性理论

我国五千年悠久的文明孕育出了大量的自然文化和历史文化遗产资源，各地的大多数水利风景区都蕴含着丰富的自然遗产与宝贵的文化遗产，在对水利风景区规划建设的过程中，应遵循遗产保护的真实性和完整性理论。真实性原则和完整性原则是世界遗产保护的重要指导原则之一，保护遗产地的真实性和完整性，重点就是要保护遗产地的原始面貌和周边环境不受破坏，保护景区物质形态资源（包括自然环境和历史遗迹）和非物质形态资源（包括民间信俗、生活方式等非物质文化遗产），进而实现遗产地的可持续发展。

水利风景区的真实性体现在地域自然风貌与人文历史两个方面，其实质是表象形式和文化内涵的统一。这里表象形式指的是意境，即水利风景区规划建设出的意境应与其文化意义一致。而水利风景区的完整性不仅包括文化遗产和的自然遗产完整性，还包括游人体验的完整性。文化遗产的完整性重点强调文化氛围和文化遗产本身的完整。自然遗产的完整性主要包括自然遗产必要的构成要素及其周边环境的完整。文化和自然遗产的完整性主要是从景观资源的保护和开发角度强调的，而游人体验的完整性则是以人为本，从人的感受和体验的角度出发，确保自然、文化遗产保护的完整性，在水利风景区规划建设中也应展现地域文化的完整，为游客获得完整的体验奠定基础。

二、基于地域文化的水利风景区的规划设计策略

（一）景区规划与自然环境的融合

合适的地理环境和宜人的气候是人类赖以生存的基础，是人类社会和文化的重要影响要素。李约瑟认为：“自然因素不仅是一个背景，它是造成文化差异以及这些差异所涉及的一切事物的重要因素。”可见，自然环境的差异是形成全国各地地域文化景观差异的重要原因，它主要包括地形地貌、自然气候、水文条件等的差异。各种地

域文化的形成都与其特定的地理学背景有着密切的联系。我国地域广阔，各种地理环境及气候类型丰富而齐全，这就决定了各地的水利风景区景观都有其明显的地域文化景观特色，“春风江南，秋枫蓟北”正是南北方自然景色异同的真实写照，这种自然的地域特色水利风景区密切相关，必然要反映到景区的规划建设中来，从而形成种种地域文化特色。一方面，景区中如游客中心，水工建筑等建筑的选址、朝向、建筑风格、植物的选址配置，地形坡度及其景区景观营造都和自然环境密切相关；另一方面，有着万千变化的自然环境及气候呈现的景象本身就是水利风景区的重要景象：飞流直下的瀑布、一望无垠的沙漠、宽广无际的草原、四季变化的植物景观，等等。因此，我们在对水利风景区进行规划建设时，要以景区的体验者和创造者双重身份来感受水利风景区的自然环境特点，这些自然环境因子不仅可作为我们规划设计中借用、强化的具有地域文化特色的景观，而且特殊的地理及气候条件也是景区规划设计的限制因素或规划设计依据。但是全国各地水利风景区的建设如火如荼展开的同时，也时常因为规划建设不当而破坏了其周围环境的景观和生态平衡。每个水利工程的实施和水利风景区的后续建设，其实都开始了一系列的破坏作用。如每次的地表面的整平或因建设而切割都会导致生态环境的破坏，整个场所特性会受到影响。正如西蒙兹在《大地景观》中说到“一台挖土机一个早上的吵闹工作就会给社区留下永久的伤痕。”所以，规划建设具有地域文化特色的水利风景区建设首先应当尊重原场地的地形地貌，景区的建设要与周围的自然环境相融合。然而，这不是指将原有的景观按封不动，仅是被动的适应，而是应该将具有地域文化特色的景观融入与景区的规划建设之中，结合地形地貌开发出相关的旅游产品，如草原的滑草运动，赛马运动，沙漠的越野运动。

以下从水库型、城市河湖型、湿地型、自然河湖型、灌区型、水土保持型等不同类型的水利风景区加以分析研究。

1. 水库型水利风景区规划设计与自然环境的融合

水库型水利风景区依托水库而建，范围包括库区及周边水源涵养地。水库一般处于郊区或偏远地带，多建在山岭、峡谷地带，水面较为宽阔，水质污染相对较少，水量充沛，涵养自净能力强，水质优良，水环境质量高。水库附近往往有连绵的山峰、茂密的森林、自然生态景观较好、生物多样性丰富，生物景观优越，具备较好的自然风景资源。水库型水利风景区规划设计应充分挖掘此类资源，结合旅游市场的调研，可以得出以下规划设计要点：

（1）利用开阔的水面景观、优良的水质，可规划开发与水相关的休闲旅游项目，如：垂钓、泛舟游湖、潜水等亲水、嬉水的项目；

（2）利用良好的自然生态气候环境，规划休闲养生、度假旅游、野外探险类项目。

2. 城市河湖型水利风景区规划设计与自然环境的融合

城市河湖型水利风景区是依托城市河道或湖泊而建，在满足城市水利功能的基础上为城市提供公共开发空间，为城市居民提供休闲、游憩功能，是城市生态建设的主要组成部分。但由于周边基本是城市用地，一般不会有典型的地质构造和观赏性较强的地形地貌，也不会有大体量的自然生态环境，生物多样性指标较低；同时由于城市排污或河湖自净涵养能力较弱，水环境质量相对较差，水文景观一般较为单一，观赏性不强；也因用地的局限性，很难有较好的生态环境质量。结合城市河湖型水利风景区自然环境的特点，可以得出以下规划设计要点：

（1）通过相关水利工程措施改善水质，控制水量、改造河道断面、设计鱼道。采用艺术的手法美化水利工程和两岸绿地，营造优美的水环境景观是城市河湖型水利风景区规划设计的关键内容；

（2）通过相关措施改善城市河湖的生态环境，增加生物多样性，创造良好的生物栖息地，以建设自然生态的城市河湖是城市河湖型水利风景区规划设计的重点问题。

（3）规划两岸的城市用地，建设娱乐休闲设施，为市民和游客提供亲水空间。因此，城市河湖型水利风景区，要在保证防洪排涝的要求下，结合其自身的特点，建设成为城市的生态绿带。例如在山东省聊城市徒骇河水利风景区规划设计中，突出“江北水城”的地域文化特征，同时与城市中其他河流形成呼应，以生态聊城为其立足点，形成聊城的“生态之脉”。通过景区规划设计，建设了丰富的旅游游览、娱乐、度假设施与项目，为城市居民和游客提供了休闲、娱乐、度假的场所，满足他们游憩、娱乐的需求。规划将徒骇河水利风景区在总体上分为三段：南侧为观光游览区，以良好的生态环境，丰富的旅游景点和旅游度假设施为主；中部为城市休闲区：主要以多个城市开放公园和绿地为主；北部为生态防护区，主要以生态农业、苗圃和防护林带为主，作为今后发展的预留地。

3. 湿地型水利风景区规划设计与自然环境的融合

湿地型水利风景区是依托湿地及周围保护带形成的水利风景区，目的是为保护湿地水环境、水生态而建。湿地通常有较好的水环境质量、水土保持质量以及生态环境质量，水文景观观赏性较强；景区自然生态体量大，水生动植物丰富，具有得天独厚的生物多样性优势，有很好的生物景观。从湿地的自然环境特点可以得出以下规划设计要点：

（1）利用丰富多样的湿地水生植物、曲折多变的空间开展观光游览、休闲娱乐、科普教育活动，强调活动的趣味性；

（2）利用较好的生态环境，设置休闲度假、养生疗养类旅游项目；

（3）因湿地保护的要求，游步道、建筑等相关设施的建设是湿地型水利风景区规划设计的一大难题。

4. 自然河湖型水利风景区规划设计与自然环境的融合

自然河湖型水利风景区是依托自然的河湖或河流建立景区，以保护自然河湖的水环境、水生态为目的，同时提供人们郊野休闲、旅游的场所。自然河湖往往有优美的水文景观，较好的水环境质量、水土保持质量、生态环境质量，生物多样性丰富、生物景观较好。其规划规划设计应在保护良好的自然生态环境的基础上，充分利用景观资源，设置相宜的旅游项目，促进地域旅游的发展，可以得出以下规划设计要点：

（1）利用良好的水体资源开展水上、水边休闲娱乐活动，如摩托艇、皮划艇、休闲垂钓等活动；

（2）利用丰富的动植物资源，空旷有致的水面，设置观光、娱乐、科普类项目；

（3）利用优越的生态环境，规划度假类项目，如度假宾馆、疗养场所等。

5. 灌区型水利风景区规划设计与自然环境的融合

灌区型水利风景区依托灌区工程及周边环境保护地带而建。其景观资源较为丰富，往往包括主干渠、与干渠相连的湖泊、水库等。灌区的水文景观种类多，沟渠纵横，拥有淳朴的田园气息，观赏性较强。灌区型水利风景区可采取相关措施使灌溉与旅游达到完美的融合，可以得出以下规划设计要点：

（1）利用纵横交错的水系景观，开展水上、水边休闲娱乐类项目；

（2）结合灌区深厚的农耕文化和广袤的农业景观，规划文化休闲、娱乐类旅游项目，如农家乐、农耕体验，农业科普教育、农业科技展示等，既提升了灌区的地域文化底蕴，又丰富了旅游项目的内容。

6. 水土保持型水利风景区规划设计与自然环境的融合

水土保持型水利风景区是依托水土保持工程及自然山水环境而建。景区的自然环境良好，拥有一定的质量的山水资源，但景区建设一般以水土保持，生态恢复为主，植物种类较为单调，一般以工程景观为主。结合水土保持型水利风景区的自然环境特点，可以得出以下规划设计要点：

（1）借助防治水土流失时形成的良好的自然生态环境，可规划登山攀岩、游览观光等旅游项目；

（2）结合景区的水土保持工程，可开展水土保持科普教育、科技示范推广等活动。

（二）充分利用乡土植物树种资源

植物是水利风景区景观要素之一，它以丰富多样的色彩和形态成为水利风景区重要的主体景观之一。植物受当地的自然环境因素影响很大，在不同的地域、不同的土壤、气候等自然条件下具有很大的差异性，也形成了不同地域、不同类型的水利风区的植物景观特色。乡土植物也可称为本土植物，广义的乡土植物是指：经过长期的自然选择及物种演替后，对特定地区有高度生态适应性的自然植物区系成分的总称。本文正是基于广义上的乡土植物进行论述的。

对乡土植物的尊重是基于地域文化的水利风景区规划设计的一个重要含义。乡土植物作为本地区的土生物种，投资少、抗性好、绿化效果好、适生于当地环境等优势倍受重视，对促进形成优美而富有浓郁地方特色和文化气息的绿地景观，提升景区文化内涵、维护物种多样性，优化群落结构等都起着重要的作用。在水利风景区植物景观规划建设中，充分使用乡土植物不仅能够有利用植物的正常生长，又能表现其地域文化特色。然而，现在水利风景区景观营造规划设计中通常存在一些误区，如刻意追求景观效益，不顾当地的自然环境条件，将大量的外来树种移植到景区中，造成后期管理维护的困难，甚至树木的死亡，造成经济巨大的浪费；或者运用如出一辙的设计手法，使用平常无奇的植物材料，组成千篇一律、过分整齐的植物景观，人工痕迹明显，人为气息浓厚，失去了原有的自然风貌，这样的作品又如何能够打动人心，使人感受到地域景观、自然生态的魅力。再者，每一个地方都有自己的市树市花，例如武汉的市树是水杉，市花是梅花；济南的市树是柳树，市花是荷花；长沙的市树是香樟，市花是杜鹃花等，都是各地最具有代表性的植物，这在城市河湖型水利风景区的规划设计中最为明显，因为此类水利风景区与城市的联系最为密切，是一个城市的形象，最能够体现当地的地域文化特征。

在植物景观环境的营造过程中，乡土植物作为体现地域文化特色的重要因素而存在。充分利用乡土植物树种及植被资源，是规划建设具有地域文化特色的水利风景区的地域文化特色的一个主要途径。可分为以下两方面：

（1）因地制宜，适地适树

因地制宜就是在进行水利风景区的植物景观规划设计时，应该根据该地区的地理环境和气候特点以及水利风景区的类型、功能和造景的要求，在原有的绿化基础上，科学合理的选择乡土树种，合理搭配，形成乔木地被组合等多种类型的植物群落，尽量选择有地域特色的植物树种，创造出多种多样的具有地域文化特色的景观空间和景观节点。使植物景观不仅能达到绿化和美化的景观效果，又能满足观赏和休憩等多种活动的功能要求，甚至营造出浓郁的地方文化特色。

适地适树，是指在水利风景区植物景观规划设计中要尽量使用乡土植物。使用乡土植物有助于植物适应当地环境达到预期的、稳定的景观效果，而且也便于营造具有地域文化特色的植物景观，方便后期的管理和维护，可节约相当可观的运输、栽培、维护等的费用。乡土植物还可以凭借其具有适应环境的优势，维护生物的多样性，抵御外来物种的入侵。所以，水利风景区规划设计师要善于挖掘和欣赏乡土植物之美，并与水利风景区的规划设计中相融合。尊重乡土植物的植物景观规划设计是不可复制、独一无二的，更是对地域文化的开发和利用。

（2）重视利用乡土植物营造乡土景观

我国自然环境复杂，基本涵盖所有的气候类型，所以各地的水利风景区都拥有丰富而独特的植物种质资源，含有种类繁多的乡土植物，有些甚至是世界闻名的名贵树种和花卉。但是由于长期缺乏对乡土植物应用的理论的研究，乡土植物在水利风景区的植物景观建设中应用较少。然而，我国地大物博，植物种质资源种类繁多，已为规划设计师利用乡土植物创作出体现各种地域文化特色的景观奠定了坚实的基础。如我国北方地区因为四季而形成了富有北国风光地域文化特色的季相植物景观，我们在进行水利风景区植物景观规划设计时，应该继承发扬它，而不是非要把棕榈树、椰子树这些南方树种制成雕塑安放在北方的水景风景区中。

（三）遗留物质文化的保留和保护

地域文化作为特定地域的历史积淀，常常以各种形式显现于水利风景区景观中，如城市河湖型水利风景区，它伴随了城市的发展而发展，见证了整个城市兴衰演变的历程，沉淀了厚重的文化底蕴，其含有的古堤坝、古亭、古桥梁、古寺庙等都代表着一段历史时期的文化符号，所以在进行具有地域文化特色的水利风景区规划设计时，应尽力将这些历史构筑保留下来，以提升水利风景区的文化内涵和体现地域文化特色。在水利风景区规划建设中，若发现古建筑、古碑、古桥梁等具有历史文化意义的文物遗迹时，要按照国家相关法规，如《文物保护法》等，进行保护和修缮。同时，遗迹周围的景观环境也是历史文化重要的场景烘托，也应一并保留和修复。因此，景区的规划建设中，场地遗迹周围的景观建设应服从于统一规划，如建筑的风格、高度、材料、色彩等，以展示地域特色，更好的体现地域文化的价值。例如北京长河于金代开挖，元代扩建完善，是供应京城用水的重要水源，沿线文物古迹众多，河上的广源闸在元代就被称为“运河第一闸”，是目前长河保存得最好的桥闸。在对长河进行规划设计时，规划设计们发现广源闸的闸宽与规划中的长河宽度相差很大，难以满足泄洪和通航的要求，便规划在南部扩建了一个闸孔，而使广源闸得以全部保留。

若水利风景区中有完整的具有某种历史风貌或地域文化特色的村落、建筑群时，在进行规划建设时，要保护其历史真实性，使真实的风貌得到完整的保留，还要维持其当地居民的具有地方特色的风俗习惯。对于那些虽然历史不够悠久，但同样具有重大的历史意义和叙事性的历史遗留物，水利风景区的规划设计还是应给予足够的重视，因为它们记载了场地某段时间的历史痕迹，是地域文化的重要内容。在规划设计中可以结合景观的服务功能，改造与再利用这些历史遗迹。

（四）历史文化场景的挖掘和展现

在水利风景区中，有些景点在历史上曾经存在过且具有重大意义，它们或记载于文人骚客的诗词歌赋，随笔散文中，或仅仅是靠一代代人的口口相传，这些都是具有重要的历史文化价值、美学价值，是体现一个地方地域文化特色的重要内容，是地域文化的重要组成部分。所以，在进行水利风景区的规划设计时应充分挖掘场地已消失或遭到破坏的有价值和意义的历史文化场景，对其进行经济价值、美学价值、历史价值等各个方面的分析评估该历史文化场景的恢复的可能性，以展现水利风景区的地域文化特色。这些历史景观有的是可以从文字记载或图画中找到依据，并结合规划设计的方法得以重现，但有些则因为相关的历史景观的面貌已从场地上消失且无从考证，仅能凭只言片语的文字记载中寻找蛛丝马迹，靠规划设计师的丰富想象和创造力来展现。如北京的长河，这是一条具有700多年历史的皇家御用河道。其中有个著名景点叫“长河观柳”，当年河水清澈，水光潋滟，两岸的柳树成荫，树影婆娑，柳枝在微风中摇摆，轻拂着水面，送来阵阵清风，行舟其中的惬意不言自明，故在北京一直有“天坛看松，长河观柳”之说。后因种种原因，中断长达百年，两岸的景观遭到破坏，经过前几年的重新规划改造，长河再次实现了古河道的通航，再现昔日繁华“长河观柳”这一美景，昔年只有帝王嫔妃才能泛舟的长河如今的寻常百姓也可以体验到。沿途的古迹文物都受到很好的保留和维护，无处不渗透着悠久的地域文化的韵味。

（五）地域文化与景观载体的融合

地域文化包括物质和非物质两个方面。物质层面主要是指当地的建筑形式、地形地貌、水文气候、地质条件、植物等；非物质层面指当地的宗教信仰、生活习俗、历史文化、民族文化、名人文化等等。地域文化的真实性、实在性是人们获得地域认同与归属感的重要因素。

地域文化的表达需要借助景观载体来展现，具有地域文化特色的水利风景区中的景观应围绕其独特鲜明的地域文化特色而设计。展现和传播地域文化，不仅能引发当地居民和游客的归属感和认同感，同时还有助于保留纯粹的地域文化特征。水利风景区的各景观要素都是地域文化的载体，如建筑、水工设施、小品、铺装等等。所以在进行水利风景区规划设计时，应深入挖掘地域文化的内涵，提炼地域文化的精髓，借助这些景观载体进行全方面、真实、完整的展示。继承和发展地域文化是提升水利风景区的文化底蕴的重要途径，更是传承与发扬水利风景区极具地域特色的地域文化特征。地域文化的表达载体可分为：

（1）建筑

地域文化的传承离不开人工建筑这一景观要素。不同的地域、民族具有不同的建筑形式和文化。建筑不仅是地域文化表达的载体，也是地域文化在物质环境和空间形态上体现。它所营造的空间不仅满足人们对于功能的要求，更是体现当地生产力水平和审美追求。例如安徽的民居建筑外观整体性和美感很强，高墙封闭，马头翘角，墙线错落有致，黑瓦白墙，色泽典雅大方，在建筑景观中独放异彩，是中国民居的典型代表。但现代水利风景区建设过程中，建筑的设计手法如出一辙，有些甚至与周围环境格格不入，缺少地域文化的气息，难以给游客造成视觉上的冲击感，使游客难以产生对景区的归属感和认同感。所以在安徽蚌埠龙子湖水利风景区的规划设计中，设计师巧妙地将徽派建筑的形式、材料、色彩及其他元素，将安徽的地域文化内涵融入到游客中心建筑的设计中来，创作出极具乡土特色的建筑，尽显出安徽的地域文化特色。

（2）水工建筑物

水工建筑物与其他土木建筑物不同，因与河流与水的联系紧密而具有其特殊的内涵，尤其是由水而衍生出的地域文化特色，其中凝结了古人的治水智慧，现代的科技文化。所以规划设计水工建筑物时应充分挖掘相关的水文化内涵，融合地域文化元素加以表达，形成具有独特地域文化特色的水工建筑。而早先的水利工程建筑物是根据当地水利条件建设的，只是为了满足景区的灌溉、防洪、发电等使用功能，通常这些工程建筑都庞大厚重，形象单一。所以，在规划设计时应考虑将其美化，融入地域文化的艺术语言，创作出独具特色的水工建筑。特别是护岸、滚水坝等设计，具体河段可以以生态形式布置，表达出对自然环境的尊重。如：自然岩石的水坝，从而不造成堵塞鱼类的洄游通道等生态阻滞现象。在水利工程景观设计上也应多考虑增加游人的亲水性，可考虑结合汀步、种植槽等，打破生硬的线条。还可提取含有地域文化元素的图案、符号与护岸景观相融合，营造出景观、生态、文化与水利工程相融合的具有地域特色的水利工程景观。

（3）植物

如上文所述，乡土植物是地域文化的重要组成部分。我国幅员辽阔，跨纬度较广，具有各种类型的气候，各地不同的自然环境孕育了种类丰富的植物资源。植物以丰富多彩，千姿百态的形象，组成的景观随季节的变化而变化，构成了水利风景区景观的主体部分，突显出了景区的地域文化特色，同时也提高了水利风景区的生态效益。乡土植物应用于水利风景区中，不仅能提高了水利风景区的生态效应，同时也充分地展示了地域文化的特色。如在巴蜀地区，竹子具有很重要的地位，在植物配置中它能充分展现出巴蜀地区的地域文化特色。

（4）铺装

在水利风景区中的景观节点规划设计，铺装占着一块较大的比值。铺装具有边界清晰，形态明确的特点，因此它可以很直观的表达出地域文化的内涵。比如将该地域具有代表性的民俗符号，文字图形，材料色彩等融入于铺装设计中，展现出该地域文化内涵的精髓，便可以营造具有地域文化特色的景观氛围。例如巴西著名的规划设计师布雷·马克思，他在景观设计中常常会将地域文化融入其中。他在科帕卡巴纳滨海大道的设计中，充分利用了当地具有地域文化特色的黑、白和可可棕（红）三种颜色和马赛克为铺装材料，设计出一系列抽象的连续的抛物线式的与海涛相呼应的图案，使这条滨海大道具有浓郁的巴西韵味，展现出巴西的地域文化特色，成为了科帕卡巴纳海滩的标志。

（5）园林小品

在水利风景区景观设计中，就文化表达而言，园林小品是景观中最容易传递信息的表达载体，有着举足轻重的作用。园林小品的种类非常丰富，如景墙、廊架、景石、灯笼甚至是垃圾桶等。将所要表达的地域文化融入与小品设计中，使游客在观赏行走间便能感受到景观中所蕴含的地域文化。如在福鼎市桐江水利风景区的“鼎”文化广场的规划设计中，规划设计师了在广场展现的主题“鼎”文化及福鼎人民奋斗历史为背景，建设了一个大型铜鼎，于直立护岸挡墙处设计了一个文化展示景墙，展示福鼎人民的无畏的立城奋斗史，向市民传达福鼎的历史与明天。

（6）符号

自从人类文明诞生以来，符号便是地域的象征，是属于地域文化重要的内容之一。不同的国家和民族都有属于其特殊的图腾符号、语言符号等，这些符号是由人类在生产生活中自觉不自觉的创造出来的，以一种含蓄的方式传达出该地域的人们的对事物的态度和文化立场。从这些大量的人文符号中，我们可以追寻该地域的发展和变迁的痕迹。

随着社会的不断发展，人文符号更是承担了信息传播的功能，一个具有强烈的地域文化特色的人文符号必然会打动人心，使人产生共鸣，从而留下深刻的印象。比如2008年北京奥运会设计的会徽符号“中国印·舞动的北京”可谓是中国民族图腾的延伸。奔跑的人形，优美的曲线，像龙的蜿蜒身躯，代表着生命的灿烂，讲述着一种文明的过去与未来，深刻的表达出中国独特的地域文化。所以，在具有地域文化特色的水利风景区的规划建设中，应该要有意识地从当地的地域文化中提取具有代表性的人文符号，与景观的营造、旅游产品的开发、景区的标志等相融合。

（7）色彩

任何文化都具有其独特的色彩。据心理学家的研究：色彩和形状，人们往往对后者的印象更为深刻。正如英国的心理学家格列高里所说：“色彩是视觉审美的核心，对我们的感情状态具有极其重要的意义”，由此可知，色彩能够影响人们的情绪。生活在不同文化背景下的人对色彩的感情和观念不同。如在中国，红色代表喜庆，而在西方许多国家，红色则代表恐怖。因此，对色彩的态度的差异也体现出地域文化差异，丰富多样的色彩能够变现出各种地域文化的肌理。在水利风景区规划设计中，规划设计师要善于应用色彩表达出场地的性格和烘托气氛，更要善于运用色彩语言去展现该地域独特的文化底蕴和传统。

（六）水文化的保护和延续

我国地大物博，水文化源远流长，水文化是指人类社会历史发展过程中积累起来的关于如何认识水、治理水、利用水、爱护水、欣赏水的物质和精神的总和。水文化按区域分布可分为吴越水文化、荆楚潇湘水文化、黄河水文化、扬子江水文化、川江岷江水文化和海洋水文化等主要类型；按性质可分为物质水文化、制度水文化、精神水文化。按历史的纵向发展可分为传统水文化和现代水文化；按表现形式可分为古迹水文化、民俗水文化、艺术水文化、景观水文化。不同地域、类型、时间先后、表现形式的水文化都有其不同的历史背景和特色，在水利风景区的规划设计中应当深入研究当地的水文化，使水利风景区能很好地体现和延续这种水文化的精神，也是体现地域文化的一个重要方面。例如成都市府南河的整治中考虑了生态景观，着重营造文化氛围，其中思蜀园的规划设计中集中展现了成都“因水而荣”“因水而兴”的历史。园中心水池的四周，立着五块天然的石笋上浮雕了开明、李冰、文翁、高骄这些先贤治水图景的丰功伟绩，反映了从古至今蜀国几次大的治水历程。在沿河的几十块方石上,刻着各种不同字体的“水”字,表现形式新颖而丰富,营造出一种浓厚的水文化氛围,将水文化自然的融入、贯穿在景观设计中，并增加了其参与性，使水文化得到了的传承和延续，体现出了地域文化的特征。

参考文献

[1] 李勇 . 生态水利工程建设管理分析 [J]. 工程技术研究 ,2021,6（14）:162-163.

[2] 李书法 . 基于信息化角度分析灌区水利工程建设与管理 [J]. 中国管理信息化 ,2021,24（14）:86-87.

[3] 俞和鹏 . 农田水利工程规划设计中的问题及策略分析 [J]. 居舍 ,2021（03）:100-101.

[4] 吴玉权 . 农田水利工程规划设计存在的问题与应对措施 [J]. 农业科技与信息 ,2021（01）:84-85.

[5] 李国江 . 小型农田水利工程管理与建设研究 [J]. 吉林水利 ,2021（01）:59-62.

[6] 赵应坤 . 生态水利工程规划设计研究 [J]. 工程技术研究 ,2021,6（01）:219-220.

[7] 吴玉权 . 水利工程规划设计中的环境影响及注意事项探究 [J]. 农业科技与信息 ,2020（24）:48-49.

[8] 库景国 . 农田水利工程建设与管理的措施研究 [J]. 南方农机 ,2020,51（24）:73-74.

[9] 刘美艳 . 基于博弈论耦合权重的水利规划环境影响评价 [J]. 水利规划与设计 ,2020（10）:85-88.

[10] 张殿峰 , 王宇亮 , 李颖 , 李延来 . 基于模糊信息公理的水利工程规划方案选择 [J]. 计算机集成制造系统 ,2020,26（10）:2889-2896.

[11] 李宝英 . 生态理念在水利工程规划设计中的应用 [J]. 河南水利与南水北调 ,2020,49（09）:55-56.

[12] 李永华 , 赵磊 . 水利工程规划设计技术与创新 [J]. 工程建设与设计 ,2020（18）:113-114.

[13] 陈辉 . 研究水利工程规划中生态环境设计的若干问题 [J]. 工程建设与设计 ,2020（17）:116-117+133.

[14] 蔡宇 . 生态水利工程规划设计中的难点及策略研究 [J]. 工程建设与设计 ,2020（15）:116-117+120.

[15] 罗茂泉 . 浅析农田水利工程规划设计与灌溉技术 [J]. 智能城市 ,2020,6（14）:166-167.

[16] 王曙光 . 小型农田水利工程建设管理问题及对策 [J]. 中国设备工程 ,2020（08）:208-210.

[17] 谷晨焯 . 基于都江堰设计理念下的现代水利工程规划建议 [J]. 南方农机 ,2020,51（07）:33-34.

[18] 张廷霞 , 魏生全 . 农田水利建设与管理存在的问题及解决对策 [J]. 农业科技与信息 ,2020（05）:119-120.

[19] 于东平 , 孙秋婷 . 浅谈小型水利工程规划设计中的生态水利设计思路 [J]. 建材与装饰 ,2020（07）:300.

[20] 王一 , 袁旭东 . 推动农村水利建设 , 构建社会主义新农村 —— 评《农村水利工程建设与管理》[J]. 人民黄河 ,2020,42（02）:165.

[21] 杨香云 . 生态理念在水利工程规划与设计中的应用 [J]. 工程技术研究 ,2020,5（04）:243-244.

[22] 敬夏雨 . 试论生态水利工程规划设计中的难点及对策 [J]. 价值工程 ,2020,39（03）:76-78.

[23] 杨彦鹏 . 农田水利工程规划设计存在的问题及解决措施 [J]. 工程技术研究 ,2020,5（01）:220-221.

[24] 高艺馨 , 尚波 . 农田水利工程规划设计与灌溉技术分析 [J]. 山西农经 ,2019（23）:121-122.

[25] 张萍丽 . 水利工程规划设计中环境影响评价 —— 评《水利工程与环境保护》[J]. 岩土工程学报 ,2019,41（10）:1979-1980.

[26] 努尔东江・麦麦提 . 小型农田水利工程建设规划中若干问题探讨 [J]. 智能城市 ,2019,5（19）:111-112.D

[27] 韦涛 . 农田水利工程规划设计的问题及策略 [J]. 建材与装饰 ,2019（25）:289-290.

[28] 王丁正 , 丁思超 . 水利工程规划对生态环境的影响及应对措施 [J]. 农业技术与装备 ,2019（07）:28-29.

[29] 李鹏学 , 于国斌 .“天地图”在水利工程规划与管理信息化技术中的应用研究 [J]. 水利规划与设计 ,2019（07）:58-60.

[30] 崔寿贵 . 探讨水利工程规划中生态环境设计的若干问题 [J]. 山东工业技术 ,2019（07）:121.

[31] 李永强 . 水利工程规划设计中的灌溉技术分析 [J]. 水利规划与设计 ,2019（03）:15-17+110.

[32] 张付奇 . 浅析农田水利工程规划设计中存在的问题及解决策略 [J]. 科技与创新 ,2019（04）:118-119.

[33] 岳瑞锋 . 水利工程规划设计过程中需要考虑的生态环境因素 [J]. 绿色环保建材 ,2019（02）:34-35.

[34] 吴志刚 . 水利工程规划设计中环境影响评价探究 [J]. 资源节约与环保 ,2018（12）:137+139.

[35] 马南军 . 分析小型农田水利基础设施建设与管理 [J]. 智能城市 ,2018,4（18）:146-147.

[36] 周新萌 . 小型农田水利工程规划设计问题及注意事项探究 [J]. 工程建设与设计 ,2018 (14) :136-137.

[37] 赵晖 . 水利工程规划设计中环境影响评价分析 [J]. 黑龙江水利科技 ,2018,46 (07) :257-259.

[38] 邵瀚 , 苟胜国 , 李扬杰 . 三维 GIS 在水利工程规划设计中的应用 [J]. 水力发电 ,2018,44 (07) :59-63.

[39] 章渝 . 水库工程在建设管理中存在的问题及对策 [J]. 建材与装饰 ,2018 (12) :284-285.

[40] 孙中美 . 试论水库工程管理中防洪及农水规划建设 [J]. 科学技术创新 ,2017 (30) :176-177.

[41] 刘庆坡 . 小型农田水利工程建设与管理中存在问题及优化措施 [J]. 中国新技术新产品 ,2017 (17) :100-101.

[42] 许彦 . 水利工程规划设计中的环境影响评价探讨 [J]. 环境与发展 ,2017,29 (03) :40-41.

[43] 钱海锋 . 小型农田水利工程建设与管理 [J]. 安徽建筑 ,2017,24 (02) :219-220.

[44] 程杨 . 以产业为导向的丘陵区农田水利工程规划设计研究 [D]. 西南大学 ,2017.

[45] 孙华林 . 水利工程规划的生态环境影响探析 [J]. 工程建设与设计 ,2016 (18) :100-102.

[46] 闫莉娜 . 对我国水利工程建设规划的反思 [J]. 广东水利电力职业技术学院学报 ,2016,14 (01) :26-28+64.

[47] 于海龙 . 水利工程规划设计中环境影响评价分析 [J]. 黑龙江水利 ,2016,2 (01) :82-84.

[48] 魏万霞 . 水利综合规划档案特点分类管理与作用浅析 [J]. 档案 ,2015 (10) :57-58.

[49] 骆志勇 . 工程测量 [M]. 重庆大学出版社 : 高等职业教育建筑工程技术专业精品系列教材 , 201508.226.

[50] 何平 . 小型农田水利工程规划建设管理浅析 [J]. 黑龙江科技信息 ,2015 (15) :192.

[51] 彭光云 . 加强山区五小水利建设探讨 [J]. 中国高新技术企业 ,2015 (14) :131-132.

[52] 姜铁春 . 浅谈五常灌区的水利工程规划管理 [J]. 黑龙江科技信息 ,2015 (12) :177.

[53] 杨龙 . 基于生态水利工程的河道规划设计初步研究 [D]. 长安大学 ,2015.

[54] 李继杰 . 农田水利工程规划设计与灌溉技术的探讨 [J]. 水利规划与设计 ,2015 (01) :13-15.

[55] 高磊 , 王勇刚 , 段新宇 . 永安农场供水工程建设规划综述 [J]. 黑龙江水利科技 ,2014,42 (11) :242-244.

[56] 姜薇 . 鸡东县基于水资源优化配置的水利工程规划研究 [D]. 吉林大学 ,2014.

[57] 叶健, 周萍, 喻君杰. 水工程建设规划同意书制度实践与思考 [J]. 中国水利 ,2014（08）:13-15.

[58] 王永娟，李明浩．当前农田水利工程建设管理和规划工作之浅谈 [J]. 科技视界 ,2014（02）:330.

[59] 郑美燕．水利工程规划设计过程中需要考虑的生态环境因素 [J]. 广东水利水电 ,2013（04）:76-79.

[60] 杨卫霞，汪寒．探讨小型农田水利工程规划、建设与管理 [J]. 北京农业 ,2012（36）:169.

[61] 陈丽．水利工程规划方案多属性决策评价体系构建及评价方法研究 [D]. 河北农业大学 ,2012.

[62] 位铁强．科学规划 保障投入 切实加强农村水利工程建设管理 [J]. 河北水利 ,2011（12）:15-16.

[63] 姜训宇，段生梅．小型农田水利工程规划问题刍议 [J]. 水利技术监督 ,2011,19（06）:27-29.

[64] 李发源．小型农田水利工程规划 建设与管理之浅见 [J]. 现代农村科技 ,2011（13）:40-41.

[65] 谢太生．茶陵县小型农田水利工程规划设计问题研究 [D]. 重庆交通大学 ,2011.

[66] 孙景丽 .1949-1978 年随县水利建设与农村社会 [D]. 华中师范大学 ,2008.

[67] 李勇．水利工程建设与管理信息系统规划与建设思路探讨 [J]. 水利建设与管理 ,2002,22（06）:78-79.

[68] 周斌，杨晓红，苏勇．长江水利工程建设与管理信息系统规划简介 [J]. 人民长江 ,2002（04）:21-23.

[69] 袁鹰．比雷塞克：私营公司的典范 [J]. 水利水电快报 ,2001（18）:31.

[70] 李国英．水利发展 规划先行 [J]. 黑龙江水利科技 ,2000（01）:1-3.